拿破崙的鈕釦

17 個改變歷史的化學分子

Napoleon's Buttons : How 17 Molecules Changed History

潘妮・拉古德（Penny Le Couteur）

&

杰・布勒森（Jay Burreson）

〈推薦序〉

大塊假我以文章──閱讀分子的詩篇

陳竹亭教授

　　翻開人類的文明史，大概少有人想到化學有什麼驚人的貢獻。如果問社會大眾，近代科學有哪些基礎學科？大家都知道物理與化學，也都聽過伽利略、牛頓、馬克斯威爾、愛因斯坦、費曼……，但是卻未必知道拉瓦節、亞佛加厥、門德列夫、渥勒、法拉第、鮑林……。若繼續追問這些化學家的重要發明或發現，更難得有人能說出個名堂。

　　全世界經濟穩定的先進國家大概都會把化學的課程列入中學教育，可是化學給普羅大眾最深的印象，大概不脫爆炸或毒物。記者找上門時都是為了王水、氰化物、安非他命等上了社會版頭條。雖然化學家總以「大地俯拾皆化學」辯稱化學是十分生活化的科學，卻又老是用拗口的辭彙把場子搞冷。如果打開食譜，裡面是「將兩克含高量蛋白質的肉品置入容器，加入十毫克碳酸鈉、二十毫克氯化鈉、十毫克碳水化合物，以三十毫升乙醇浸漬……」，誰還會有胃口呢？化學家一搬出來「分子」、「離子」，就與民眾的興趣「分」而「離」之了。

　　但是今天世界上若沒有盤尼西林，肯定人類生活會大不相同，因為我們對細菌感染的疾病，仍將束手無策。若沒有糖、鹽、橡膠、尼龍、保麗龍、染料、火藥、避孕藥、抗生素……，我們就無法如此快速地邁入智慧科技的時代。觀諸今天化學方法製造的矽晶、光電等

特性材料的經濟效益，及化學合成的避孕丸、特效藥的社會功能，若說化學是經濟煉金術與社會煉丹術也絕不為過。

《拿破崙的鈕釦》這本書的作者是拉古德與布勒森，兩人都從事專業化學，他們不僅以化學作為書的內容，更將化學與歷史結合。破題的故事是從拿破崙軍團光鮮的錫質鈕釦談起，在攻打俄國時因為嚴寒低溫，錫質鈕釦崩解成粉末，這一個小小的物質變化，可能促成驍勇的法軍東征的潰敗。東方的香料是美食中的佐料，竟然也是歐洲殖民主義幕後的一隻推手。水果中的維生素 C 免除了長期生活在海上的水手因壞死病死亡的噩運，雖然麥哲倫沒能及時得救，左旋 C 卻在美白市場大放異彩之先，早已成為英國人營造日不落帝國的化劑。糖提供了我們賞心悅口的味道與每天活的能量，一旦成為世人的民生必需品，也因此操控黑奴市場，進而成為熱帶海洋國家的經濟命脈。棉花（纖維素）從化學的角度來看，只是糖的聚合體，卻是人們的主要衣料，也成為工業革命與美國南北戰爭的導火線。蠶絲是東方傳統的驕傲；尼龍是西方時尚的典範。作者分別從食、衣、醫藥、衛生、材料、環境……等方面，分十七章介紹了數十類化學分子，包含了它們的科學內容以及在（西方）歷史上的故事。

為了幫助非化學專業的讀者越過專業語詞的障礙，作者特別加入一些篇幅介紹化學分子及其構造。文章的要素不外乎字彙、語詞、句子結合而成，不同的文章或詩詞歌賦，不僅有遣詞用字的差異，文體結構也有根本的區別。所謂「大塊假我以文章」，文學家對大自然的認識與感受是以文章的形式呈現。對化學家而言，原子是大自然的字母，分子就是字彙，每一個分子都是由原子組成，卻已註記了特定的意義和內涵。眾多分子集結成物質，彰顯出具體的宏觀質，就像字彙組裝成詞藻、句子。大自然中的山岳谿谷、江海土石，甚至各種生物，都是各種原子、分子的傑作。文章一「字」之差可以有截然不同

的意義。分子成分或結構細微的改變也可以展現不同的化學性質，進而導致在自然與人類歷史中獨特的影響。

　　化學家遨遊於分子的世界，舉目盡是目不暇給的新奇炫目，正如陽春召我以煙景。而分子世界與人文的際會卻多了一層時序與人事的不可測，歷史的禍福機遇總是許多偶然的累積，卻又不能免於大自然律則的宿命，兼顧科學的能與不能，是十分有創意且有啟發的科普著作。

（本文作者為國立台灣大學化學系名譽教授）

〈推薦序〉

人文、科技、文明

劉廣定教授

　　「人文」與「科技」原本皆是構成文化和促使文明進步的因素。長期以來，從中學就開始將兩者分化，大約二十幾年前台灣的學界雖有人倡議「通識教育」，鼓吹「人文與科技整合」，然而鮮見成效。卻被另一些人濫加延伸，竟藉之為將國民中學歷史、地理和公民「整合」為「社會學科」，及將物理、化學、生物和地球科學「整合」為「自然學科」的依據！近來一些大師級人士的「人文與科技對話」似也只見高來高去，各說各話，聽不出其所以然。

　　然而，人文與科技之交流並非難事。癥結在相互的了解程度是否足夠？表達的能力是否妥當？實際上，有些學門，例如科學哲學、科學史及技術史等，本身就是人文與科技的整合，相關的學者若能深入淺出，以適宜的題材納入課程，或寫些入門通俗讀物，應能有所助益。以「科學史」為例，不論是敘述科學發展的歷史，或是歷史發展中的科學，都可做為溝通文史與科學的橋樑，可惜能達成這目標的並不多。Penny Le Couteur 與 Jay Burreson 合著之《*Napoleon's Buttons*》一書，覺得甚好。值其中譯本《拿破崙的鈕釦》問世前夕，樂於接受邀請，寫此推薦序言。

　　傳說中拿破崙進攻俄國失敗，是因天氣太冷，錫製鈕釦崩壞而使軍服失去禦寒能力，導致法軍潰敗。本書以此為開場白來說明化學現象可能是歷史發展的關鍵因素，進而以十七個主題，介紹與化學相

關的近代歷史事件。雖然選題是從西方人的觀點著眼，忽略了東方文明中的化學發明，例如「造紙」的重要，但各主題間互有連貫，自成體系，是一本優秀的作品。其有關科學的敘述，並不深奧龐雜，且多圖示解說，具有高中化學程度之讀者，應可讀懂。

　　第一章自十五、六世紀西歐沿海各國，因尋找香料而遠渡重洋開始，簡介了香料化學和基礎有機化學，並敘述前往美洲和南亞建立殖民地的經過。第二章接著從航海談到船員因在航海途中缺乏新鮮果菜，攝取維他命Ｃ不足而患壞血病，甚至死亡。十八世紀英國庫克船長則因解決了這一難題，而得以完成遠行到澳洲的偉大航海任務。充分顯示化學分子的營養功效對於歷史發展的重大影響。本章中也敘述維他命Ｃ可從葡萄糖製取。故第三章隨即介紹醣類的化學。然後又從蔗糖引出甜味的化學，以及十七、八世紀起歐洲人和後來的美國人為種植甘蔗在非洲買賣奴隸造成的悲慘故事。第四章則從奴隸買賣述及用奴隸在美國種植棉花，造成英國紡織業的興起與美國的南北戰爭等史實。並介紹了纖維素和澱粉的化學，也涉及纖維素經硝化反應後具爆炸。自此又轉為有關〈火藥與炸藥〉的第五章……。每章之間都巧妙地以某種化學分子來連繫，相當有趣，亦見匠心。由於各章自成一單元，不論分章讀或連續讀，都可從許多故事裡得到化學和歷史的知識，更可因此了解許多化學分子對歷史演變的影響。

　　在說明化學分子性質時，相當簡明扼要，而涵蓋化合物種類亦廣，故讀者可用之為大學的通識化學或有機化學補充讀物。原作者雖強調本書不是「化學的歷史」而是「歷史中的化學」，但也敘述了一些化學發明和發現的歷史，也介紹了幾位發明人的研究經過，實可當做科學家簡傳或簡要化學史來看。

　　坊間不少翻譯的科學書籍，常因譯者不夠細心或知識不足而有誤譯、漏譯。在文義和語氣上，因譯者了解程度不同而發生誤解之現

象也常存在。有些譯本雖有學者專家列名審訂，卻似不夠負責，連譯者或原作者在科學上的錯誤也常未改正。這本《拿破崙的鈕釦》則因經著名學者的認眞審訂，錯誤很少。整體而言，未失原著面貌和內涵，也少西化的語句，可謂優良的譯書。

然白璧並非無瑕，筆者擬以下三點：

一、原作者的錯誤已由審訂人修正了一部分，但還有另一些未予改正或語焉不詳。前者如〈前言〉中作者認爲「異丁香酚」是造成肉荳蔻的特殊香氣，也有強烈的殺菌作用。其實肉荳蔻果實香精中所含的異丁香酚不到 1%，並非特殊香氣的來源，也不具特別強烈的殺菌作用。後者如第三章提及葡萄糖分子「具有六個碳原子、六個氧原子和十二個氫原子（和這些原子在丁香和肉荳蔻中的數目相同）」。因異丁香酚與丁香酚都含「十個碳原子、二個氧原子和十二個氫原子」，和葡萄糖分子相同處是都具二十四個原子，但此一描述沒有意義。

二、譯者自行刪除的部分段落，有時是原作者的深思所慮，可能因譯者不了解而刪去，頗爲不宜。例如原作者在〈前言〉提及中世紀歐洲人認爲肉荳蔻香精可防鼠疫時，說「富有者才有能力用肉荳蔻香精，其居住環境亦較寬敞潔淨，自然不易受細菌感染。」可供讀者從另一角度思考問題，刪去很可惜。（編按：新版已補上漏譯之處）

三、作者從西方人的觀點解釋現象，可能造成讀者困擾。例如西方人執「四味」說，不以「辣」爲味。上世紀初日本人發現「鮮」味並製成「味精」。故「味」決不僅四種，而作者於第一章中推想化學分子結構與「辣」的關係，顯然也是錯誤。

希望本書再版時能就以上各點補訂，則就更爲完美了。

（本文作者爲國立台灣大學化學系名譽教授）

Contents
目錄

〈推薦序〉大塊假我以文章——閱讀分子的詩篇　　　　　　　◎陳竹亭　　2
〈推薦序〉人文、科技、文明　　　　　　　　　　　　　　　◎劉廣定　　5

前言　拿破崙的鈕釦——改變歷史的化學小兵　11
・「有機」——不是一種栽種法嗎？
・化學結構——有那麼重要嗎？

第 1 章　香料爭奪戰　29
・胡椒發現小史　　　　　　　　　　　・香氣四逸的丁香和肉荳蔻
・火辣刺激的香料化學　　　　　　　　・有肉荳蔻才有紐約
・擋不住的香料誘惑

第 2 章　維生素 C　47
・汪洋中的劊子手　　　　　　　　　　・小兵立大功
・庫克船長——壞血病終結者　　　　　・失之毫釐，差之千里

第 3 章　葡萄糖　65
・奴隸制度與糖的生產　　　　　　　　・甜味其實沒什麼
・甜味化學
・甜味哪裡來

第 4 章　棉花與纖維素　83
・棉花與工業革命　　　　　　　　　　・儲存性多醣類——澱粉與肝醣
・結構性多醣類——纖維素　　　　　　・纖維素會爆炸？

第 5 章　火藥與炸藥　99
・炸藥的始祖——火藥　　　　　　　　・諾貝爾硝化甘油有限公司
・爆炸的化學反應　　　　　　　　　　・戰爭與恐怖攻擊

第 6 章　絲與尼龍　117
・媒祖與蠶絲　　　　　　　　　　　　・合成絲的誕生
・光澤化學　　　　　　　　　　　　　・尼龍——創新的人造纖維

第 7 章　酚　133
・無菌手術　　　　　　　　　　　　　・塑膠的應用
・變化多端的酚　　　　　　　　　　　・調味用的酚

第 8 章　橡膠　151
・橡膠的起源　　　　　　　　　　　　・彈性哪裡來？
・順式與反式的化學結構　　　　　　　・橡膠影響歷史
・橡膠發展史　　　　　　　　　　　　・歷史影響橡膠

第 9 章　靛青、茜素、番紅花　173

· 色彩三原色——藍、紅、黃　　　· 染料的衍生價值
· 合成染料

第 10 章　阿斯匹靈與抗生素　193

· 阿斯匹靈　　　　　　　　　　　· 盤尼西林
· 磺胺傳奇

第 11 章　避孕藥　213

· 早期的口服避孕藥　　　　　　　· 其他類固醇的合成
· 類固醇　　　　　　　　　　　　· 避孕藥之母
· 馬克的重大發現

第 12 章　巫術與迷幻藥　233

· 苦難遭遇　　　　　　　　　　　· 麥角鹼
· 毒草？良藥？

第 13 章　嗎啡、尼古丁和咖啡因　255

· 鴉片戰爭　　　　　　　　　　　· 吸菸文化
· 嗎啡與希臘睡神莫菲斯　　　　　· 咖啡因的刺激性

第 14 章　橄欖油　275

· 橄欖樹的傳說　　　　　　　　　· 橄欖油的貿易
· 橄欖油化學　　　　　　　　　　· 橄欖油肥皂

第 15 章　鹽　293

· 鹽的來源　　　　　　　　　　　· 不可或缺的鹽
· 鹽的貿易　　　　　　　　　　　· 鹽稅的故事
· 鹽的結構　　　　　　　　　　　· 鹽製品

第 16 章　冷凍劑　307

· 低溫保鮮　　　　　　　　　　　· 麻煩製造者——PCBs
· 神奇的氟利昂　　　　　　　　　· 禁用含氯殺蟲劑
· 氟利昂的缺點　　　　　　　　　· 安眠分子
· 氯的缺點

第 17 章　奎寧、DDT、血紅素　325

· 瘧疾解藥　　　　　　　　　　　· 對抗瘧疾的方法
· 奎寧的合成　　　　　　　　　　· 血紅素的自然保護

後記　343

前言

拿破崙的鈕釦

——改變歷史的化學小兵

想要馬釘，丟了鞋子。
想要鞋子，丟了馬匹。
想要馬匹，丟了騎師。
想要騎師，輸了戰爭。
想打戰爭，輸了王國。
所有一切，都是馬蹄釘惹的禍！

——古英格蘭童謠

西元一八一二年六月，拿破崙帶領六十萬大軍東征蘇俄，但就在同年的十二月底，這支堪稱史上最雄壯的隊伍，過了短短幾個月的時間，卻只剩下寥寥一萬人。當時拿破崙的殘兵敗將剛從莫斯科撤退，渡過俄羅斯西方境內靠近波利索夫（Borisov）的貝雷斯納河（Beresina，位於今日的白俄羅斯）。士兵陷入飢餓、疾病與

嚴寒等前所未見的惡劣困境，成為俄軍得以擊潰拿破崙與其盟軍的重要因素之一。原本驍勇的士兵身上僅剩單薄衣物和簡陋裝備，在生死邊緣掙扎，氣若游絲地對抗蘇俄以及凜冽的冬日。

　　拿破崙的戰敗為當時歐洲版圖的消長帶來很大的影響。西元一八一二年，蘇俄有百分之九十的人口是農奴，他們是地主的財產，任人使喚與變賣，處境和奴隸沒什麼兩樣。當時拿破崙攻無不克，胸懷一七八九年至一七九九年法國大革命的理想，不但打破了中世紀的社會階級制度、改變了政治疆界，更激發了國家主義的概念。拿破崙所留下的豐功偉業，也間接造就國民大會與相關法律典章的確立，以取代過去繁複多變且令人困惑的區域性法律規範；保障個人、家庭與財產權利的制度，明文規定於法律條款之中；十進位法則取代了地域性紊亂複雜的系統，度量衡標準就此統一。

　　為什麼拿破崙的軍隊會在短時間內潰不成軍？為什麼那些戰功彪炳、戰無不勝的士兵，竟會在這場戰役中輸得一敗塗地？原因眾說紛紜，其中最奇怪的理由莫過於「**都是鈕釦惹的禍！**」甚至還被後人編成童謠吟唱。這樣的懷疑並不是沒有道理，拿破崙大軍的瓦解與一顆小鈕釦的崩裂，這兩者之間似乎存在著一種微妙的關係！當時軍隊士兵所穿的外套、長褲甚至鞋子上的鈕釦都是錫製的，一旦溫度降低，這些原本閃閃發光的錫製品就會逐漸黯淡無光，甚至開始瓦解成錫粉！這個物理現象是否就註定了拿破崙大軍的失敗命運？曾經有一名波利索夫的目擊者宣稱，拿破崙的士兵就像穿著婦女斗篷的遊魂一樣，他們身上的外衣更顯得殘破不堪！這個傳言是真的嗎？錫製鈕釦因為低溫而裂解，使得拿破崙的士兵衣不蔽體，所以才會在凜冽的天候下不堪一擊？鈕釦在寒風中化為粉末，使得原本應該英勇抗敵的士兵，個個都成為畏首畏尾、只想要拉緊外衣的懦夫？

　　當然，我們還是可以在這種說法中找出一些漏洞。首先，「錫病」

（tin disease）——錫會隨溫度變化而裂解的特性——在北歐地區早已是常識，那麼，偉大如拿破崙這般領導有方的將領，為什麼竟會同意以這種不穩定的金屬來作為衣物鈕釦的材質？再者，即便是在一八一二年俄羅斯的嚴寒冬日裡，錫的裂解過程也應該相當緩慢，不至於到使人「衣不蔽體」的地步吧！這是個很有趣的傳聞故事，化學家也老是喜歡引用這場拿破崙的失敗戰役來表示，即使是一個微不足道的化學分子，也可能改寫整個世界的歷史。如果這個故事是真的，如果那些錫釦子沒有被吹散在刺骨的寒風中，或許法軍仍可繼續東征，一路勢如破竹地無限延伸他們的疆域；俄羅斯的農奴制度或許也就能提早半個世紀解除；而東西歐之間的落差（有人說這是拿破崙帝國的興起所造成的，也是拿破崙留給後世的重大影響之一），或許就不會一直持續到今天了！

回顧歷史，某些金屬元素確實深深影響了我們的文明演化史。錫是傳說中造成拿破崙戰敗的主因，除此之外，出產於英格蘭南部康瓦爾的錫，更是引起古羅馬帝國垂涎而發動攻擊的原因之一。西元一六五○年，美洲新大陸所出產大約一萬六千噸的銀，不但讓當時的殖民帝國西班牙與葡萄牙成為一時霸主，也是它們四處興戰的主要軍費來源。人們熱中於追求金、銀等貴重金屬的態度，確實也對昔日的航海探險、殖民擴張，以及許多地區的生態環境帶來很大的衝擊。舉例來說，十九世紀的淘金熱連帶開啟了美國加州、澳洲、南非、紐西蘭，與加拿大克朗岱（Klondike）的拓荒史。此外，我們日常生活的用語之中也常常引用金屬元素，例如「沉默是金」、「精誠所至，金石為開」。一些重要的歷史時期也依其特徵而以金屬命名，例如以銅錫合金作為武器和工具的材料的銅器時代（Bronze Age），以及之後煉鐵技術的進步和大量使用鐵器的鐵器時代（Iron Age）。

　　只有錫、金或鐵這樣的金屬才足以對人類歷史造成影響嗎？金屬是由元素所構成，而**元素的定義是「無法再以化學方法裂解之的基本單元」**。雖然自然界中只有九十種天然元素，其他由人類合成的也不過十九種左右，不過，依特定比例藉由各種化學鍵形成的化合物，卻可多達七百萬種以上！在這麼多的化合物之中，一定會出現足以撼動人類歷史、影響文明開化的神奇分子。這個新鮮有趣的念頭，正是我們架構本書的基本原則。

　　如果大家能從不同的觀點來看待各種不同的化合物，將可以發現許多隱藏在背後的趣味故事。在西元一六六七年荷蘭與英國簽署的《布列達條約》（Treaty of Breda）中，荷蘭讓出他們在美洲新大陸的殖民地曼哈頓，以交換現在屬於印尼班達群島之一的環狀珊瑚島：嵐嶼（Run）；而英國則放棄了滿是肉荳蔻（nutmeg）（早期的珍貴香料之一）的嵐嶼，以換取合法進入美洲新大陸的權利。

　　當年英國人亨利・哈德遜（Henry Hudson）在尋找前往印度和傳說中香料群島的「西北航道」（Northwest Passage）[1]，無意間造訪了曼哈頓地區（當時被命名為新阿姆斯特丹），荷蘭人隨即向他宣示對當地的所有權。之後到了西元一六六四年，也就是新阿姆斯特丹總督彼得・史徒文生（Peter Stuyvesant）的任內，荷蘭竟被迫割讓這塊殖民地給英國。由於荷蘭的強烈反彈，加上對於其他領地的爭議，終使英荷兩國展開長達三年之久的烽火歲月。另一方面，由於英國佔據了嵐嶼，使得荷蘭無法實現壟斷肉荳蔻市場的美夢，更深化了兩國之間的嫌隙。對於一個向來以殘暴、屠殺與奴役方式進行殖民統治的荷蘭人來說，他們當然無法坐視英國人在肉荳蔻市場上獨占鰲頭。歷過了

1　地理上位於加拿大北極群島間的蜿蜒航道，為大西洋和太平洋最直接的連通路徑，是早期航海家亟欲尋找的目標。但由於該水域長年冰封，因此實際上並不存在。近年受到地球暖化及溫室效應的影響，「西北航道」已經貫通。（本書註腳除審訂註外，皆為譯者或編者所加，以下不再特別說明）

多年的血腥征戰，荷蘭人終於成功登上嵐嶼，而不甘受辱的英國人，則時常攻擊荷蘭東印度公司滿載的貨物商船，以示報復。

荷蘭人無法忍受英國這種海盜般的侵略行為，要求英國歸還新阿姆斯特丹。但英國人只答應賠償荷蘭東印度公司的損失，並要求歸還嵐嶼作為彌補。由於雙方的態度都很強硬，加上嵐嶼上的戰役還未分出勝負，最後雙方以《布列達條約》達成協議：英國可繼續保有曼哈頓的所有權，但必須將嵐嶼歸還給荷蘭。雖然在這場交易中，荷蘭人看似佔了上風，不過隨著時間過去，新阿姆斯特丹（後來易名為紐約）也逐漸繁榮興盛，這是英國當時始料未及的。只不過，對於當時的人們來說，肉荳蔻市場的無限商機，當然遠比一塊僅能容納數千人的新大陸更有價值得多。

肉荳蔻到底有什麼價值？為什麼當時人們為了得到它可以不擇手段？答案其實很簡單：就像丁香、胡椒和肉桂這類香料一樣，肉荳蔻具有保存食物、調味、醫藥的功能，在當時的歐洲十分受到歡迎。而最主要的原因是，人們認為肉荳蔻可以有效防止橫掃十四至十八世紀歐洲的黑死病的傳播。

我們現在知道瘟疫是一種細菌性疾病，病菌藉由跳蚤、老鼠來散播。中世紀的人們以為只要在脖子上掛著一包肉荳蔻就可以避免瘟疫，其實只是以訛傳訛的迷信。然而，若仔細研究肉荳蔻的化學特性，這種所謂的迷信其實也有它的道理。肉荳蔻的獨特香味來自異丁香酚（isoeugenol），具有這種化合物的植物通常都不受蟲害，更能驅走動物、昆蟲和細菌。或許正因如此，肉荳蔻中的異丁香酚可以殺死帶有病菌的跳蚤，達到預防疾病的效果（此外，買得起肉荳蔻的人通常相當富有，很可能住在更寬敞乾淨、老鼠更少的地方，因此更不容易染疫）。

　　姑且不論肉荳蔻是否真的能有效遏止瘟疫蔓延，它的地位和價值無疑是來自其中所含揮發性的芳香族化合物。舉凡人們對於香料貿易的探索和剝削、《布列達條約》的簽訂、新阿姆斯特丹更名為紐約等歷史事件，都可說是因為異丁香酚這個神奇分子而引起的。

　　異丁香酚的故事，讓我們重新檢視許多對世界造成深遠影響的化合物。有些仍持續對人類健康與世界經濟帶來正面影響，有些則因為負面的用途，逐漸退出世界的舞台。無論如何，這些分子化合物或多或少都曾經在人類演化或文明發展的劇本裡，扮演舉足輕重的角色。

　　撰寫這本書的初衷，是想把分子結構與歷史事件之間的微妙關係寫成一篇篇有趣的故事，同時讓大家知道，一些看似毫不相關的事件其實都是肇始於相似的化合物。另一方面，我們也想探究文明的發展，對於化學的依賴性到底有多高。如果我們能接受許多重要的歷史事件其實是被分子——由兩個或兩個以上的原子依特定模式排列而成的化合物——這般微小的物質所牽動，我們就可以從一個全新的角度來看待人類文明的發展。即使只有一個鍵結——分子中連接原子的結構——的位置發生改變，都可能使物質的特性產生劇烈改變，繼而影響歷史的發展進程。因此，這本書不是要告訴你「化學的歷史」，而是要讓你認識「歷史中的化學」！

　　出現在本書裡的化合物，大多是作者認為最具代表性、最有趣的故事，因此當然無法鉅細靡遺地介紹所有重要的化合物。本書所選擇的化學分子是不是世界史中最重要的角色，相信每個人都有不同的看法，我們的同事一定也會想加進其他的化合物。我們會一一說明為何我們相信，這些化合物有的是啟動貿易發展的推手，有的是驅使人類遷移與殖民文化的助力，甚至還激發了奴隸與勞工制度的概念，有

的是改變人類飲食與穿著文化的功臣，還有的成就了醫學技術的進展、公共衛生的改善，以及人類健康的維護。有些左右戰爭與和平的「工業」化合物，拯救或殺死了無數人命，也在我們的討論之列。此外，我們也探討了分子結構對於性別角色、人類文化、社會法律，以及生態環境的深遠影響。（我們所選擇的化學分子，也就是你在章名裡面看到的，有時不只單一一個。它們通常是一群具有相似結構、特性，在歷史上也扮演類似角色的化學分子）

　　我們並沒有按照事件發生的順序來介紹這些化合物的故事，而是以分子之間的化學關聯性為脈絡。雖然有些分子的化學結構大不相同，但由於它們具有類似的特性，或是引發相關的歷史事件，因此將一併介紹，以便讀者閱讀比較。舉例來說，工業革命肇始於當時美國南部剝削奴隸而獲得豐厚利潤的產糖事業，而另一種化合物——棉花——則是英國經濟與社會變化的重要推手；這兩種化合物的結構不盡相同，但卻引發了類似的歷史事件，因此我們先後於第三、四章介紹。另外，從煤焦油（煤礦提煉煤氣的過程中產生的廢料）所萃取出的新染料，是十九世紀末德國化學工業得以興起的部分原因，而這些德國的化學工廠也最先發展出與新染料具有相似分子結構的人造抗生素。煤焦油中所含的酚（phenol），其化學結構與異丁香酚——肉荳蔻中的芳香分子——類似，是殺蟲劑最早期的原料，後來也被應用在人造塑膠製品上。諸如此類「化學影響歷史」的故事，單單一本書自然是說不完的。

　　許多無心發現的化學現象，後來卻引起廣泛的注意和重視，說穿了都存在運氣成分。不過，發現者本身敏銳細心的觀察力、追根究柢的研究態度，以及靈活應用這些化學現象的科學精神，更是促使「幸運」成真的主要關鍵。許多時候，化學實驗中所得的奇怪結果其實具有潛在的重要性，但科學家卻常常忽略它們而喪失了新發現的契

機。能夠在非預期的實驗結果中看出其中可能的重要發展，絕非單純偶然。書中所提到的化合物發現者，有些確實是訓練有素的化學科學家，但其中也不乏毫無科學背景的普通百姓，他們都具有相同的特質——積極、專注、具有行動力，而他們的故事也同樣令人深深著迷。

「有機」——不是一種栽種法嗎？

為了讓大家在接下來的內容中能瞭解化合物之間的關聯性，我們在此先為一些化學的專有名詞做一個簡單的介紹。這本書所討論的許多化學分子，一般都被歸類為「有機」（organic）化合物。最近二、三十年來，「有機」的定義已經與最初的定義大不相同。今天我們提到「有機」時，多半會認為是「不使用殺蟲劑、農藥，或任何合成肥料的栽種方式或食品」。其實，早在一八〇七年，瑞典化學家貝采利烏斯（Jons Jakob Berzelius）[2] 就把「有機」用來指稱生物體中的分子化合物，而「無機」就是指非生物體的分子化合物。

生物體內具有化合物的概念大約出現在十八世紀，雖然它們無法被觀察或測量，卻被認為是構成生命的基本要素，並稱之為「生命力」（vital energy），而動植物體內存有某種神奇的活力物質的信念，就叫做生機論（vitalism）[3]。根據貝采利烏斯的定義，有機化合物只存在於生物體內，不可能在實驗室中合成。但諷刺的是，他指導過的德國化學家維勒（Friedrich Wöhler）卻在西元一八二八年，在將無機物製得氰酸銨過程中，加熱得到了尿素結晶。令人驚訝的是，這個「實驗室的尿素結晶」與動物尿液中的有機尿素分子完全相同！

2　貝采利烏斯（1779-1848）首先以拉丁文定下各種原子的化學符號，並排出原子量表。
3　生機論主張，凡生命體都具有一種特殊的「生命力」，無法用物理或化學作用來加以解釋。希臘哲學家亞里斯多德就相信這種特殊的生命力，他認為生命源自靈魂，無生物加上靈魂就成為生物。十七世紀以前絕大多數的人都相信此種說法。

　　生機論的支持者紛紛提出反駁，認為實驗中所使用的氰酸鹽是從乾涸的血液中萃取得來的，應該被視為有機物。儘管如此，生機論的信仰基礎已經開始動搖。之後數十年中，愈來愈多化學家成功以無機物合成出有機物，注定了生機論的大勢已去。雖然有些科學家無法完全接受這樣的結果，但一如大家所知的，生機論最終還是被推翻了。「有機」這個詞，也就需要一個全新的定義。

　　現在，我們把有機化合物定義為「所有含碳原子的化合物」，有機化學就是指「關於含碳化合物的研究」。不過這個定義也並非盡善盡美。受到「有機物只存在於生物體中」這個傳統的界定觀念影響，儘管有些化合物含有碳原子，在化學家眼中卻無法與「有機」畫上等號。在維勒的關鍵實驗之前，由碳原子和氧原子組成的碳酸鹽除了來自生物體，也來自礦物，因此大理石（其成分為碳酸鈣）和小蘇打（其成分為碳酸氫鈉）從未被當成有機物。同樣地，不論是以鑽石或石墨中的碳原子，都是來自地底的沉積物，但現在也有人造的合成製品，因此也一直被認為是無機物。當然，很早就被發現的二氧化碳，也從未被視為有機物。顯然「有機」的定義並非絕對，但大致上我們仍把**含有碳的化合物界定為有機物，而不含碳的化合物則稱為無機物**。

　　碳（C）可以說是所有元素中最變化多端的原子，它不但能形成多種鍵結，更能與各種不同的元素結合。因此，含有碳的化合物（不論是自然的或人造合成的）比起其他元素所組成的化合物總和還要多得多。這或許可以解釋，為什麼書中出現的有機分子比無機分子來得多，但也可能因為我們兩位作者都是有機化學家的緣故。

化學結構──有那麼重要嗎？

　　在寫這本書的時候，我們最苦惱的問題是：到底要放多少「化學」

進去？有人給我們的建議是：「愈少愈好，只要把歷史的部分講得生動精采就好。」還有人特別警告我們：「千萬不要提到化學結構！如果你們不想把讀者都嚇跑的話……」但我們還是覺得，沒有介紹化學結構，就無法顯現這些化合物的特性，更別說是要講出有趣的故事了。

有機化合物主要由四種原子所構成：碳（C）、氫（H）、氧（O）與氮（N）。其他還有：溴（Br）、氯（Cl）、氟（F）、碘（I）、磷（P）、硫（S），也存在於一些有機化合物之中。書中故事的重點都在於由這些元素所組成的化學分子間的異同之處，而化合物的結構式[4]正是能將這些清楚呈現的最好途徑。舉例來說，下列兩個化學結構式最大的不同點在於羥基（—OH）和碳原子（C）連結的位置（箭頭標示處）。

$$CH_3\text{-}\overset{\overset{\displaystyle OH}{|}}{C}H\text{—}CH_2\text{-}CH_2\text{-}CH_2\text{-}CH_2\text{-}CH_2\text{-}CH=CH\text{—}COOH$$

女王蜂分泌物的分子

$$\overset{\overset{\displaystyle OH}{|}}{C}H_2\text{-}CH_2\text{-}CH_2\text{-}CH_2\text{-}CH_2\text{-}CH_2\text{-}CH_2\text{-}CH=CH\text{—}COOH$$

工蜂分泌物的分子

儘管這兩個分子結構看起來差不多，但如果你是蜜蜂，就能立刻察覺這其中的差別了。如果說人類是以外觀來辨別女王蜂與工蜂，那蜜蜂則是根據分子上的化學記號來辨識對方的身分。嚴格來說，蜜蜂還真

4　結構式為化學式的一種，可表示原子在分子中結合的情形，包括原子間的鍵結數。

可算是個化學專家！

　　化學分子的結構式可以呈現原子以鍵結相互連結的情形，其中的原子以元素符號表示，而連接原子的共價鍵[5]則以橫線表示：單鍵為「—」，雙鍵為「＝」，三鍵為「≡」。

　　在所有的有機化合物之中，結構最簡單的是甲烷，也就是一般所謂的沼氣，為天然氣的主要成分。其分子式為 CH_4，結構式為一個碳原子以單鍵接上四個氫原子：

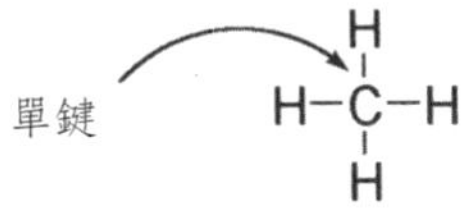

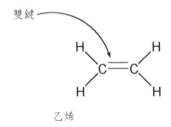

甲烷

　　最簡單的雙鍵化合物是乙烯，分子式為 C_2H_4，其結構式如下：（這裡的碳原子仍然有四個鍵結——雙鍵代表兩個鍵結。）

　　　　　　　　　雙鍵

乙烯

5　原子藉由化學鍵互相連結以形成分子，而共價鍵是化學鍵的一種，其結合原子對原子的獲得和易失去的傾向都不大，所以喜歡共用電子對來形成化學鍵，藉以達到電子飽和的穩定狀態。這種共用電子對的化學鍵稱為共價鍵，可依其電子對數目（單鍵、雙鍵、三鍵）和極性（極性、非極性）加以分類。

乙烯的化學結構相當簡單，但對於自然界卻有不可或缺的重要性。它是植物的一種荷爾蒙，能促使果實成熟。比方說，如果我們把蘋果放在通風不良的地方，它們所產生的乙烯氣體無法消散，蘋果便很快就會熟爛了。把青澀過硬的奇異果或酪梨和成熟的蘋果放在同一個袋子裡，就可以利用蘋果釋出的乙烯氣體來催熟。

另一個有機化合物甲醇，又叫木精（wood alcohol），在常溫下為無色的透明液體，分子式為 CH_4O，它含有一個氧原子，其結構如下：

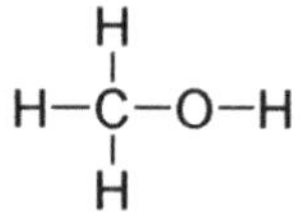

$$H-\underset{\underset{H}{|}}{\overset{\overset{H}{|}}{C}}-O-H$$

甲醇

這裡的氧原子含有兩個單鍵，一個與碳原子連結，一個與氫原子連結。同樣地，碳原子仍然具有四個鍵結。

有些化合物的碳、氧原子是以雙鍵連結，比方說乙酸——醋的主要成分，又叫醋酸——其分子式為 $C_2H_4O_2$。但我們無法從分子式看出雙鍵的位置，這也就是結構式所能補足的地方——可以呈現原子連結的確實情形，以及雙鍵或三鍵的位置。

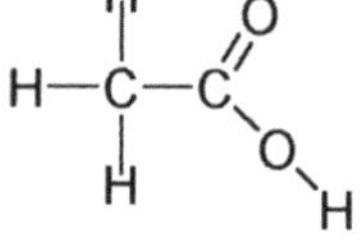

乙酸

經過簡化之後，我們仍能清楚瞭解原子位置的相對關係：

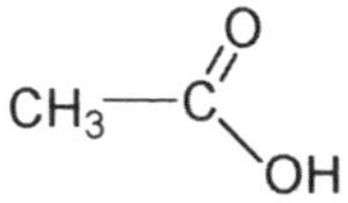

$$CH_3 - C \overset{O}{\underset{OH}{}}$$ 或者再簡化為 $$CH_3 - COOH$$

以這種簡化的結構式來呈現小分子沒有什麼問題，但若是遇上較大的分子，這種方法便顯得耗時且難以進行。比方說，女王蜂分泌物的結構式為：

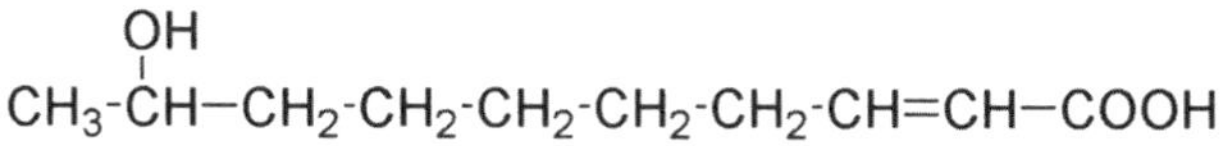

$$CH_3 \overset{OH}{-CH} -CH_2 -CH_2 -CH_2 -CH_2 -CH_2 -CH=CH-COOH$$

把所有的鍵結寫出，結構式就成：

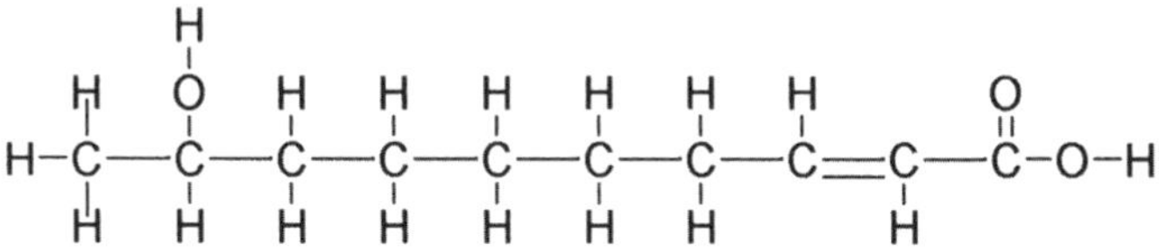

這種完整的表示法畫起來十分複雜，看起來也很累贅，因此我們常用一種簡化法來表示這種大分子的化學結構——省略大部分的氫原子（H）。如果下次你看到的碳原子沒有四個鍵結，不必懷疑是不是畫錯了，其實只是被簡化了：「看不見的，不等於不存在」。

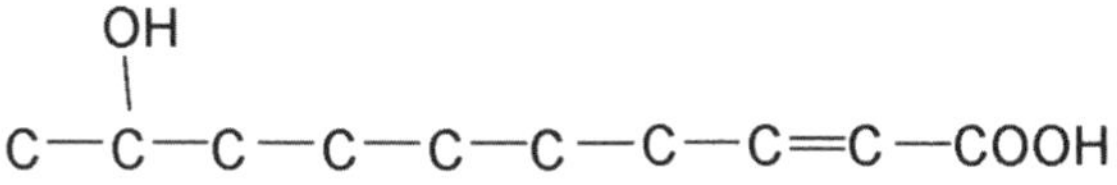

$$C-C-C-C-C-C-C-C=C-COOH$$ （OH）

省略氫原子的女王蜂分泌物

　　另外，我們通常不會把連結碳原子的鍵結畫成直線，而會畫成稍微有一點角度的折線，因為這樣比較貼近化合物中原子連結的真實情況。以女王蜂的分泌物為例：

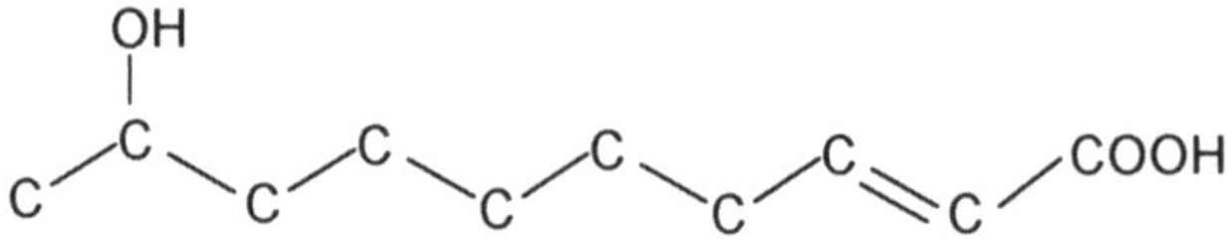

如果再刪去大部分的碳原子（C）就變成：

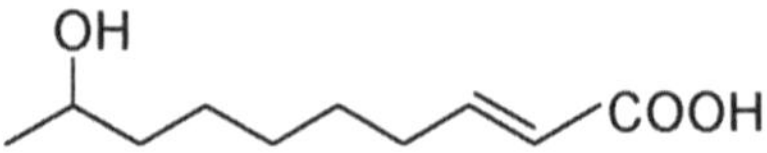

在這裡，鍵結線的端點和折點都代表一個碳原子，其他的原子（除了大部分的氫原子之外）則以元素符號表示。以這種簡化法來表示女王蜂和工蜂的分泌物，則可清楚看出它們之間的不同：

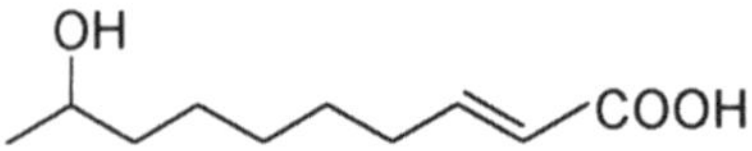

女王蜂的分泌物 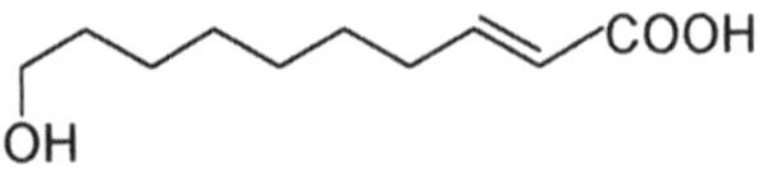　　　　　　　　　工蜂的分泌物

　　這種簡化法也使我們更容易對昆蟲的分泌物作比較。舉例來說，雌性蠶蛾分泌來吸引雄性的費洛蒙——蠶蛾性誘醇（bombykol），簡稱蠶醇——含有十六個碳原子，只有十個碳原子的女王蜂分泌物也同樣是一種費洛蒙，蠶醇比女王蜂分泌物多了一個雙鍵，卻少了一個羧基

（—COOH）。

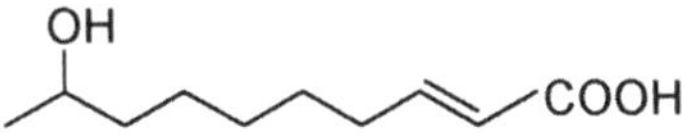

OH

COOH

　　　女王蜂分泌物 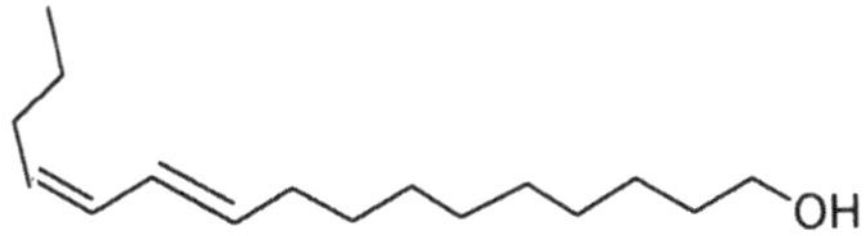　　　　　　　　　　　　　蠶醇分子

在處理由碳原子組成、十分常見的環形結構時，我們通常也會省略大部分的碳原子和氫原子。下圖為環己烷（分子式為 C_6H_{12}）的結構：

簡化的環己烷結構式。每個頂點皆代表一個碳原子，氫原子則全部省去。

　　而環己烷的完整結構為：

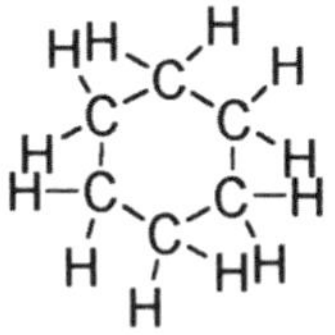

顯示所有原子和鍵結的環己烷結構式

　　如圖所示，當我們呈現化合物的所有原子時，整個結構繁複得讓人眼花撩亂。如果要呈現的是抗憂鬱藥物百憂解（Porzac），那情形將會更嚴重。

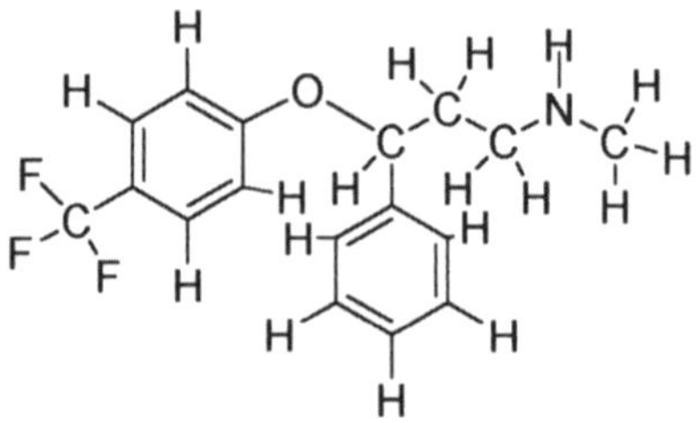

百憂解的完整結構

但如果用簡化的結構式，就可以一目瞭然：

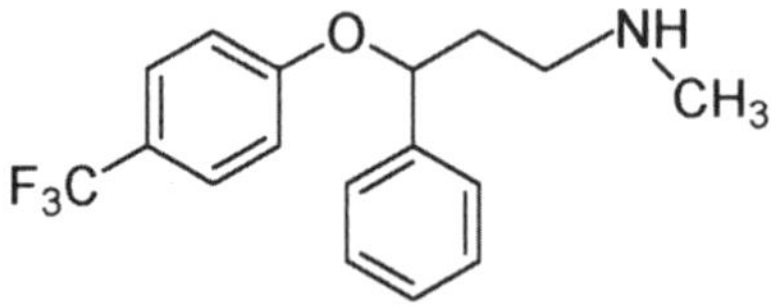

百憂解

另外，我們常聽到的「芳香性」（aromatic），這個詞在字典裡的解釋為「聞起來芳香的、令人陶醉的刺激性氣味，通常意味著一種令人愉悅的香氣」。但在化學上來說，芳香族化合物確實會散發氣味，但不保證聞起來會讓你覺得愉快。化學中的「芳香」指的是化合物中具有苯環結構[6]，通常以簡化法表示：

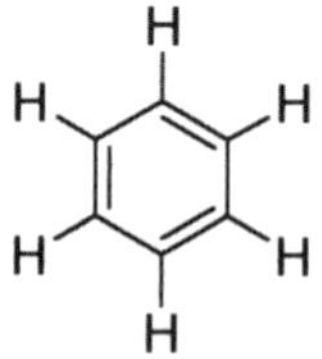

苯的完整結構式　　　　　　　　　　　　　　苯的簡化結構式

6　審註：其實在共軛不飽和平面環狀分子，其 π 電子數目符合「4n+2」的，都屬芳香族。又其中可以含不是碳的原子。

回頭看看剛才提過的抗憂鬱藥物百憂解，從結構圖中我們可以看到它具有兩個芳香環，因此百憂解也被歸為一種芳香族化合物。

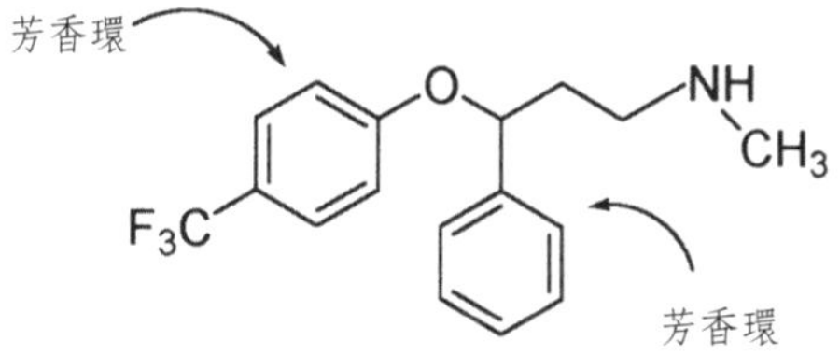

含有兩個芳香環的百憂解

　　雖然以上只對有機化學做了一些簡單的介紹，但這已足夠讀者輕鬆讀懂《拿破崙的鈕釦》。在接下來的故事中，我們會對化合物的結構進行比較，讓你清楚看出它們的異同，即使是化學結構的細微差異，就足以造就截然不同的分子特性。「牽一髮而動全身」，隨著這些神奇分子的特殊結構與化學特性之間的關係，我們將看到歷史中許多歸功於化學小兵的偉大故事。

1

香料爭奪戰

「為上帝和香料乾杯！」——這是在西元一四九八年五月，葡萄牙航海家達伽瑪（Vasco da Gama）[1]和他的水手們終於抵達印度，取得了長久以來被威尼斯商人所壟斷的珍貴香料。為了慶祝這一刻，他們不禁發出狂喜的歡呼……。

香料中的**胡椒**在中古時代的歐洲是極為珍貴的物品，一磅胡椒乾果仁的價值相當於一名奴隸（奴隸在當時被視為富豪的財產）。儘管如今胡椒幾乎到處都買得到，然而在當時那個「大發現時代」（Age of Discovery），諸如肉桂、丁香、肉荳蔻和薑等香

1　達伽馬（1460-1524）是葡萄牙的航海家，他發現了非洲南端的好望角，並完成首航印度的創舉，也帶回許多香料和珠寶，從此大開了歐洲與西非的海上航路，因此成為留名青史的地理大發現家。

料，讓全世界都為之瘋狂。

胡椒發現小史

胡椒是現代生活中最常見的香料之一，源於印度一種學名為 *Piper nigrum* 的熱帶性藤本植物。今日的主產地為印度、巴西、印尼和馬來西亞等赤道地區，可生長至二十英尺以上。這種植物在最初生長的二至五年會結出紅色的球狀果實，在適當的環境條件之下，其壽命可長達四十年。一株藤蔓在盛產季節的香料產量約可達十公斤重。

黑胡椒是由未成熟的胡椒果實經真菌發酵、曬乾後製成，約佔胡椒市場的四分之三。等到果實成熟、果肉軟化後才採收，再經去皮及曬乾種子的過程而成的是白胡椒，其佔了大部分剩下的胡椒市場。在果實即將轉熟時採收，並且以鹽水醃漬而成的是綠胡椒。至於其他可在專賣店看到的各色胡椒子，乃是人工染色的結果，或是來自於其他不同種類的果實。

一般普遍認為，阿拉伯商旅藉由大馬士革[2]和紅海的海陸交通，把胡椒輾轉帶入歐洲；這也是古代的香料貿易路線。西元五世紀以前，希臘人就已經知道使用胡椒，不過不是用來調味，而是作為醫療之用，尤其經常被當成中毒時的解毒劑。當胡椒傳到羅馬人的手中，才連同其他香料一起作為調味料，添加於飲食之中。

到了西元一世紀，亞洲和東非輸入地中海地區的物資之中，香料就佔了一半以上，其中又以來自印度的胡椒為大宗。香料開始被用於烹調的主要原因有二：防腐和調味。由於當時羅馬的統轄地區遼闊，往來交通相當緩慢耗時，又未有冷藏技術，因此新鮮食品的取得和保

2　大馬士革現為敘利亞首都，是世界上歷史悠久的古城之一。

存成了民生要務。消費者只能依賴嗅覺來判斷食物的好壞，而所謂「最佳賞味期限」的概念，更是在好幾個世紀後才逐漸形成的。或許因為胡椒和香料可以掩飾食物的腐臭氣味，因此稍稍延長了食物的賞味期限。此外，乾燥、煙燻和醃漬的食品也因為大量使用這些調味品而變得更加可口。

中世紀大部分歐洲與東方的貿易路線，都是取道巴格達（今伊拉克）、經過黑海南岸，再通往君士坦丁堡[3]。香料就從君士坦丁堡運往威尼斯，威尼斯也因此成為中世紀後四百年中幾乎雄霸當時所有香料貿易的城市。

從西元六世紀起，威尼斯藉由其潟湖地形盛產的鹽及其熱絡交易，迅速發展為繁榮的貿易中心。它能享有數世紀的興盛，主要歸功於精明謹慎的政策，使之在與各國頻繁的商業往來中，始終能保持獨立。十一世紀末的十字軍東征後大約兩百年間，威尼斯商人把握住這個大好機會，鞏固他們的商業地位，進而成為世界香料市場的霸主。西歐國家對於十字軍所提供的交通運輸、戰艦、軍隊和軍費，創造了不少投資利潤，主要的受益者正是威尼斯共和國。當十字軍準備從溫暖的中東國家撤回寒冷的北方故土時，那些具有特殊風味的香料就成了遠征的戰利品。他們剛開始把胡椒看作一種只有少數人才負擔得起、新奇罕見的奢侈品。後來大家了解它不僅可以掩蓋食物腐敗的異味、為食之無味的乾貨增添味覺上的刺激，還可以淡化醃製食品的重鹹口味。於是，胡椒逐漸成為人們生活中不可缺少的調味品。威尼斯商人因此大發利市，來自歐洲各國的商人絡繹不絕，無非是為了購買胡椒等香料而來。

到了十五世紀，威尼斯已完全壟斷了香料的交易市場，其中龐

3　君士坦丁堡即今日土耳其的伊斯坦堡，古為拜占庭帝國及鄂圖曼帝國的首都。

大的商機與利潤，更引起其他國家的垂涎。葡萄牙國王約翰一世（King John I）任命他的兒子——亨利王子（Prince Henry）——打造一艘可以抵抗惡劣海象的堅固商船，以便在未知海域中探索航線，發展香料貿易。西歐興起一股「胡椒熱」，而「大發現時代」也就此拉開序幕。

十五世紀中葉，葡萄牙的探索足跡已遠達西北非的維德角（Cape Verde）。一四八三年，一個名叫狄亞哥（Diago Cão）的葡萄牙航海家更往南深入了剛果河口。四年之後，另一個叫做狄亞士（Bartholomeu Dias）的航海家更繞過了好望角（Cape of Good Hope），為達伽瑪在一四九八年成功抵達印度的成就鋪路。

意欲掌控世界胡椒市場的葡萄牙人始料未及的是，當時位於印度西南岸卡利刻特（Calicut）的統治者，竟然要求他們以黃金來交換胡椒。為此，五年後達伽瑪帶著強大的火力和軍隊徑服了卡利刻特，就此掌握了胡椒貿易的主控權，也開啟了日後向東延展到印度和印尼、向西囊括巴西的葡萄牙海權時代。

除了葡萄牙以外，西班牙對香料市場也虎視眈眈，尤其是胡椒。出生於義大利熱亞那的航海家哥倫布（Christopher Columbus）一直認為，朝著西方航行是前往印度的捷徑。他在一四九二年成功說服了西班牙國王費迪南五世（King Ferdinand V）和伊莎貝拉皇后（Queen Isabella），資助他這項對後世影響深遠的探索之旅。然而，哥倫布的這個理念顯然並非完全正確。從歐洲向西航行雖然可以到達印度，但肯定不是一條捷徑，因為中間橫亙著當時尚未被發現的美洲大陸，以及遼闊無邊的太平洋。

胡椒到底有什麼魔力，可以造就出如威尼斯這般的繁榮城市，引領「大發現時代」的蓬勃發展，甚至成為哥倫布發現新大陸的重要推手？這其中的奧祕，就在於胡椒中一種稱為**胡椒鹼**（piperine）的

活性成分，其分子式為 $C_{17}H_{19}NO_3$，結構如下：

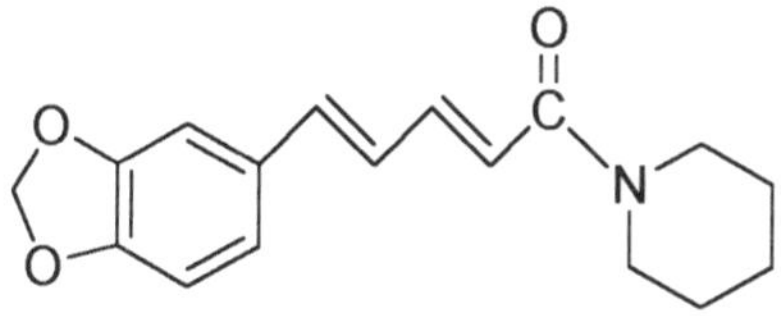

胡椒鹼

　　吃辣所體驗到的辛辣感，其實並非來自於味覺，而是痛覺神經對於化學刺激的一種反應。這其中的運作機制至今尚未完全明朗，但一般認為，辛辣感的產生應該與分子形狀有關——胡椒鹼的分子形狀能與我們口中和身體其他部位痛覺神經末稍的蛋白質結合，經由神經傳導到大腦而釋放出「啊！好辣！」的訊息。

　　有關胡椒和航海家哥倫布的故事，並未隨著哥倫布未能找到前往印度的新航線而結束。西元一四九二年十月，當船隊靠岸的那一刻，哥倫布以為（或者說希望）他踏上的是印度的土地……經過一番誤打誤撞，美洲新大陸就這麼被發現了。儘管那裡不是哥倫布預期的繁華城市和富饒國度，但他仍稱當地居民為印第安人（Indians）。當他二度前往造訪時，在今日的海地發現了一種與胡椒完全不同的辣椒（chili pepper），並將之帶回了西班牙。

　　這種新香料後來也傳入了葡萄牙，並繼續向東傳入非洲和印度，還有對當時來說仍遙不可及的東方世界。短短的五十年間，辣椒已遍及整個世界，並很快地融入各地料理，尤以非洲和東南亞諸國為最。對於許多嗜辣成性的人們來說，哥倫布最重要的貢獻或許不是發現新大陸，而是發現辣椒吧！

火辣刺激的香料化學

不同於僅有單一種類的胡椒，辣椒的種類多不勝數。辣椒又叫做番椒，源自墨西哥，產於熱帶地區的美洲，在九千年前即被人類所利用。然而，不同種類的辣椒有很大的差異。比方說，青椒、甜椒、紅椒和紅辣椒等等，是學名 *Capsicum annuum* 的一年生草本植物，而深受歐美國家喜愛的塔巴斯科辣椒（Tabasco pepper）則是學名為 *Capsicum frutescens* 的多年生木本植物。

辣椒的顏色、大小和形狀變化多端，之所以具有刺激嗆鼻的氣味和濃烈辛辣的味道，乃是因為一種分子式為 $C_{18}H_{27}NO_3$，的**辣椒素**（capsaicin）活性成分，結構與胡椒鹼相似。

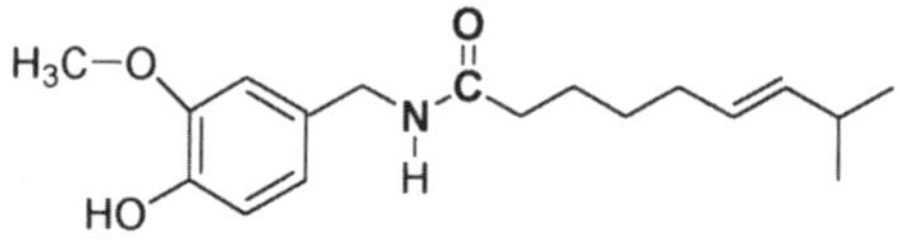

辣椒素 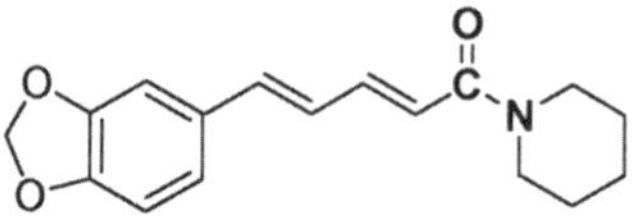　　　　　　　　胡椒鹼

辣椒素和胡椒鹼都含有一個氮原子接鄰於一個與氧原子以雙鍵結合的碳原子，而且也都有一個芳香環和一條碳原子鏈。如果說辛辣感的產生與分子形狀有關的話，那麼結構相似的胡椒鹼和辣椒素都能讓人感到「辛辣」，也就沒什麼好驚訝的了。

另一個也符合「辣味與分子形狀有關」這種理論的是**薑油酮**（zingerone），其分子式為 $C_{11}H_{14}O$，通常存在於薑科植物的地下莖。儘管薑油酮的結構比胡椒鹼和辣椒素來得小（就大多數人的感覺來說，味道也沒有那麼嗆辣），它同樣具有一個芳香環，其中包含與辣椒素相同的 HO 和 H_3C-O，最大的不同只在於少了一個氮原子。

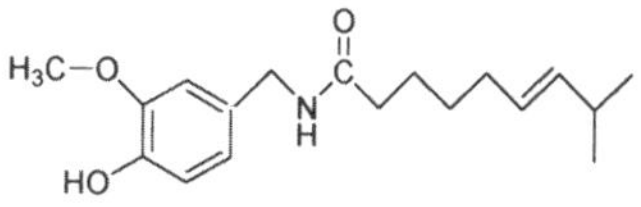

辣椒素 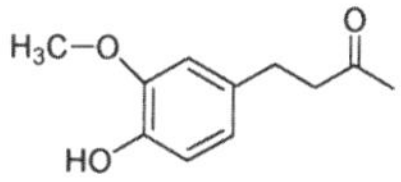　　　　　　　薑油酮 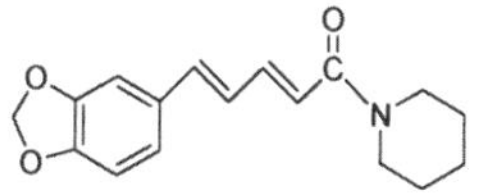　　　　　　　　胡椒鹼

　　為什麼我們要吞下這種會引發痛覺反應的東西？或許是因為這些辛辣分子有助於我們體內的一些化學反應。胡椒鹼、辣椒素和薑油酮不僅能刺激口中的唾腺分泌，幫助消化，還能夠刺激腸胃道蠕動，加速食物的移動。不同於味蕾只分布在舌頭上，能接收辛辣分子所釋放的化學訊息的痛覺神經，遍及我們整個身體。曾經有過切辣椒時不經意地用手搓揉眼睛的慘痛經驗嗎？辣椒採收工人都會戴上橡皮手套和護目鏡，就是為了避免眼睛和雙手接收到這樣的「火辣刺激」。

　　吃愈多胡椒，感覺愈辣，但辣椒的辣度就無法這麼判斷了。辣椒的顏色、大小、形狀和產地都會影響辣度，沒有固定的規則可循。有人說辣椒愈小愈辣，但大型辣椒的味道未必就較溫和。有人說，全世界最辣的辣椒出產於東非地區，但產地也並非是絕對因素。一般來說，辣度會隨辣椒的乾燥程度而增加。

　　通常在享受一頓熱辣的美食之後，我們會有一種說不上來的滿足感，這種奇妙的感覺其實是來自於身體對疼痛的自然反應。疼痛會刺激大腦產生腦內啡（endorphin）[4]，有些人嗜辣成癮，或許就是這個原因：吃的愈辣，身體接收到的痛覺愈強烈，也就刺激大腦分泌更多的腦內啡，因而更加地使人感到飄飄欲仙。

　　除了紅椒（paprika）成為匈牙利名菜「濃汁燉牛肉」（goulash）

4　腦內啡是一種可以紓解疼痛、使人產生愉悅感的荷爾蒙，因為其化學結構類似麻藥中的嗎啡，故名之，亦稱「快樂激素」。

的主要配料之外，辣椒在歐洲飲食中並不常見；這點與亞洲、非洲國家喜食辣椒的飲食習慣大不相同。以歐洲人來說，胡椒還是他們對「辣」的第一選擇。一百五十年前葡萄牙擊敗卡利剋特並接手了胡椒市場，直到十七世紀初才被荷蘭人與英國人取代。而荷蘭的阿姆斯特丹與英國的倫敦，也一躍成為歐洲主要的胡椒貿易港口。

　　為了積極經營東印度的香料市場，英國於一六〇〇年成立了英國東印度公司（The East India Company）。一趟往來印度的胡椒商旅常常面臨著極高的風險，因此共同投資的形式開始出現，以降低個別投資者的潛在損失。這種集資合作的模式最後演變為股票的投資，或許也就是日後「資本主義」的雛形。因此，我們可以說，看似平凡無奇、微不足道的小小香料，卻是啟動現代經濟體系中全球股票市場的重要關鍵。

擋不住的香料誘惑

　　回顧我們的歷史，胡椒並不是唯一具有高價值的香料，肉荳蔻和丁香比胡椒還要稀少。這兩種香料起源於傳說中的香料群島，就是今日印尼馬魯古省（Maluku）的摩鹿加群島。肉荳蔻樹只生長在其中由七個小島組成的班達群島，位置大約在雅加達以東一千六百英里的地方。這些小島都非常迷你——最大的全長不超過十公里，最小的僅有幾公里長。而丁香樹也只生長在摩鹿加群島北方的兩座狹小島嶼——特納德（Ternate）和提朵（Tidor）。

　　幾個世紀以來，島民採收香料果實，並與來自阿拉伯、馬來半島以及中國的商旅進行交易，這些香料也輾轉被運往歐洲和亞洲。當時的貿易通路已發展完善，但不論是取道印度、阿拉伯、波斯或是埃及，這些香料送達西歐消費者手中時，通常都已經過多達十二手的買

賣。由於每次轉手交易都使香料的價格翻漲一倍，因此葡萄牙的印度總督奧布凱爾克（Afonso de Albuquerque），率兵登陸錫蘭[5]，攻佔了馬來半島的麻六甲，直搗東印度香料市場的中樞。一五一二年葡萄牙人來到了摩鹿加群島，一手壟斷了香料群島的對外貿易，成為新一代的香料霸主，讓威尼斯商人也望塵莫及。

西班牙也沒有缺席這場香料戰爭。西元一五一八年，葡萄牙航海家麥哲倫（Ferdinand Magellan）的航海計畫未獲資助，轉而向西班牙國王遊說：「西進是前往香料群島的捷徑。」西班牙有充分的理由支持麥哲倫的計畫。首先，開闢一條西行至東印度的路線，可讓西班牙的船隻，避免經過經葡萄牙位在非洲與印度的港口。其次，教宗亞歷山大六世（Pope Alexander VI）為了調解西葡兩國對於新大陸的爭執，曾在維德角群島以西約三百英里的地方，假定一條領土分界線，並宣布往後發現的新大陸，若位於界線以西則歸屬於西班牙，以東的則為葡萄牙所有──儘管「地圓說」的概念在當時已為許多學者和水手所接受，但梵蒂岡教廷仍忽略了這個事實。總而言之，西進的計畫讓西班牙可望合理取得香料群島的所有權。

麥哲倫對於橫越美洲大陸相當有自信，西班牙國王也認同他的能力。西元一五一九年九月，麥哲倫揚帆啟航向大西洋的西南方駛去，遠至今日的巴西、烏拉圭和阿根廷等地。當他抵達拉布拉塔河（Rio de la Plata）[6]那個寬達一百四十英里的河口時，他不敢相信歷盡千辛萬苦到達的，卻只是個匯流入海的三角洲！儘管他大感失望與挫折，仍繼續向南航行，並安撫船員：大西洋與太平洋只有一岬之隔。其實在這個時候，一場難以應付的災難已在悄悄醞釀。當他們愈往南行，海象就愈狂暴。暗礁環伺的海岸、強勁洶湧的暗流、惡劣詭譎的

5　即現在的斯里蘭卡（Sri Lanka）。
6　拉布拉塔河為南美第二大河，位於今日的阿根廷，首都布宜諾斯艾利斯就沿河而建。

天候、滔天襲來的巨浪，以及因結凍而脫落的帆桅，在在都對船員的
生命造成極大的威脅。對於迷途的他們來說，這些挑戰無疑是雪上加
霜。好不容易克服了大海的考驗，他們身處於南緯五十度的海域，徬
徨地不知該何去何從。麥哲倫決定等待南半球的冬天遠去，再駛向那
片後來以他名字命名的麥哲倫海峽（Strait of Magellan）。

　　到了一五二〇年十月，麥哲倫帶領的船隊安然渡過麥哲倫海峽，
但隨著船上生活物資逐漸耗盡，開始有船員提議返航。但是，或許是
肉荳蔻和丁香的魅力太過誘人，以及為了履行對雇主的承諾——取代
葡萄牙統治東印度香料群島，麥哲倫領著剩下的三艘船隻，繼續向西
航行。沒有地圖，只靠著早期簡陋的航海儀器，在幾乎沒有飲水和糧
食的情況下，麥哲倫和他的船員完成了一項不可能的任務：他們航越
了將近一萬三千英里、超乎想像之廣闊的太平洋海域。西元一五二一
年三月六日，麥哲倫登陸了馬里亞納群島之一的關島，補充了許多物
資，並紓解了飢餓與壞血病的威脅。

　　麥哲倫的船隊最後終於登陸了夢想中的丁香產地特納德島。然
而，麥哲倫本人終其一生都未能親自踏上摩鹿加群島的土地。他在中
途一個名叫馬克丹（Mactan）的菲律賓小島上，與當地居民發生衝突
而枉送性命。在離開西班牙的三年之後，最後生還的十八名船員乘著
風雨飄搖的維多利亞號（Victoria），滿載著二十六噸的香料，繞了
地球一圈之後，終於又回到了西班牙。

香氣四逸的丁香和肉荳蔻

　　丁香和肉荳蔻生長於兩個相隔數百英里的島嶼上，然而，它們
所散發出的相異氣味，卻是由於在構造上極為相似的兩個分子所造成
的。從丁香萃取出的丁香油，其主要成分是丁香酚（eugenol），而

肉荳蔻油所富含的芳香化合物則是異丁香酚。這兩種都具有芳香氣味的分子結構相似，唯一的不同僅在於一個雙鍵的位置（如圖中的箭頭標示處）：

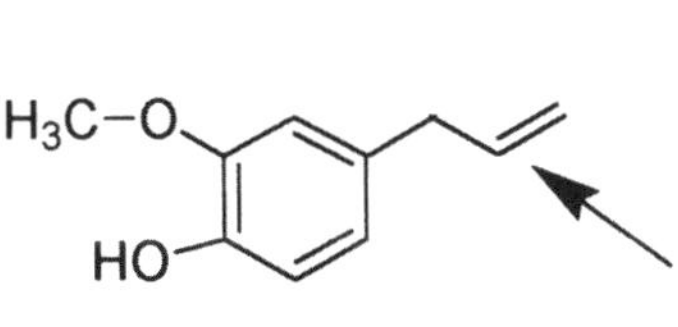

（從丁香萃取的）丁香酚 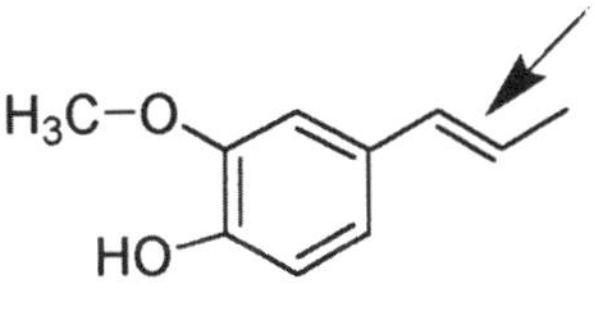　　　　（從肉荳蔻萃取的）異丁香酚

兩者唯一的差異在於雙鍵的位置不同

從薑萃取出來的薑油酮，結構也與這兩個化合物極為類似。但就我們所知，薑的氣味卻沒有丁香以及肉荳蔻來得「芬芳」。

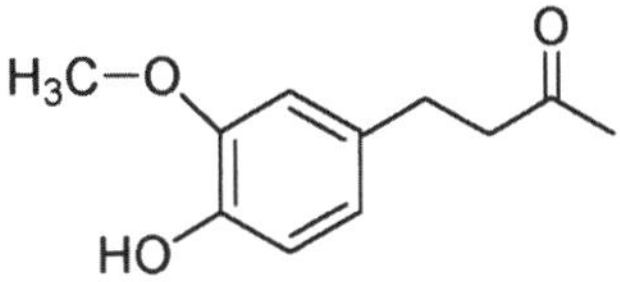

薑油酮

這些植物之所以具有特殊的氣味，並非為了供人類運用，而是為了保護自己：驅趕動物、昆蟲以避免遭到啃食、防止黴菌的感染等等。它們的防身武器就是丁香酚、異丁香酚、胡椒鹼、辣椒素和薑油酮這類化合物，因為這些分子就是最佳的天然殺蟲劑。對人類來說，我們的肝臟能夠代謝這些物質，即使吃下去也不會有什麼大礙。如果大量吸收其中一種，理論上會增加肝臟功能的負擔，但事實上，就算吃了大量的胡椒或丁香，也不至於對肝臟造成嚴重的傷害。

即使站在遠處，丁香所散發出的濃郁香氣仍會朝著我們撲鼻而來。除了乾燥的丁香花苞之外，這些形成香氣的化合物也廣泛分布於

丁香樹的其他部位。遠在西元前兩百年的漢代，丁香就被朝臣們當成
口氣清新劑使用，以避免上朝稟奏時異味飄散的尷尬。丁香油更是被
當成強效殺菌劑以及緩解牙疼的良方。一直到今天，牙醫偶爾仍會以
丁香作為醫療時的局部麻醉藥。

　　肉荳蔻樹可生產兩種香料：呈深棕黑色的是肉荳蔻，由杏仁果
形狀的果實磨碎而來；呈紅色的則稱為荳蔻皮，是覆蓋在果核上的薄
膜，香氣較濃，顏色較美，味道較甜。把肉荳蔻用於醫療上已有長久
的歷史。在中國，它常被用來治療風濕病和胃痛。在東南亞一帶，則
被用來醫治痢疾或急性腸胃炎。在歐洲，肉荳蔻被當作催情劑或安眠
藥來使用，但許多人也會把它裝成小袋並掛於頸上，以對抗自西元一
三四七年起週期性橫掃歐洲的世紀瘟疫——黑死病（Black Death）。
儘管其他的流行傳染病，例如斑疹傷寒和天花，也曾間歇性地在歐洲
部分地區橫行肆虐，但黑死病始終是當時最具毀滅性的不治之症。它
有三種不同的型態：第一種稱為淋巴腺鼠疫（bubonic），患者的主
要症狀是會感到腹股溝淋巴結的部位明顯疼痛，以及腹股溝生殖腺與
腋窩腫脹不適，而其所引發的內出血及神經退化現象所造成的致死
率，往往高達 50~60%。其次是感染機率較低但毒性更強的肺鼠疫
（pneumonic）。而最嚴重的是菌血型鼠疫（septicemic），由於血液
遭到嚴重的細菌汙染，患者最短在一天之內就可能發病猝死。

　　新鮮肉荳蔻中富含的異丁香酚可以抑制跳蚤身上的淋巴腺鼠疫
細菌，這種說法是極為可能的。此外，肉荳蔻和荳蔻皮中含量豐富的
肉荳蔻醚（myristicin）和欖香素（elemicin），同樣具有殺菌的功能。
它們的結構非常相似，類似於我們先前介紹過的肉荳蔻、丁香和胡椒
鹼。

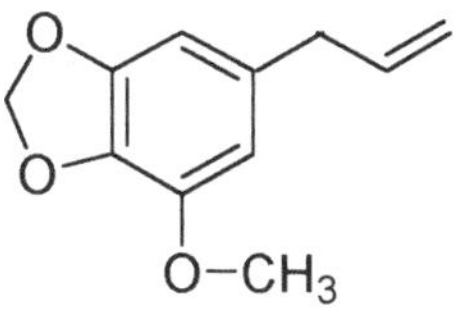

肉荳蔻醚　　　　　　　　　　　　　　橄香素

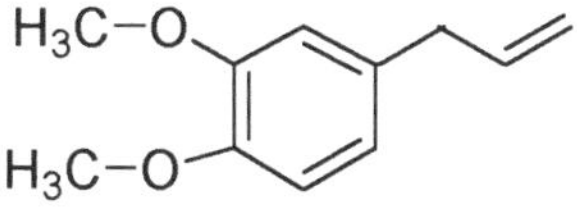

　　肉荳蔻除了被視為對抗瘟疫的法寶，也被當成「瘋狂香料」（spice of madness），這是因為其中所含的肉荳蔻醚和橄香素會引起幻覺。這個特性早在好幾個世紀以前就已被發現。西元一五七六年就有紀錄指出，「一名英國孕婦吃了十到十二顆肉荳蔻果實之後，便神智失常像個酩酊醉漢般」。但這個故事的真實性卻令人懷疑，因為就計量來看，一顆肉荳蔻果實便足以引起嘔吐、大量盜汗、心悸、血壓驟升，並會陷入神智失常的狀況達數日之久；這些症狀遠遠超過所謂如醉漢般的行為舉止。此外，用不著十二顆肉荳蔻果實便足以致命，大量的肉荳蔻醚也會對肝臟造成傷害。

　　除了肉荳蔻和荳蔻皮之外，胡蘿蔔、芹菜、蒔蘿、荷蘭芹[7]和黑胡椒也都含有微量的肉荳蔻醚和橄香素，但通常我們的攝取量還不至於使我們出現幻覺，而且也沒有證據顯示肉荳蔻素和橄香素會影響我們的精神狀態。比較可能的說法是，它們在人體內經由某種至今未知的代謝過程，被轉化成有點類似苯丙胺（amphetamine，即安非他命）的化合物，因此才會引發幻覺。

　　造成幻覺的化學原理，其實是肇因於另一種稱為黃樟腦（safrole）的化學分子——即「搖頭丸」（Ecstasy）的原料（化學全名為 3,4-methylenedioxy-N-methylamphetamine，縮寫為 MDMA）——其化學

7　parsley，一般常稱為「巴西利葉」。

結構與肉荳蔻醚的不同，只在於少了一個 OCH_3。

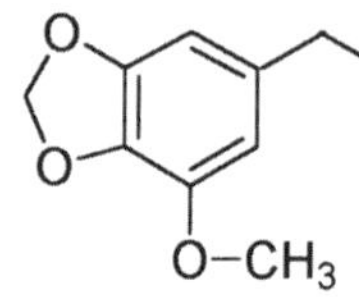

肉荳蔻醚 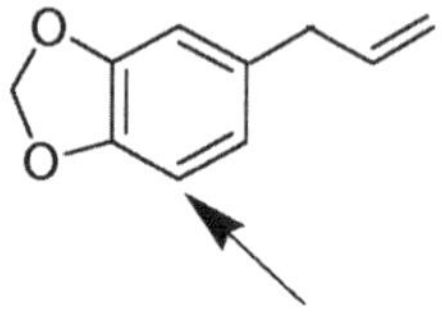　　　　　　　　　　　黃樟腦
（箭頭所指處為缺少 OCH_3 的位置）

黃樟腦轉化為搖頭丸的過程如下：

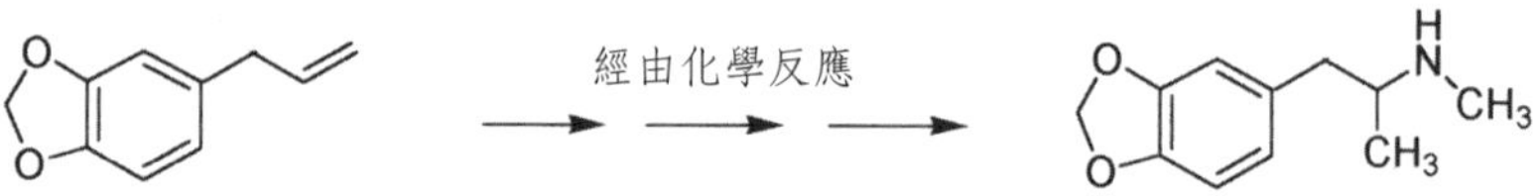

黃樟腦　　　經由化學反應　　　　MDMA（搖頭丸）

　　黃樟腦產自黃樟樹，而可可、黑胡椒、荳蔻皮、肉荳蔻與野生的薑也都含有微量的黃樟腦。從黃樟樹所提煉出來的黃樟樹油，曾被添加於沙士飲料中作為調味，其中有 85% 的成分是黃樟腦。不過由於黃樟腦已被認定為致癌物質，因此與黃樟樹油一併被嚴格禁止添加於食品之中。

有肉荳蔻才有紐約

　　十六世紀是葡萄牙人掌控丁香貿易的黃金時期，但他們卻從未完全壟斷這個香料市場。葡萄牙與特納德島和提朵島上的蘇丹王達成貿易協議，也允諾將為他們修築堡壘提供防禦。只是這些同盟關係沒

能持續下去，摩鹿加群島的島民還是繼續與長久以來的貿易夥伴——爪哇人和馬來人——進行買賣。

到了十七世紀，荷蘭人藉由優勢的船隻、軍隊、武器，以及更加嚴謹的殖民政策，再加上成立於西元一六〇二年的荷蘭東印度公司（Dutch East India Company）的大力贊助，漸漸取代了葡萄牙人而成為香料貿易市場的主角。然而，這個獨占事業並非一蹴可幾，經營起來也不是那麼容易。所以僵持的局面一直到了西元一六六七年才獲得解決，荷蘭東印度公司驅逐了西班牙人和葡萄牙人，以高壓殘酷的手段對付當地居民的反抗，就此完全控制摩鹿加群島。

為了鞏固在香料市場上的地位，荷蘭人企圖介入班達群島的肉荳蔻貿易。根據荷蘭與班達群島上的一個村長於一六〇二年所簽署的條約，荷蘭東印度公司有權購買島上生產的所有肉荳蔻。然而，不知是島民無法接受條約裡的「專營」概念，抑或是不了解其中的意義，他們還是繼續把肉荳蔻賣給出價最高的其他買家。

荷蘭人對於班達島民的行為顯然相當不滿，他們出動了大批戰艦和軍隊，並在島上建造好幾座大堡壘，接下來一連串的攻擊和大規模的屠殺、簽了又廢的條約，在在顯示他們對於掌控肉荳蔻貿易的決心和野心。島上的肉荳蔻樹被破壞殆盡，只有生長在荷蘭人碉堡附近的才得以保存。村落在戰火的肆虐下只剩灰燼，原本德高望重的村長和領袖紛紛被處以死刑，而倖存下來的活口，則在那些垂涎肉荳蔻而不擇手段的荷蘭移民者的餘威之下，淪為奴役。

荷蘭東印度公司逐一清除了邁向壟斷香料市場的道路上的層層阻礙，只剩下活躍於班達群島中較遠的嵐嶼、早已和當地領袖簽訂貿易契約的英國人。在經歷了長期纏鬥之後，荷蘭人終於在一六六七年與英國人簽訂了《布列達條約》，迫使英國人交出嵐嶼的所有權，也重新宣布荷蘭人對於曼哈頓島的貿易權利。至此，荷蘭人總算完全取

得了肉荳蔻市場的主導權，而當時的貿易樞紐——新阿姆斯特丹——就是今日的紐約。

　　儘管費了好大一番工夫，荷蘭人的肉荳蔻和丁香的獨佔事業也未能持續多久。西元一七七○年，一位法國外交官從摩鹿加群島偷偷把丁香的秧苗輸出到法屬殖民地模里西斯（Mauritius），自此便快速地傳到東非沿海地區，其中桑吉巴（Zanzibar）[8]更成為日後丁香的主要輸出地。

　　不像丁香一樣容易種植，肉荳蔻只生長在原產地班達群島，在其他地方則很難成功栽種。養分充足、潮濕且排水良好的土壤以及濕熱的環境，是肉荳蔻生長的必要條件，但必須避免日曬和強風的吹拂。雖然其他國家已經在別的地方準備了肉荳蔻所需的生長環境，荷蘭人還是小心翼翼地把將要出口的肉荳蔻果浸泡在石灰中，以降低發芽的機會。不過，最後英國人還是成功地將肉荳蔻樹輸入新加坡和西印度地區，而加勒比海的格瑞納達（Grenada）[9]也因此成為今日肉荳蔻的主要產地，又稱為「肉荳蔻之島」。

＊　＊　＊　＊　＊　＊　＊　＊　＊　＊

　　由於冷藏技術的問世，胡椒、丁香和肉荳蔻的防腐功能不再受到重視，含有胡椒鹼、丁香酚、異丁香酚和其他芳香分子的香料，也逐漸受到冷落。胡椒和其他香料現在仍生長在印度，只不過已非輸出品的大宗。而今日隸屬於印尼的特納德島、提朵島和班達群島也風光不再，無復過去商旅往來頻繁的榮景。這些小島在依舊火紅的烈日下

8　現為坦尚尼亞共和國的島嶼之一。
9　西印度群島以東的迎風群島（windward）之一，西元一九七四年成為大英國協內的獨立國家。

沈沈睡去，只有偶爾會被攀爬昔日荷蘭碉堡，或者在原始珊瑚礁潛水的觀光客所驚擾。

香料的魅力早已今非昔比，我們仍繼續享受香料為食物增添的美味，卻幾乎忘記了它們曾經帶動繁榮昌盛、挑起激烈戰鬥、促成偉大探險的事蹟。

2

維生素 C

隨著香料貿易熱絡發展，「大發現時代」達到鼎盛。可惜好景不常，由於欠缺另一種分子化合物，使得「大發現時代」的榮景漸趨黯淡。一五一九到一五二二年，在麥哲倫領軍的環球航海旅途中，有超過百分之九十的水手都因缺乏維生素 C[1] 而罹患壞血病（scurvy）；這種致命疾病正是「大發現時代」由盛轉衰的主要原因。

壞血病的症狀很多。患者在初期會感到經常性的疲累、肌肉痠痛、四肢腫脹、傷口不易癒合、鼻息散發出

1　即抗壞血酸（ascorbic acid）。維生素 C 是一種水溶性維生素，有助於維持體內正常的免疫系統功能，還可以保護細胞，增強白血球的活性，並有利於鐵質的吸收，以及加速傷口癒合。人體無法自行合成，必須由食物中攝取。

惡臭、牙齦出血、牙齒鬆動、腹瀉，以及肺臟及腎臟等器官的毛病。最後病人通常會死於肺炎或其他呼吸道疾病等等的急性感染，甚至是心臟衰竭。憂鬱也是壞血病常見的初期徵兆，但我們還無法確定兩者之間的直接關係，因為憂鬱也有可能是其他症狀所造成。我們不難想像，如果一個人時常感到腰痠背痛、四肢無力，痠軟的牙齦總是不時地滲血，帶有異味的口氣讓旁人退避三舍，再加上不停地拉肚子⋯⋯受到諸如此類的毛病困擾，也難怪會因此感到憂鬱和意志消沉了吧！

　　壞血病是一種古老的疾病，我們曾經在新石器時代的人類遺骸中發現與壞血病症狀吻合的特徵，而古埃及的象形文字裡也有疑似壞血病的相關記載。「壞血病」這個名詞，據說最早是出自於第九世紀維京戰士所使用的諾爾斯語（Norse）。這些來自北歐斯堪地那維亞的海上梟雄，不斷侵犯大西洋沿岸的歐洲國家而稱霸一時。在北方凜冽的冬天裡以及漫長的航海旅途中，維京戰士通常都沒有富含維生素的新鮮蔬果可吃，他們大概是在航向美洲的途中停留格陵蘭島[2]時，以當地的辣根草[3]作為補充。而第一個可能真正在描述壞血病的歷史記載，則是發生在十三世紀的十字軍東征。

汪洋中的劊子手

　　十四、十五世紀的航海設備與技術發展神速，但壞血病卻成了最普遍的海上威脅。無論是希臘和羅馬的大型軍事戰艦，還是阿拉伯的小型商旅船隊，都無法抵擋惡劣的海象與巨浪，只能巡遊於近海，每隔幾天或幾週就可以上岸補給生活物資，因此壞血病對他們還不至於造成威脅。到了十五世紀，揚著巨帆的船隻展開了遠洋長征，不但

2　位於北大西洋的世界第一大島，大部分地區都在北極圈內。
3　一種生長在北極圈的植物，又叫壞血病草（scurvy grass）。

開啟了「大發現時代」，也使人們愈來愈重視食物保存的重要性。

　　大型船隻的運載量大，需要的船員也比較多，因此就得裝載更多的生活物資。如此一來，船員的活動空間受到大幅壓縮，再加上通風不良等問題，船員也就更常生病或是出現呼吸系統的毛病。因此，除了頭蝨、疥癬之類的皮膚病以外，肺結核和致命性痢疾也成為船員擺脫不掉的夢魘。

　　航海飲食並不怎麼健康。首先，任何東西（包括食物在內）在船上都很難保持乾燥。木頭製的船身會吸收水氣，整艘船唯一防水的只有船身外那層薄薄的瀝青。船艙裡總是因為空氣不流通而讓人燠燥難耐，航海日誌裡也常有衣物、床單和書本受潮發黴的記載。海上的飲食主要是醃漬肉類和一種特製的乾糧。這種乾糧以不加鹽的麵粉和水作為原料，經過烘烤之後就成了又乾又硬的餅乾，不但不容易發霉，還可以保存十年之久。但也因為如此，這種硬梆梆的口糧不利咀嚼，對於那些牙齦痿軟、牙齒動搖的壞血病患者來說更是一大折磨。存放在船上的乾糧常會滋生一種象鼻蟲（weevil）[4]，乾糧被這些小蟲鑽了許多孔反而變得鬆軟，水手們也樂得大快朵頤。

　　另一個與航海飲食健康有關的，就是火的使用。由於船身都是木頭做的，加上大量使用易燃的瀝青，意味著在海上必須小心用火。整艘船只有廚房可以用火，而且也只限於天氣穩定的條件下；如果天氣開始轉壞，廚房就必須禁火直到風雨結束。有時候一連好幾天都沒有熱食可吃，船員對於這種情形也早就司空見慣；經過燉煮去鹽的醃漬肉品和泡軟在熱湯裡的乾糧，對水手來說就像是一頓難能可貴的美味大餐。

　　船員的基本飲食通常包括了奶油、麵包、乾豆、起司、醋、啤

4　為鞘翅目象甲科的昆蟲，又叫象甲。種類約有六萬多種，許多重要的害蟲都屬此類。

酒和蘭姆酒。但過不了多久，奶油腐敗了，麵包發黴了，乾豆滋生象
鼻蟲，起司結成硬塊，啤酒也開始發酸。加上這些食物都不含維生素
C，因此最快在離開港口六週之後，船員就會開始出現壞血病的症狀。
經過病魔的摧殘，船員們就算沒被死神召喚，也沒有體力工作了。這
也難怪當時的歐洲國家後來會強徵百姓入伍，以維持船隻運行所需要
的人力。

　　早期的航海日誌都有記錄壞血病造成的傷亡情形。一四七九年，
葡萄牙人達伽瑪航經非洲最南端的時候，一百六十名船員中已有百人
病死。還有其他的記載顯示，海上曾經發現隨波漂流的無人船隻，或
者應該說是「沒有活人」的船隻——所有船員都因為壞血病而變成一
具具冰冷腐敗的屍體。幾個世紀以來，航海中死於壞血病的人數多到
難以估計，甚至遠遠高過死於海戰、海盜攻擊、船難和其他疾病的總
人數。

　　讓人百思不得其解的是，在那個年代，其實人們就已經知道預
防和治療壞血病的方法，但卻任由疾病肆虐而沒有採取任何行動！早
在西元五世紀，中國人就知道把薑種植在鍋盆裡，以便航程中有新鮮
的薑可以食用。「新鮮蔬果有助於舒緩壞血病的症狀」的觀念，也因
此傳給了那些與中國有貿易往來的東南亞國家，之後輾轉傳入荷蘭，
最後再傳到其他歐洲國家——一六〇一年，英國東印度公司的四艘船
隊在首航前往東方的途中，就知道在馬達加斯加島[5]補充柳橙和檸檬。
英國海軍上校蘭卡斯特（James Lancaster）是這個艦隊的總司令，他
在領軍的「海龍號」（Dragon）上總是隨身攜帶著瓶裝的檸檬汁，
只要有人出現壞血病的症狀，就必須按照他的指示每天服用三茶匙的
檸檬汁。當艦隊抵達好望角的時候，相對於其他三艘船的船員大量死

5　位於非洲東南沿海的印度洋島國。

於壞血病，唯獨「海龍號」沒有呈報任何的人員損失——在那次的航海任務中，總計約有四分之一的船員因壞血病喪命，但當中沒有一個是蘭卡斯特麾下的人。

　　大約比蘭卡斯特的年代早了六十五年，法國探險家卡地亞（Jacques Cartier）[6] 在二度前往紐芬蘭 [7] 和魁北克 [8] 的時候，遭遇一次嚴重的壞血病疫情，許多船員因此喪生。後來一位印地安原住民提供的雲杉木萃取液發揮驚人的療效，注入體內之後，隔天壞血病的症狀竟然奇蹟似地消退，身體也逐漸康復。一五九三年，英國海軍上將霍金斯（Sir Richard Hawkins）也宣稱，在他的航海經驗中至少有上萬名船員因壞血病送命，但如果即時服用檸檬汁，則立即能達到藥到病除的神效。

　　關於壞血病治癒經驗的書籍也陸續出版。一六一七年伍戴爾（John Woodall）在《外科醫生的夥伴》（*The Surgeon's Mate*）一書中提到，檸檬汁可以作為預防與治療壞血病的處方。八十年後，柯克柏恩（William Cockburn）在《論海洋疾病及其特徵、起因與療法》（*Sea Diseases, or the Treatise of their Nature, Cause and Cure*）也大力推崇新鮮蔬果的益處。至於其他像是醋、鹽水、肉桂和乳漿之類的偏方，多半成效不彰，還可能對正確的治療方法產生影響。

　　直到十八世紀中葉，柑橘類果汁對於壞血病的療效才首度獲得臨床實驗的證實。儘管受惠的人數不多，效果卻十分顯著。一七四七年，英國海軍醫師林德（James Lind）在軍艦「索爾斯伯利號」（*Salisbury*）上，以十二名罹患壞血病的船員進行實驗，並儘量挑選症狀類似的患者。林德為他們準備相同的菜單，一改難以下嚥的醃漬

6　為第一個從歐洲航行至加拿大內陸聖羅倫斯河的探險家。
7　位於加拿大東方海域的大島，目前為加拿大的一省。
8　目前為加拿大面積最大的省。

肉品和乾糧，而包含了甜燕麥片、羊肉高湯、烹煮過的硬麵包、大麥、葡萄乾、黑醋栗和酒。此外，每兩人一組再分別添加不同的補充品，如蘋果酒，醋、海水，以及由肉荳蔻、大蒜、芥茉種子等調和的雜糧，比較倒楣的那組被分配到稀釋過的硫酸鹽藥劑，而最幸運的兩人每天可吃兩顆柳橙和一顆檸檬。

這項實驗的成效十分顯著。六天之後，吃柑橘類水果的兩名船員已恢復得差不多，隨時可以重回工作崗位。此時其他十名船員也改吃柳橙和檸檬，後來也紛紛恢復了健康。林德把這個成功的實驗寫成《論壞血病》（*A Treatise of Scurvy*），可惜的是，直到這本書問世四十年之後，英國海軍才把這個實驗成果運用在航海計劃之中。

如果這種治療方法這麼有效，為什麼沒有在第一時間被推廣運用？不幸的是，這種方法並沒有得到認同。當時一般人把壞血病歸咎於吃太多醃漬肉品或吃太少新鮮肉類，與蔬菜水果沒有關係。還有一個比較實際的問題：新鮮的柑橘類水果和果汁很難保存達數週之久。雖然有人嘗試製作濃縮果汁來延長保存期限，但整個過程既花時間又浪費錢，結果也未必有效。正如我們所知道的，維生素 C 很容易因光照和遇熱而遭到破壞，且隨著存放時間愈久，蔬果中維生素 C 的含量也會愈來愈少。

由於代價昂貴加上儲存不易，英國的海軍軍官、艦隊司令、船長以及醫生也想不出可以在航程中供應新鮮蔬果的其他辦法。如果要存放這些富含維生素 C 的蔬果，勢必要釋出原本用來裝載貨物的寶貴空間。柑橘類水果本來就不便宜，所有人員每天的配給量加總起來也是一筆相當可觀的開銷。最後，基於一種自以為聰明的經濟考量，他們決定每艘出航的船隻，都必須搭載超出原本預定的人數，以因應大量人員可能病死所造成人手不足的問題——儘管節省了存放蔬果的倉儲空間和費用，但背後所付出的代價其實難以估計。就算壞血病的

死亡率沒有那麼高，但經過病魔的摧折，船員的工作效率也會大打折扣。另外，還有一個被忽略了好幾個世紀的人性因素。也是當時沒有考慮到的

　　這個因素就是船員本身的態度。船員早就厭倦了千篇一律的航海菜色（醃漬肉品和乾糧），一旦有機會上岸，他們想要的是鮮嫩多汁的肉排、剛烘培出爐的麵包、香滑可口的乳酪和起司，最好再配上一杯冰涼到底的啤酒，只要能大口喝酒、大口吃肉，煎、煮、炒、炸都無所謂——而不要清脆爽口的生鮮蔬果。至於那些社會階層通常較高的軍官，由於本來的飲食習慣就很多樣化，所以並不會排斥蔬果這類清淡的食物。他們對於港口當地一些富含維生素 C 的異國料理也躍躍欲試；反之，船員就顯得興趣缺缺。也許因為這樣，壞血病幾乎都發生在船員身上，很少找上這些軍官。

庫克船長——壞血病終結者

　　英國的庫克（James Cook）[9] 是第一個重視壞血病問題的船長。有人說他與發現治療壞血病的食物有關，然而他最重要的貢獻，其實是對船上的飲食和衛生環境制定了一套嚴格的標準。由於他確實要求船員遵守這些規定，因此在他的領導下，船員的健康狀況都很不錯，死亡率也很低。雖然庫克到二十七歲才以「高齡」加入英國海軍，但那時他已有九年在北海和波羅的海商船上服務的經驗，加上天資聰穎以及傲人的航海技術，很快就獲得拔擢。一七五八年，庫克加入海軍後的處女航就遇上了壞血病；當時他指揮「彭布洛克號」（*Pembroke*）橫越大西洋，準備向企圖佔領聖羅倫斯河的法國人宣戰。那次經驗讓

9　詹姆士·庫克（1728-1779）是英國著名的航海家，人稱「庫克船長」。曾三度遠征太平洋並發現了澳洲大陸。「庫克海峽」及「庫克群島」就是為了紀念他而命名的。

庫克領教到壞血病的可怕——死亡率高，工作效率嚴重降低，對籌備已久的航行任務來說，實際損失更是難以估算。

庫克在現今的新斯科夏省[10]、聖羅倫斯海灣和紐芬蘭等地進行探索及地圖繪製的經驗，以及對於日蝕的精確觀察，十分受到當時英國皇家學院（Royal Society）[11]的賞識。庫克也因此銜命指揮「奮進號」（Endeavour）前往廣大的南方海域，進行探索和繪製航海圖的任務，並搜尋調查新的動、植物種類，以及觀察與太陽交錯而過的星體。

然而鮮為人知的是，庫克這次以及接下來的幾次任務，背後其實都存在著更重要的政治因素——以大英帝國之名接管發現的新陸地，包括「未知的南方大陸」[12]，並尋找傳說中的「西北航道」。而庫克之所以能夠順利進行這麼多的艱鉅任務，主要還是維生素 C 的功勞。

想像一下一七七〇年六月十日，奮進號航經澳洲東北岸大堡礁時所面臨的毀滅性遭遇。幾丈高的浪頭發狂地攻擊船身，海水不斷地從巨大的破洞中湧進。為了減輕船體的重量，所有備用物資都被拋進了張牙舞爪的怒海裡。在那生死交關的二十三個小時裡，船員們只能徒手以幫浦抽出船艙內的積水，還要使勁拉住纜繩和船錨，好讓船帆堵住裂縫以延緩海水的吞噬……。也許是上天感受到他們大無畏的勇氣以及生死與共的團隊精神，海神終於平息了怒火，海面也漸漸安靜下來。終於，奮進號有驚無險地繞過了大堡礁，平安靠岸修補船身。那真是有驚無險！如果遇上這種險境的是飽受壞血病摧殘的水手，想必他們已虛弱得無力反抗大自然的喜怒無常吧！

有了這些健康船員的通力合作，庫克才得以完成許多重要任務，

10 位於加拿大的大西洋沿岸。
11 一六六〇年以「增進自然知識」為宗旨而成立的英國權威學術機構。
12 原文為拉丁文「Terra Australis Incognita」。指的是澳大利亞，也就是澳洲。

後來也獲得英國皇家學院最高榮譽的科普利獎章（Copley gold medal）；但得獎原因並不是由於他的航海事蹟，而是對防治壞血病的重大貢獻。庫克的方法其實很簡單，他要求船員保持船上環境的清潔，尤其是經常使用的活動空間；時常清洗自己的衣物，床單被套不時要拿出去曝曬太陽；定期為每層甲板進行蒸氣消毒⋯⋯。總而言之，一切都以「一塵不染、井然有序」為原則。庫克也很重視飲食的均衡。雖然長途航行中很難吃到新鮮蔬果，但他選擇以醃漬的酸菜納入每日菜單裡。只要有機會靠岸，他就會補足存貨並蒐集當地的草葉，以及各種可以用來煮茶的植物。

　　然而，船員已經習慣制式的航海食物（醃漬肉品和乾糧），沒有興趣嘗試新的變化，所以庫克船長的菜單一點也不受歡迎。但是庫克的態度很堅持，並以身作則，加上他的作風強硬，船員也漸漸接受了這樣的安排。雖然我們不清楚庫克是否處分那些抗命者，但船員都知道，違背船長的下場免不了換來一頓鞭打。另一方面，庫克還有一記妙招：起初他故意規定，只有高階軍官才可以吃特製的「雜菜湯」。不出他所料，過不了多久，其他船員也開始鼓譟要求嚐嚐新菜色的味道。

　　事實證明，庫克對於航海飲食的堅持確實是有意義的。在他的船上，從來沒有人被壞血病奪去性命。他加入海軍後的第一次航海任務長達三年，有三分之一的船員在荷屬東印度群島（現在的印尼）的巴達維亞感染瘧疾或痢疾而喪命。一七七二到一七七五年第二次出海時，只有一名船員病死，也不是壞血病造成的；而同行的船隻卻都飽受壞血病疫情的威脅。庫克獲知後，除了嚴厲責備負責的指揮官草菅人命，也立刻提供並指導對抗壞血病的方法。多虧維生素 C 這個抗壞血酸分子，庫克才能成就一連串意義非凡的航海創舉：他是夏威夷群島以及世界最大珊瑚礁群——大堡礁——的發現者，也是首位繞行

紐西蘭南、北兩島的航海家，還是第一張太平洋西北沿岸地圖的繪製者，更是繞航南極圈的第一人。

小兵立大功

維生素 C 究竟是個什麼樣的分子，竟能促成人類對於世界地理的重大發現？維生素的英文「vitamin」源於兩個字的縮寫——vital（必要的或維生的）以及 amine（胺類，一種含氮的有機化合物），最初的概念認為所有維生素都屬於胺類。維生素的命名則是按照發現的先後順序，所以維生素 C 就代表第三個被發現的維生素種類。其結構如下：

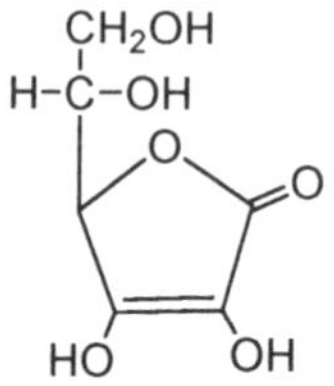

$$
\begin{array}{c}
CH_2OH \\
H-C-OH \\
\end{array}
$$

維生素 C（即抗壞血酸）

然而，維生素的命名規則卻有許多瑕疵與錯誤。比方說，其實只有維生素 B 和維生素 H 含有氮原子，和維生素最初的定義不同。此外，維生素 B 後來被發現包含了不只一種化合物，所以才有維生素 B1、維生素 B_2 等等名稱的出現。還有一些原先被當成不同種類的維生素，之後被證實是相同的而遭到除名，因此現在已經沒有所謂的維生素 F 和維生素 G。

在哺乳動物中，只有靈長類、天竺鼠和印度果蝠無法自行合成維生素 C，需要從飲食中攝取。其他的脊椎動物，例如狗和貓，都可

以在肝臟內經由酶（enzyme）[13] 來催化進行四個連續的代謝反應，把葡萄糖（glucose）轉換成抗壞血酸；對這些動物而言，飲食中有沒有維生素 C 並不重要。為什麼人體無法製造這麼重要的物質呢？有一種推測是說，人類在演化過程中失去了促進**古洛糖酸內酯氧化反應**（gulonolactone oxidase）的基因，也就缺少了合成抗壞血酸最後一個步驟所需的催化酶（古洛糖酸內酯氧化酶），因此我們無法把葡萄糖轉化成抗壞血酸。

而今日利用葡萄糖合成抗壞血酸的工業技術，也是以類似脊椎動物體內的四個代謝反應為基礎，只是先後次序不同。這裡的第一個步驟是葡萄糖經由氧化酶的催化產生**葡萄糖醛酸**（glucuronic acid）[14] 的氧化反應。第二個步驟則是產生**古洛糖酸**（gulonic acid）的還原反應。所謂氧化反應，是指一個分子增加氧原子或移除氫原子，或者兩者同時發生的過程。而氧化的逆反應為還原反應，是指從分子上移除氧原子或添加氫原子，或者兩者同時發生的過程。

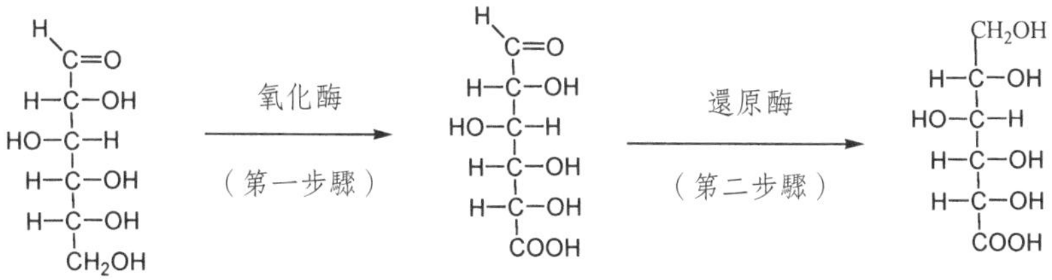

葡萄糖　　　　　　　　葡萄糖醛酸　　　　　　　古洛糖酸

---

13 由活細胞產生的一種蛋白質，在特定的生化反應中具有催化的作用，但本身不會遭到改變或破壞。
14 葡萄糖醛酸又稱尿苷酸，是多種多醣和某些植物的成分。

　　第三個步驟是古洛糖酸形成具有環狀內酯（lactone）[15] 的構造。而最後的氧化步驟則會產生具有雙鍵的抗壞血酸分子——人類缺少的正是最後步驟中所需要的古洛糖酸內酯氧化酶。

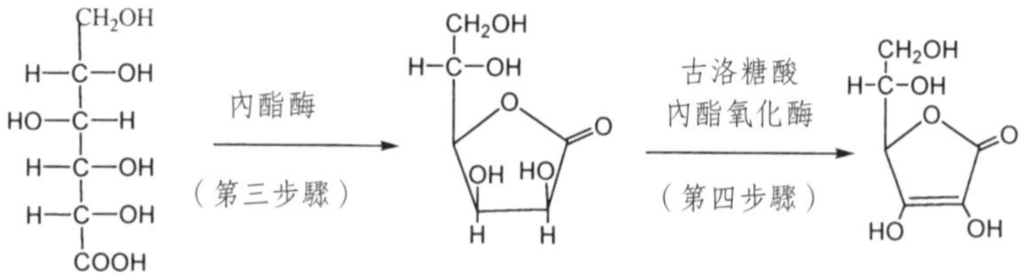

古洛糖酸　　　　　　　　　　古洛糖酸內酯　　　　　　　　　抗壞血酸

　　起初科學家無法分離和辨識維生素 C 的化學結構，主要是因為很難將它與同時存在的其他醣類或是類似醣類的物質分離開來。因此，第一次純化分離抗壞血酸的原料是取自於動物身上。

　　一九二八年，在英國劍橋大學進行研究的匈牙利籍生化學家聖喬治（Albert Szent-Györgyi）[16]，抽取牛的腎上腺皮質（位於牛隻腎臟附近的內分泌腺體內的脂肪層）得到微量的結晶體。聖喬治起初並不知道他發現的是維生素 C，以為這些只佔牛隻重量 0.03％的晶體化合物是一種類似醣類的荷爾蒙。他原本想把這種物質命名為「ignose」[17]，字首「ig-」代表 ignorant，意思是「不知道（這個物質的結構）」。不過這個名字並不被學界所接受。後來他再次提出「Godnose」的命名，還是遭到《生物化學期刊》（*Biochemical Journal*）打了回票（編輯顯然不認同聖喬治的幽默感！）。最後聖喬治把這種

----

15 內酯是一種含脂之官能基團的環狀化合物。
16 聖喬治（1893-1986）是原籍匈牙利後移居美國的生物化學家，因發現維生素 C 獲得一九三七年的諾貝爾生理及醫學獎。
17 「-ose」是醣類名詞的字根，例如葡萄糖（gluose）和果糖（fructose）。

物質取名為**己醣醛酸**（hexuronic acid），也就是我們後來所謂的抗壞血酸，亦即維生素 C。由於聖喬治取得大量的高純度樣本足以進行正確的化學分析，因此我們已經知道己醣醛酸的結構中含有六個碳原子，分子式為 $C_6H_8O_6$；己醣醛酸的「己」就是因為那六個碳原子而得名。[18] 四年之後，正如聖喬治當初所懷疑的，己醣醛酸被證實就是今日大家耳熟能詳的維生素 C。

要了解抗壞血酸，就要認識它的構造。以現在的科技來說，即使只有一點點的維生素 C 也足夠進行分析檢測；這在三〇年代仍是不可能的任務。我們只能說，聖喬治真是一個幸運的傢伙！當初他發現匈牙利乾紅椒含有極豐富的維生素 C，更重要的是，這種乾紅椒又不含會干擾維生素 C 萃取的其他醣類。他只花了一個星期就分離出超過一公斤的純維生素 C 結晶，並提供給伯明罕大學的化學教授霍沃思（Norman Haworth）[19] 進行研究，維生素 C 的結構也因此順利地確定了。然後他倆一同把這個解救壞血病的物質稱之為抗壞血酸。一九三七年，由於在維生素 C 研究上的卓越貢獻，聖喬治和霍沃思分別獲得了諾貝爾生理及醫學獎及諾貝爾化學獎的最高榮譽。

儘管又經過了六、七十年的努力，至今我們仍然無法完全確定抗壞血酸在人體內所扮演的角色，只知道它對於動物結締組織裡富含的膠原蛋白 [20] 的形成非常重要。這或許可以解釋那些壞血病的早期症狀：由於缺乏膠原蛋白，所以才會造成四肢腫脹、牙齦酸軟，以及牙齒脫落。即使出現了壞血病的亞臨床症狀（缺乏維生素 C 但沒有出

---

18 化合物的命名是以天干（甲、乙、丙、丁、戊、己、庚、辛、壬、癸）來代表碳的數目，若超過十個碳，則以十一、十二等的方式命名。

19 諾曼・霍沃思（1883-1950）為英國化學家，因醣類化學及維生素的研究貢獻獲得一九三七年諾貝爾化學獎。

20 一種纖維狀蛋白質，功能為連結和支持其他的組織結構，存在於所有多細胞動物的體內，特別是結締組織。

現嚴重的典型症狀），每天只要 10 毫克的抗壞血酸，就能有效抑制壞血病。至於抗壞血酸在生化反應中到底有什麼作用？這個問題免疫學、腫瘤學、神經學、內分泌學以及營養學，還在試著找出答案。

一直以來，各種有關這個小分子的爭議與傳言層出不窮。英國海軍遲了四十二年才採納林德所提出的治療建議；傳言英國東印度公司故意不提供可以預防壞血病的飲食，好讓船員生病衰弱而容易控制。另外，大劑量的維生素 C 對於壞血病各種症狀的效用，也還存在許多爭議。美國科學家鮑林（Linus Pauling）在一九五四年因對化學鍵的研究貢獻獲得諾貝爾化學獎，在一九六二年又因反對核武試驗獲諾貝爾和平獎。他從一九七〇年起，陸續發表多篇有關維生素 C 的醫學論文，他認為高劑量的抗壞血酸能預防和治療傷風、感冒以及癌症。儘管鮑林具有優秀的科學背景，但他在這方面的觀點，顯然與後來得到的研究結果不盡相同。

維生素 C 的成人每日建議攝取量（Recommended Daily Allowance，簡稱 RDA）約為 60 毫克，大概是一顆小柳丁的含量。我們對這個謎樣的分子在人體內的功能還不是很了解，因此隨著所處的時間與國家不同，RDA 的數值也有所變化。不過，「孕婦和哺乳婦女維生素 C 的 RDA 較高」，這一點倒是已經獲得共識。維生素 C 之 RDA 最高的則為老年人，主要是因為他們的吸收能力較差或是對飲食的要求不高，這也是為什麼今日的壞血病好發於老年人身上。

人體內抗壞血酸的飽和量約為每天 150 毫克，攝取再多也無法提升血漿中抗壞血酸的濃度。過量的維生素 C 會被腎臟代謝排出，因此大量攝取的結果只不過是肥了那些製藥廠商的荷包，對健康並沒有實質幫助。不過在細菌感染、發燒、傷疤癒合、腹瀉，以及許多慢性疾病的情況下，大量攝取維生素 C 還是必要的。

目前有四十種以上的疾病針對維生素 C 的功效進行研究，包括

黏液囊炎、痛風、克隆氏病（Crohn's disease）[21]、多發性硬化症 [22]、胃潰瘍、肥胖、骨關節炎、單純皰疹感染 [23]、帕金森氏症 [24]、貧血、冠狀心血管疾病、自體免疫系統病變、流產、風濕熱、白內障、糖尿病、酒精中毒、精神分裂症、憂鬱症、阿茲海默症 [25]、不孕、傷風、感冒、癌症等等。看了這一大串疾病名單之後，我們不難了解，為什麼維生素 C 會被稱為「青春不老之藥」。

　　目前以人工技術合成的維生素 C 每年產量可達 5 萬噸。就維生素 C 的物理和化學性質來說，人工合成的和天然的幾乎完全一樣，所以實在沒有必要花大把鈔票去購買宣稱「來自於喜馬拉雅山原始草原、萃取自稀有大葉薔薇的純天然維生素 C」。這種標榜自然純淨的維生素 C 與工廠每年大量生產的維他命 C，並沒有什麼不同。

　　儘管如此，人工合成的維生素還是無法完全取代自然界中的天然維生素。吞下一顆 70 毫克的維生素 C，可能比不上吃一顆維生素 C 含量相當的柳橙來得有效。此外，那些賦予蔬果鮮豔色彩的物質，也可能有助於我們對維生素 C 的吸收。

　　到了今天，我們利用維生素 C 來延長食物的保存期限，因為它具有抗氧化和抑制微生物滋生的特性。近年來，防腐劑被認為對人體有害，食品的包裝上也開始強調「絕不添加防腐劑」。但是如果沒有

---

21 克隆氏病為一種慢性腸道發炎疾病，患者多為年輕人。目前染病原因不明，一般認為主要與遺傳、感染、免疫等因素有關，飲食與衛生習慣也可能影響病情。

22 多發性硬化症是一種中樞神經系統疾病，患者可能出現視神經病變、肢體無力、平衡失調、行動不便、麻木、感覺異常等症狀。

23 單純皰疹病毒可在人體皮膚引發水泡樣的病灶，好發於嘴部、鼻子、臀部、生殖器附近。遭感染的皮膚病灶可能會有疼痛感，外觀上令人難堪。

24 帕金森氏症是一種原發性腦部退化性疾病，主要症狀有肢體顫抖、肢體僵硬、動作遲緩等等。目前病因不明。

25 阿茲海默症俗稱老人癡呆症，但也有年輕人的病例。病患腦部神經退化導致腦部機能衰退，出現記憶、認知、行為能力變差等症狀，目前無法根治。

防腐劑，食物很快就會腐壞發臭不能吃，甚至使人喪命。因此，防腐劑就和冷藏和冷凍技術一樣，與我們的飲食行為息息相關。

　　通常水果罐頭都是在相當於沸點的高溫下製造，以確保食用的安全性。水果的酸性可以抑制致命微生物肉毒桿菌（*Clostridium botulinum*）的生長，至於酸性較低的肉類和蔬菜則需要在更高溫的條件下進行罐裝作業，才能殺死這種常見的微生物。一般家庭在自製水果罐頭的時候，常以抗壞血酸作為抗氧化劑，以避免水果因氧化而變黃，同時也可以增加酸性以避免肉毒桿菌毒素的污染。肉毒桿菌無法在人體內存活，但是卻可能在有瑕疵的罐頭製造過程中產生毒素，一旦誤食將對健康造成威脅。此外，如果把微量的這種毒素皮下注射到人體，則會阻斷神經脈衝並引起肌肉麻痺，進而達到撫平皺紋的效果，這也就是近來愈來愈熱門的肉毒桿菌除皺法。

　　當今的科學家已經能合成許多有毒的化學物質，但致死率最高的還是自然界裡的肉毒桿菌——它所分泌的 A 型肉毒桿菌毒素比最強的人造毒物戴奧辛（dioxin）還要高上一百萬倍！A 型肉毒桿菌毒素能夠殺死 50% 受試族群的量（LD_{50}）為每公斤 3×10^{-8} 毫克，也就是說，人類每公斤體重只需要 0.00000003 毫克的量就足以致命；戴奧辛的 LD_{50} 則為每公斤 0.03 毫克。照這樣估計，一盎司的 A 型肉毒桿菌毒素就可以殺死十億人口！聽到這些讓人毛骨悚然的數字，我們是不是該重新檢討對防腐劑原有的負面評價？

失之毫釐，差之千里

　　一八〇〇年代早期，英國海軍強迫船員服用檸檬汁來杜絕壞血病；愛斯基摩人食用富含維生素 C 的海豹肉、心臟、腦與腎臟，所以從未罹患壞血病；許多探險家為預防壞血病，都會在飲食中儘量添

加新鮮食材。但是在二十世紀初期，仍有少數的南極探險家認為，腐敗的食物、血酸中毒以及細菌感染才是壞血病的主要肇因，其中之一就是著名的英國極地探險家兼海軍指揮官史考特（Robert Falcon Scott）。與他立場相左的，則是挪威探險家亞孟森（Roald Amundsen）[26]。亞孟森曾遭受壞血病的嚴重威脅，因此改以新鮮的海豹肉和狗肉為食物，最後成功地達成任務，成為第一個到達南極的探險家。一九一一年，亞孟森和所有隊員一同從一千四百英里遠的南極榮耀歸國，沒有折損一兵一卒。然而，史考特的探險隊就沒有這麼幸運了。一九一二年一月，當史考特也抵達南極準備折返時，不幸遇到那幾年以來南極地區最惡劣的天候狀況，加上已經一連好幾個月完全沒有補充新鮮的食物和維生素 C，隊員陸續出現壞血病的症狀，也愈來愈虛弱。最後，就在距離補給站僅有十一英里的地方，他們終因體力不支而倒下，再也爬不起來了。史考特一定沒想到，或許只要幾毫克的抗壞血酸，就能扭轉他們以全體罹難收場的悲慘命運。

＊　＊　＊　＊　＊　＊　＊　＊　＊　＊

　　如果抗壞血酸的價值更早受到重視的話，或許今天我們所處的世界將完全不同。如果船員體能都處於最佳狀態，那麼麥哲倫就不需要中途停在菲律賓群島補給資源，自然也不會發生客死異鄉的意外。他可能早已成功地為西班牙壟斷香料群島的貿易市場，滿載著榮耀與驕傲返回家鄉，並成為史上第一位環球航行的大探險家。西班牙主宰了丁香和肉荳蔻的香料市場之後，或許就阻礙了荷蘭東印度公司的發展，進而改寫今日印尼的歷史。再假使當時歐洲海權霸主葡萄牙早一

---

26 一九一〇年，英國的史考特（1868-1912）與挪威的亞孟森（1872-1928）都宣布將進行南極探險之旅，一場激烈的極地競賽於是展開。

點知道抗壞血酸的神奇功效，應該會比庫克船長早幾個世紀西航到太平洋，那麼現在的斐濟和夏威夷大概就像當初葡萄牙王國的殖民地巴西一樣，以葡萄牙語為主要語言了。如果偉大的荷蘭探險家塔斯曼（Abel Janszoon Tasman）[27] 當時就具備了預防壞血病的知識，那麼今日的澳洲（昔稱「新荷蘭」）和紐西蘭（昔稱「斯塔頓之地」〔Staten Land〕），早在他一六四二至一六四四年的航海探險中，就淪為荷蘭的屬地。至於稍後崛起、勢力較晚進入南太平洋的大英帝國，也會因為失去了版圖擴張的舞台，而降低對整個世界的影響力。凡此種種，都證明了抗壞血酸確實在世界歷史與地理探索的過程中，扮演著極為關鍵的角色。

---

27 塔斯曼（1603-1659）為荷蘭東印度公司的航海家，也是紐西蘭的發現者。

3

葡萄糖

有首兒歌是這樣唱的：「加了糖，加了香料，事物就會更美好……。」（*Sugar and spice and everything nice*）蘋果派和薑餅的傳統製作方法，也是運用這兩者的絕妙搭配。和香料一樣，糖曾經也是富貴人家才買得起的奢侈品，主要用於肉類或魚類的沾料，不只增加甜味，也讓食物嚐起來更美味可口。好比香料推動了「大發現時代」，糖也影響著國家與大陸的命運，進而啟動了改變全世界貿易與文化的「工業革命」。

我們一般所謂的「糖」是蔗糖（sucrose），其主要成分為葡萄糖。糖的名稱取決於它的製作原料，像是甘蔗糖、甜菜糖、玉米糖，其中又可以再分為砂糖、白糖、漿果糖、細砂白糖、粗糖、金砂糖等等不同種類。

構成這些糖的葡萄糖分子相當小，它只有六個碳原子、六個氧原子和十二個氫原子（和這些原子在丁香和肉荳蔻中的數目相同）[1]。糖和香料一樣，味道的變化都是由於原子排列的方式不同，只不過一個改變的是香味，一個改變的是甜味。

　　糖可以從許多植物中提煉出來；熱帶地區多以甘蔗為原料，溫帶地區的糖則來半來自於甜菜。據說甘蔗原產於南太平洋小島或印度南部，後來擴散到亞洲各地，並向西傳入中東、北非和西班牙等地。隨著十三世紀十字軍東征的結束，從甘蔗提煉出來的結晶糖就這樣被帶回歐洲，並在之後的三個世紀裡繼續維持著「舶來品」的地位，循著香料的模式發展。當香料貿易在威尼斯蓬勃發展的同時，糖的交易市場也漸漸有了雛形。當時糖的用途以醫療為主，常被摻在藥物裡以掩蓋其他成分令人反胃的味道，可以說是一種藥物的黏著劑，或者就是一種藥物。

　　糖在十五世紀的歐洲已經很普遍，只是價格仍然居高不下。後來隨著原先常被用來添加甜味的蜂蜜供應量減少，糖的需求量因此漸增，價格也逐漸滑落。到了十六世紀，糖已經成為甜味劑中的首選。在十七、十八世紀的時候，人們發現糖和一些糖製品，像是果醬、果凍和金砂糖，都可以用來保存水果，因此糖也加倍地受歡迎。據估計，一七○○年英格蘭每人每年糖的消耗量大約是 4 磅，到了一七八○年則為 12 磅，十年之後更增加到 16 磅，而且絕大部分是用在新興的茶、咖啡及巧克力上。當然，甜點的烘焙也少不了糖。比方說裹著糖漿的堅果仁、杏仁糖、蛋糕和糖果等等。到了二十世紀，糖已經變成不是有錢人也用得起的民生必需品，需求量也與日俱增。

　　一九○○年到一九六四年之間，全世界糖的總產量暴增了七倍，許多已開發國家每人每年的消耗量更高達 100 磅。不過，近年來由於

1　審註：這種說法並不正確。

代糖的使用量增加，加上高熱量飲食的問題逐漸受到重視，因此糖的消耗量也稍微下降。

奴隸制度與糖的生產

　　沒有了糖，今天我們的世界大概會變得很不一樣。怎麼說呢？為了製糖，許多非洲黑人被當成廉價勞工帶往美洲新大陸，黑奴貿易於焉成形。而產糖所獲得的豐厚利潤，也刺激了十八世紀初期歐洲的經濟成長。早期的探險家發現，新大陸的熱帶地區很適合產糖。於是歐洲人積極解除了中東產糖業的獨佔地位，很快就開始在巴西和西印度群島等地種植糖料。栽種甘蔗是一項勞力密集的工作，當時的勞工來源有兩種：一是新大陸的原住居民（但他們飽受天花、痲疹、瘧疾等新興疾病的威脅），二是簽下賣身契的歐洲勞工（但人數有限，無法滿足龐大的勞工需求）。因此，新大陸的殖民者便把目標轉向了非洲。

　　在那個時候，西非的奴隸貿易還只侷限在葡萄牙和西班牙的國內市場，這是因為地中海沿岸的摩爾人（Moorish）[2]掌控了跨撒哈拉沙漠的貿易路線所致。但是因為新大陸的勞工需求暴增，非洲黑奴才開始被送往海外。由於糖產業的獲利相當可觀，英格蘭、法國、荷蘭、普魯士[3]、丹麥、瑞典（後來還有巴西和美國）也紛紛加入黑奴貿易的行列。儘管這些非洲奴隸從事的工作種類繁多，但仍以產糖為主。根據統計，當時新大陸有三分之二的非洲奴隸為產糖工人。

　　哥倫布在第二次遠航時把甘蔗傳入伊斯巴紐拉島（Hispaniola）

2　摩爾人即為北非的阿拉伯人。
3　普魯士位在現在的德國北部，存在年代約為西元一七○一到一九一八年間，後來完成統一德國的大業。

⁴，短短二十二年之後，第一批由奴隸栽種的蔗糖，就在一五一五年從西印度群島運往歐洲。到了十六世紀中葉，西班牙與葡萄牙在巴西、墨西哥和加勒比海小島的殖民地也開始產糖，每年從非洲被送往這些地區的奴隸大約就有一萬人。到了十七世紀，英國、法國和荷蘭在西印度群島的殖民地也開始栽種甘蔗。人們對糖的需求量與日俱增，製糖技術日益精進，以及煉糖過程的副產品——蘭姆酒——相當受到歡迎，因此，非洲輸出的奴隸人口也呈現爆炸性的成長。

　　到底有多少黑奴登上西非港口的船隻被賣往新大陸？我們無從得知，因為相關的統計資料不是殘缺不全，就是記錄不實；這也是人口販子為了符合法定乘載限制而使出的手段。在一八二〇年代，一艘巴西籍奴隸運輸船上，九百平方英尺乘以三英尺高的狹小空間裡，就擠了五百人，更遑論之前的情形了！根據歷史學家的估計，在黑奴交易盛行的三百五十年裡，至少有五千萬非洲人被運往美洲。然而，這個數字還不包含那些被奴役致死，以及死於由非洲內陸運往港口途中或死於所謂「中間航道」（middle passage）⁵的人數。

　　黑奴買賣的三角貿易路線被稱為「大環行路線」（Great Circuit），「中間航道」是其中的第二段旅程。第一段是指從歐洲帶著加工製造的食物前往非洲海岸交換奴隸，地點通常是幾內亞的西岸。第三段則是從新大陸返回歐洲；這時滿船的奴隸已被換成新大陸出產的礦石或是作物產品，像是蘭姆酒、棉花和菸草等等。這三段旅程的利潤相當驚人，尤其是對英國來說。到了十八世紀末，英國從西印度群島所獲得的財富，遠比和其他國家交易所得的總和還多。事實上，糖和糖製品不僅刺激了當時的資本和經濟快速成長，也因此驅動了英法兩國在十八世紀末、十九世紀初的工業革命。

4　伊斯巴紐拉島位於中南美洲，又叫「西班牙島」。現在分屬海地與多明尼加兩個國家。

5　「中間航道」指在黑奴貿易中，從非洲前往西印度群島那段橫越大西洋的旅途。

甜味化學

　　葡萄糖是最常見的簡單醣類，通常稱為單醣。單醣的原文為
「*monosaccharides*」，字源是拉丁文的「*saccharum*」（糖）這個字，
字首「mono-」則是指「一單位」。同樣地，以「di-」為字首的
「*disaccharides*」為雙醣，「*polysaccharides*」則為多醣。葡萄糖的
結構可用一個直鏈或者此基本構型的衍生來表示，其中每一個垂直和
水平的交集以碳原子作為鍵結。

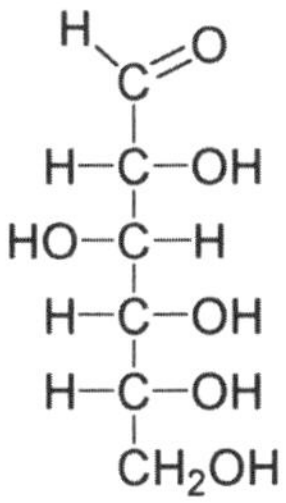

$$
\begin{array}{c}
H{-}C{=}O \\
H{-}C{-}OH \\
HO{-}C{-}H \\
H{-}C{-}OH \\
H{-}C{-}OH \\
CH_2OH
\end{array}
$$

葡萄糖

　　依照慣例，即使沒有為每個碳原子標上號碼，結構式中最頂端
的碳原子即為編號 1 號；這就是所謂的費雪投射式，是以德國化學家
費雪（Emil Fischer）命名的，他在一八九一年確定了葡萄糖和其他
相關醣類的結構。雖然當時科學研究的工具和技術尚屬初步發展的階
段，費雪在化學邏輯上的成就到今日仍相當突出。而他也以醣類研究
獲得一九〇二年的諾貝爾化學獎。

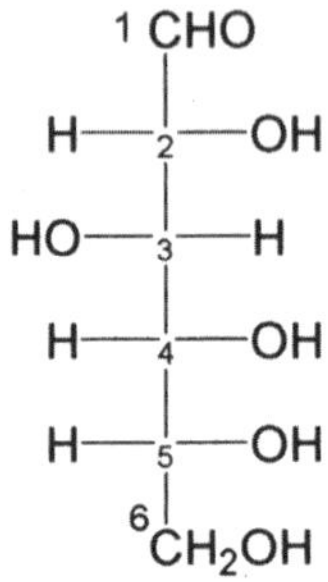

葡萄糖的費雪投射式，數字代表碳原子的編號。

雖然我們仍以直鏈式來呈現如葡萄糖這類的醣類構造，但我們現在知道它們實際是以環形結構存在。這種環形結構表示法稱為霍沃思公式，名稱得自於一九三七年，因為維生素 C 和醣類結構的研究而榮獲諾貝爾獎的英國化學家霍沃思[6]。由六個原子組成葡萄糖環，含有五個碳原子和一個氧原子。從下圖標示在碳原子旁的數字，可以清楚看出其對應於費雪投射式中的碳原子位置。

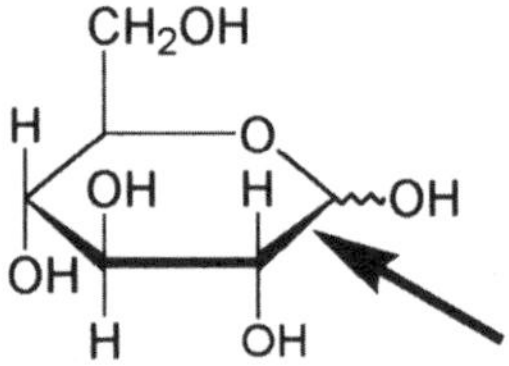

環狀六碳醣

呈現所有氫原子的葡萄糖霍沃思公式

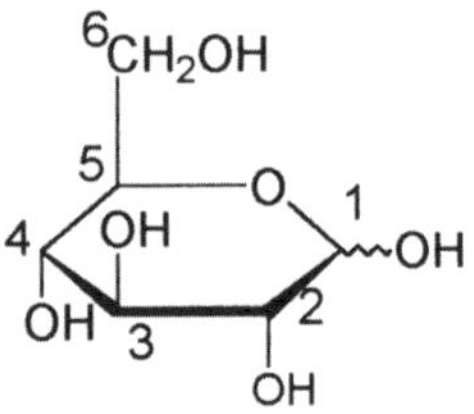

沒有顯示氫原子，僅以費雪投射式標出碳原子相對位置的葡萄糖霍沃思公式

事實上葡萄糖有兩種不同的型態，取決於 1 號碳原子上的羥基

6 見第二章，註 21。

（一OH）在環形結構的上方或下方。這個差異看似微小，值得注意的是，它對於以葡萄糖為組成單位的多醣分子構型影響甚鉅。如果 1 號碳原子所含的羥基在環的下方，則為 α 葡萄糖；反之，若羥基位於環的上方，則為 β 葡萄糖。

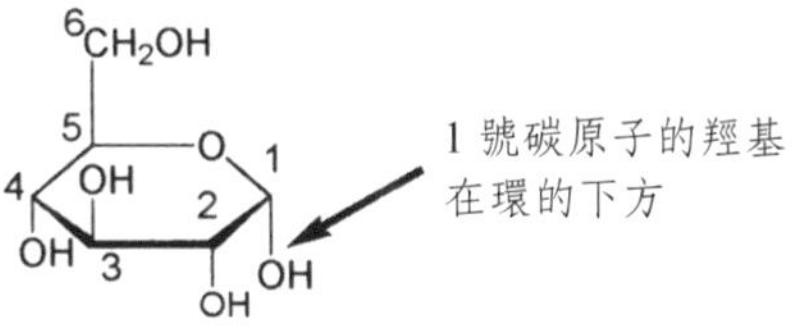

α 葡萄糖　　　　　　　　　　　β 葡萄糖

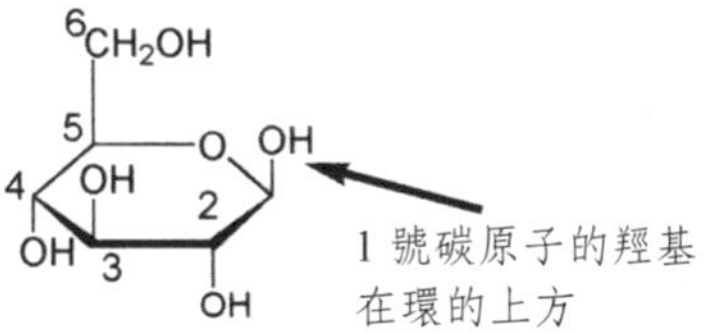

　　當我們提到「糖」時，通常指的是蔗糖。蔗糖是由葡萄糖和果糖這兩個單醣所組成的雙醣。果糖的分子式和葡萄糖同為 $C_6H_{12}O_6$，原子的數目和種類也都相同（六個碳、十二個氫、六個氧）；但排列方式卻不同。像葡萄糖和果糖這樣分子式相同但原子排列方式不同的，在化學上稱為同分異構物（isomers）。

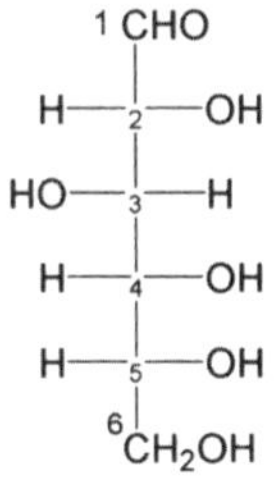

葡萄糖 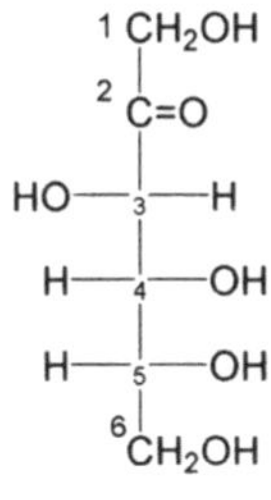　　　　　　　　　　　　　　果糖

葡萄糖和果糖的費雪投射式。圖中可以看出 1 號和 2 號碳的氫原子與氧的排列不同。果糖的 2 號碳上沒有氫原子。

　　果糖主要也是以環形構造存在，但它的環是由五個原子所組成，

和由六個原子所組成的葡萄糖環不大相同。不過就像葡萄糖一樣，果
糖也有 α 和 β 兩種不同型式，取決於 2 號碳上羥基的位置：羥基在
環下方的稱為 α 果糖，在上方的則為 β 果糖。

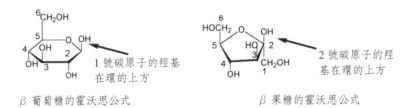

β 葡萄糖的霍沃思公式　　　　　　　　β 果糖的霍沃思公式

　　雖說蔗糖是由等量的葡萄糖和果糖所構成，但並非只是這兩個
分子任意混合就可以了，而是藉由 α 葡萄糖 1 號碳原子的羥基與 β
果糖 2 號碳原子的羥基結合後脫去一個水分子而組成的。

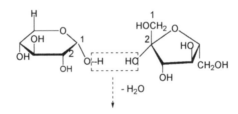

葡萄糖和果糖結合並脫去一個水分子而形成蔗糖。
圖中的果糖分子被反轉了一百八十度。

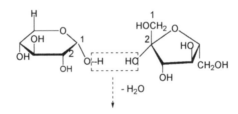

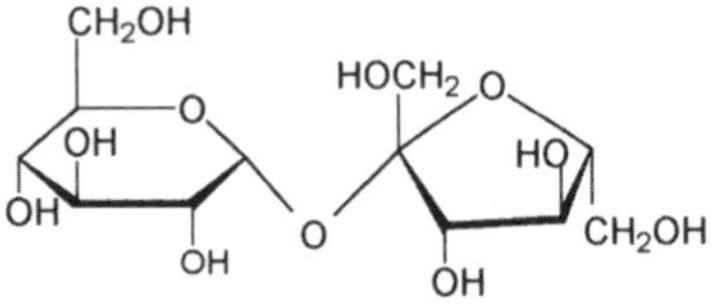

蔗糖結構

　　許多水果都含有果糖，蜂蜜也是由 38% 的的果糖、31% 的葡萄

糖，以及 10% 包括蔗糖在內的其他醣類所構成，剩餘的成分則是水。
果糖嚐起來比蔗糖和葡萄糖還甜，這也是為什麼蜂蜜比糖還要甜的緣
故。而楓糖漿的成分有 62% 是蔗糖，果糖和葡萄糖的比例各只有 1%。

　　乳糖（lactose）是一種雙醣，由一單位的葡萄糖和一單位的半乳
糖（galactose）所組成。半乳糖是單醣的一種，也是葡萄糖的同分異
構物，它們的差別在於半乳糖中 4 號碳的羥基在環的上方，而葡萄糖
的則在環的下方。

β 半乳糖　　　　　　　　　　　　β 葡萄糖

β 半乳糖的箭頭指出 4 號碳上的羥基位於環的上方，而 β 葡萄糖 4 號碳上的羥基
則在環的下方。這兩個分子結合後則形成乳糖。

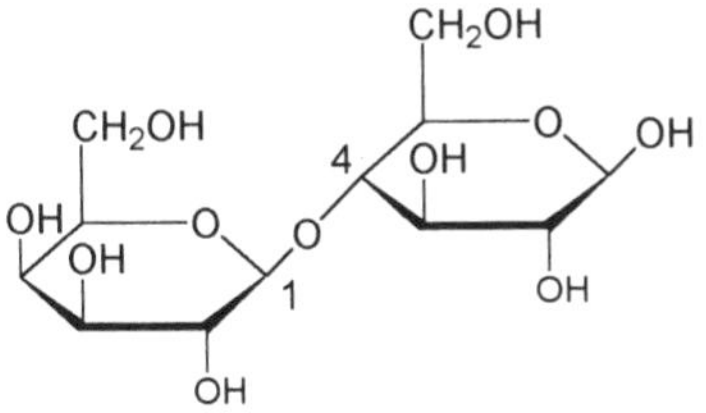

乳糖

左邊的半乳糖以 1 號碳與右邊葡萄糖的 4 號碳連結。

　　前面提到，羥基在環的上方或下方似乎差別不大，但對於飽受
乳糖不耐症（lactose intolerance）[7] 所苦的人而言，差別可就大了。為
了消化像乳糖這類雙醣或者更大的醣類分子，我們需要一種特別的乳

糖酶（lactase），把這些複雜的分子分解為單醣形式。有些成人體內的乳糖酶很少，兒童的分泌量則通常較成人多。乳糖酶不足的人難以消化牛奶或乳製品，也會引起類似乳糖不耐症的症狀，例如脹氣、腹絞痛和腹瀉等等。乳糖不耐症是一種遺傳缺陷，只要補充不需處方箋的乳糖酶就可獲得改善。但某些特定的種族，例如一些非洲部落，他們的成人和兒童（不包含嬰兒在內）完全缺乏乳糖酶。因此對他們來說，人道救援組織常提供的奶粉或乳製品不但很難消化，甚至可能有害健康。

　　葡萄糖是哺乳類動物大腦唯一的能量來源。基本上大腦無法保留或儲存能量，因此腦細胞分分秒秒都仰賴血液提供養分。如果血液中葡萄糖含量低於正常值的 50%，就會出現一些大腦功能失調的症狀。如果血糖含量低於正常值的 25%（可能因為控制血液中葡萄糖含量的胰島素分泌過量），則可能陷入昏迷。

甜味哪裡來

　　糖之所以迷人是因為它嚐起來甜甜的，人們總是抗拒不了甜蜜的滋味。「甜」是四大味覺之一（其餘為酸、苦、鹹），具有區分不同味覺的能力是人類演化史上的一大進步。甜味通常也意味著「好吃」。有甜味的水果透露出已經成熟的訊息，而嚐起來仍帶酸味的水果則表示尚未成熟，吃了可能引起腹痛。植物的苦味代表它含有一種稱為生物鹼（alkaloid）的有毒化合物，因此能辨別苦味其實是一種生存優勢。曾經有人推測，恐龍滅絕的主因就是因為牠們無法察覺白堊紀末期某些開花植物中的有毒生物鹼，但這種說法並未獲得普遍認

7　乳糖不耐症是由於身體缺乏分解乳糖的酶，使得乳糖無法被小腸吸收，進而阻礙大腸吸收水分而導致腹瀉。許多人喝牛奶會腹瀉，就是這個緣故。

同。

　　人類生來似乎就對苦味沒有好感，但事實上可能正好相反。苦味會引起唾腺分泌較多的唾液，若誤食有毒的東西，大量的唾液有助於將有口中的有毒物完全吐出。即使不是出於喜愛，許多人也開始學習品嚐苦味的刺激。就像含有咖啡因的咖啡和茶以及含有奎寧（quinine）的通寧汽水（tonic water）是現代生活中很普遍的飲料，只是我們還是會在這些飲料中加糖飲用。「苦中帶甜」這個愛惡交雜的詞彙，似乎正能傳達我們對於苦澀味道的矛盾感受。

　　我們的味覺來自於舌頭上特化的味蕾，不同部位的味蕾細胞對於不同味道的感受程度也不盡相同。舌尖對於甜味最敏感，舌頭兩側則最能感受到酸味的刺激。我們可以簡單地測試自己味覺受器的分布。將沾著糖水的手指沿舌頭兩側滑向舌尖，我們馬上就可以發現舌尖所感受到的甜味較強。如果以檸檬水做測試，那麼結果將會更明顯。舌尖感受到的檸檬汁味道似乎沒有想像的酸，但如果將新鮮切下的檸檬片放在舌頭的兩側，那股強勁的酸味就證明了酸味的感受器分布在此。繼續實驗下去，我們會發現舌根對於苦味最敏感，而舌尖的兩側則對鹹味最敏感。

　　甜味的相關研究比其他味覺還要來得多，因為毫無疑問地，糖的商機無限，就像在黑奴貿易的年代一樣。甜味和糖化學結構的關係十分複雜，「A─H,B 模型」就顯示甜味是來自於分子內一群原子的分布情形。[8] 這些原子（下頁圖中的 A 和 B）具有特別的幾何結構，B 原子會被氫原子吸引而與 A 原子連結。這不但會使糖分子和味覺受器蛋白質短暫結合在一起，並產生一個經由神經傳導的訊息告訴大腦：「這是甜的」。模型中的 A、B 原子通常為氧原子或氫原子，有

8　審註：這是數十年前的原始模型，現在有較精確的通性結構。

時候其中之一會被硫原子取代。

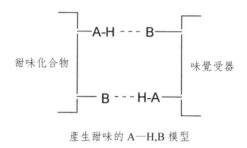

產生甜味的 A—H,B 模型

　　除了糖之外，還有許多帶有甜味的化合物，只是並非全都那麼可口。比方說，乙二醇是汽車散熱器中抗凍液的主要成分。乙二醇分子的水溶性及分子中氧原子的間距（約與糖分子中氧原子的距離相等），皆是造成它具有甜味的原因。但是乙二醇的毒性很強，只要一小茶匙的量便足以使人畜喪命。

　　有趣的是，乙二醇本身並不會發揮毒性，而是我們人體會將它改變成有毒物質，因為體內的酵素會把乙二醇氧化成草酸（oxalic acid）。

$$H_2C—OH \qquad \xrightarrow{\text{體內的氧化反應}} \qquad$$

乙二醇　　　　　　　　　　　　　　　　　　　　　　草酸

　　我們可以在自然界的一些植物種類裡發現草酸，其中大黃[9]和菠菜還是我們經常食用的，由於攝取量不多，所以我們的腎臟還能處理

9　大黃是一種藥用植物，其根部有輕瀉作用，常被製成瀉劑。

這些微量草酸。但如果吃下的是乙二醇，短時間內體會出現大量的草酸，可能會使腎臟受損甚至致命。不過我們不用擔心同時吃下菠菜莎拉和大黃做成的派，會有喪命的危險，除了那些長年有腎結石傾向的人。腎結石的主要成分是不溶性的草酸鈣，這也是為什麼腎結石高危險群必須減少含有草酸成分的飲食。但是對一般大眾而言，攝取適量的草酸倒是個不錯的建議。

另一個與乙二醇結構相似，也同樣具有甜味的化合物是甘油，適度的攝取對人體是安全無虞的。由於甘油具有黏稠性與高度水溶性，因此常被當成調理食品的添加劑。不過這些年來，食品添加劑普遍被認為是不健康、且非天然有機的。然而，甘油絕對是有機物，它不具毒性，也常在酒這類天然產品中出現。

當你旋轉酒杯，看見杯中液體在玻璃杯面留下一條長長的尾巴，那就是最佳釀酒年分的酒才特有的高濃稠度和滑潤口感的表徵。

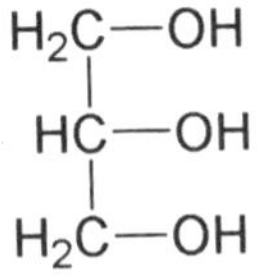

$$H_2C-OH$$
$$HC-OH$$
$$H_2C-OH$$

甘油

甜味其實沒什麼

除了糖之外，還有很多物質也帶有甜味，甚至創造了營業額驚人的代糖製造業。代糖的化學結構是從糖的幾何構型複製而來，以具有與味覺受器結合的能力，除此之外，代糖還必須具備可溶於水、無毒，且不會被人體代謝吸收的特性。[10] 這些人工代糖通常比真正的糖

10 審註：糖精不會被人體代謝而直接排出體外，但阿斯巴甜卻會被人體分解為兩種胺基酸，因此這裡的說法並非完全正確。

還要甜上好幾百倍。

　　呈現細小粉末狀的糖精（saccharin）[11] 是第一個被研發的人工代糖。起初是由於研發人員的手沾染了這種粉末再碰觸到嘴唇，無意間發現了它的甜味。這種糖精的甜度很高，只要一點點的量就可以感覺到它的甜味。一八七九年，一名約翰霍普金斯大學化學系的研究人員，感覺到他正在嚼食的麵包有一種不尋常的甜味，於是他回到實驗室逐一「嚐」試當天他使用過的化學物質（這種行為很危險，但在當時卻是發現新物質的常見方法），終於找到了甜味的來源。這就是糖精被發現的過程。

　　糖精沒有熱量，加上具有甜味，因此一八八五年開始發展它的商業價值。最初它只被當成糖尿病患飲食中糖的替代品，但是過沒多久就發展為深受一般大眾喜愛的代糖。其他種類的代糖，例如甜精（cyclamate）[12] 和阿斯巴甜（aspartame）[13]，也在二十世紀相繼出現。我們可以從下圖看到，這些代糖的結構幾乎完全不同，與糖分子也相去甚遠。不過它們特殊的原子排列方式和穩定性，都是使它們具有甜味的要素。

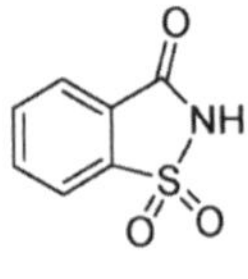

糖精 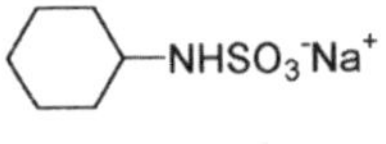　　　　　　　　　　甜精 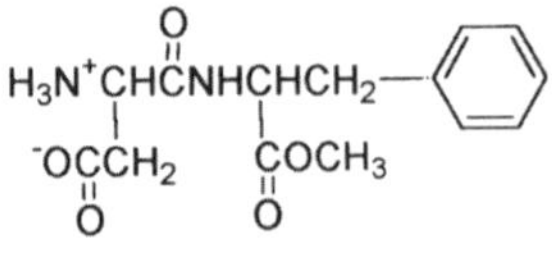　　　　　　　　　阿斯巴甜

---

11 糖精的甜度約為蔗糖的三百至四百倍，無熱量，對熱相當穩定，但食用後會有一點苦味。常添加於蛋糕、餅乾、果醬、飲料及部分藥物。

12 甜精即環磺酸鹽，甜度約為蔗糖的三十至五十倍。有部分研究認為食用過量可能會導致癌症，但尚未獲得世界衛生組織（WHO）的證實。

13 阿斯巴甜即苯丙氨酸甲脂。甜度約為蔗糖的二百倍，熱量約每公克四大卡，但加熱後會失去甜味。常用在口香糖、果汁、優格、布丁、果凍、無酒精性飲料等等。

　　然而沒有一種代糖是完全沒有問題的。有的遇熱會分解，因此只能添加於冷飲或冷食中；有些則是除了甜味之外還有其他味道。阿斯巴甜雖然是人工合成的，但事實上它是由兩個天然的胺基酸所組成，可以被人體代謝，而且它比葡萄糖要甜上兩百倍，因此只需微量就能產生令人滿意的甜味。值得注意的是，遺傳性苯丙酮尿症（phenylketonuria，簡稱 PKU）[14] 患者無法代謝阿斯巴甜分解後產生的苯丙胺酸，因此要避免攝取這種代糖。

　　一九九八年美國食品與藥物管制局通過一種新甜味劑——蔗糖素（sucralose）——的認證，讓代糖衍生的種種問題獲得解決。蔗糖素的結構與蔗糖十分相似，僅有兩處不同。如圖所示，蔗糖左邊的葡萄糖分子被半乳糖所取代，情形與乳糖類似；其三個羥基也被氯原子（Cl）所取代（一個位於左邊的半乳糖分子，其餘兩個則在右邊的果糖分子中）。這些氯原子不會影響蔗糖素的甜味，亦不會被人體所代謝，也不含熱量。

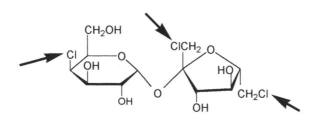

蔗糖素的結構。箭頭所指的是取代羥基的氯原子。

　　現在我們開始從植物中尋找天然的「強力甜味劑」（至少比蔗糖甜一千倍的化合物）。幾個世紀以來，這些植物產地的居民顯然已

---

14 苯丙酮尿症為一種遺傳性代謝疾病，患者無法正常代謝苯丙胺酸，容易造成智力與語言發展的障礙。

對這些帶有天然甜味的植物瞭如指掌，例如南非的香草植物甜葉菊（*Stevia rebaudiana*），歐亞甘草（*Glycyrrhiza glabra*）的根，墨西哥一種馬鞭草屬植物（*Lippia dulcis*），以及西爪哇一種蕨類植物（*Selliguea feei*）的地下莖等。天然的甜味化合物具有商業開發的潛能，但是必須先解決含量少、有毒、水溶性低、吃下後會變味、穩定性不高、品質不一等問題。

儘管糖精的使用歷史已超過百年，它卻不是第一個人工的甜味劑。早在羅馬帝國的時代，分子式為 $Pb(C_2H_3O_2)_2$ 的醋酸鉛就已被加在酒中以增加甘甜滋味。醋酸鉛，或稱鉛糖，不用像蜂蜜那些甜味劑一樣造成酒的繼續發酵，就可以使酒的味道更加甜美。很多鉛鹽類雖甜，卻不溶於水又有毒性。醋酸鉛則有極佳的水溶性，但它的毒性似乎尚未被當時的羅馬人所察覺。說到這裡，我們也許應該停下來想想，是否寧願冒著中毒的危險，也要追求過去飲食中沒有人工添加劑的生活。

羅馬人把酒和其他飲料都儲存在鉛製的容器中，家中的飲水也經由鉛製的水管運送。鉛的毒性是逐漸累積的，不但會影響神經及生殖系統，也會損害其他器官。鉛中毒的初期症狀並不明顯，大概是睡眠障礙、食慾減低、全身無力、頭痛、胃痛和貧血等，接下來可能會發展為造成嚴重心智功能障礙與神經麻痺的腦部傷害。有些歷史學家認為鉛中毒是造成羅馬帝國衰亡的主因，因為在文獻資料中，許多當時的羅馬領導人都曾出現上述的鉛中毒症狀，包括惡名昭彰的古羅馬皇帝尼祿（Emperor Nero）。不過這種推論還有待考證，因為當時只有富有的貴族統治階級才能享受水管供水的便利以及使用鉛容器盛酒，平民百姓都是用普通容器來存放酒水。如果說羅馬帝國真的是因為鉛毒而滅亡，那麼這將是另一個化學分子造就了歷史的例證。

＊　＊　＊　＊　＊　＊　＊　＊　＊　＊

　　糖的甜味塑造了人類歷史。歐洲糖市場的熱絡交易與龐大收益，驅動了美洲新大陸的黑奴貿易。沒有了糖，黑奴貿易應該不會那麼盛行；沒有了奴隸，糖的貿易也不會如此發達。產糖業的興起帶動了奴隸制度的形成，糖的收益又支持著這個制度的繼續運作。而西非的資源——非洲人民——卻被送往新大陸，創造屬於別人的財富。

　　即使在奴隸制度廢止之後，人們對於糖的欲望仍然影響著地球上的人類移動。十九世紀末，許多簽下工作契約的印度勞工前往斐濟的甘蔗田工作，結果使得太平洋島嶼的種族分布完全改變，美拉尼西亞人不再是這些島上的主要民族；而近年來歷經三次政變的斐濟，仍因政治與種族因素而呈現動盪不安的局面。其他熱帶島嶼的人口組成也大都與糖脫不了關係，例如現在夏威夷島上許多人的祖先，就是過去前往當地甘蔗田工作的日本移民。

　　糖是一項重要的貿易商品，至今仍持續影響我們的社會。天氣的變化與蟲害都會對以糖為主要產物的國家經濟造成衝擊，甚至影響到全球的股票市場。糖價的漲跌也會對食品工業產生漣漪效應。另一方面，糖也被當成一種政治工具。過去幾十年來，前蘇聯政府藉著購買古巴糖料來維持古巴強人卡斯楚的共產政權。[15]

　　今日各種飲食幾乎都含有糖分，甜食更是孩子的最愛。現在我們通常都會在喜慶宴會中提供甜點招待賓客，不像從前只要一條白麵

----

15 古巴是世界主要產糖國之一，有「世界糖罐」之稱。過去因施行共產主義並資助南美國家的赤化運動，遭到美國及西歐國家的經濟封鎖，所幸仍有前蘇聯政權的資助。一九九〇年前蘇聯瓦解，古巴頓失經濟支柱，民生陷入困境。一九九三年，古巴政府終於效法多數的共黨國家，走上經濟開放的道路。

包，就稱得上是待客之道。在世界上各個重要的節日與慶典，一定少不了甜食與糖果的點綴。然而，和過去的世代相比，人們對甜食的攝取量已增加好幾倍，一些健康問題也因此產生，例如肥胖、糖尿病、蛀牙等等。時至今日，糖這個甜味分子仍然持續影響我們的生活。

4

棉花與纖維素

　　糖的生產雖然促成了盛行於美洲的黑奴貿易，但它並非獨力支撐著這個長達三百多年的奴隸制度，歐洲市場的其他作物也仰賴奴隸的耕作，其中一項就是棉花。採收下來的原棉（raw cotton）[1] 會先運往英格蘭製成廉價產品，再拿到非洲去交換奴隸，這些奴隸隨後被帶往新大陸（尤其是美國南部），繼續從事耕作活動。產糖業所帶來的龐大利潤是這個貿易大三角的動力來源，也提供了大英帝國在工業革命初期所需要的資金。不過，讓大英帝國的經濟得以在十八世紀末至十九世紀初蓬勃發展的，其實是棉花及棉產業。

1　原棉指未進行加工的棉花。

棉花與工業革命

棉樹的果實會發展為所謂「圓莢」的球狀豆莢，其中大量的棉花纖維包覆著油滑的種子。證據顯示，五千多年以前的印度、巴基斯坦、墨西哥和祕魯就已經有 *Gossypium* 種的棉樹。在歐洲要等到西元前三百年左右，從自印度歸來的亞歷山大大帝軍隊所穿著的長袍中，我們才首度發現棉花的蹤影。中世紀時，阿拉伯商旅將棉花植物帶到西班牙。棉花植物耐不了霜寒，必須要有排水良好的濕潤土壤以及炎熱的夏天才能生長。地處溫帶的大英帝國和其他北方國家沒有產棉的條件，只能仰賴進口。

位於英格蘭的蘭開夏（Lancashire）隨著棉產業的成長而發展為工業重鎮。該地的潮濕氣候使棉花纖維容易黏結成球，有利於棉花的加工處理，因為這可以降低棉纖在紡紗與編織過程中斷裂的可能性；許多乾燥地區的棉花加工廠常常為此付出龐大的生產成本。除此之外，蘭開夏有足夠的空地可以開設廠房，並為數千名勞工興建宿舍；有柔軟的水質可供漂白、上色和印染之用；還有富饒的煤礦──這個條件在日後的蒸氣動力時代更顯重要。

一七六〇年的時候，英格蘭的原棉進口量為 250 萬磅。之後不到八十年的時間，英國棉織廠處理的棉花量就已達當初進口量的 140 倍，而這個大幅度的成長也對日後的產業工業化有極大的影響。對便宜棉紗線的需求刺激了機械設備的革新，最後所有的棉花加工過程都以機械化處理。十八世紀是棉織業突飛猛進的時代：軋棉機將棉纖與種子分離開來，梳棉機初步整理分離出的原棉纖維，紡織機再把整理好的棉纖編成棉線，最後由織布機織出各式各樣的棉料。這些原本以人力操作的機械，很快地便改以動物或水車作為動力來源。瓦特（James Watt）發明了蒸汽機之後，蒸汽就逐漸成為最主要的動力來

源。

　　棉紡織業的發展也帶動了社會變遷。原本以農業為主的英國中部散布許多小型的農產中心，後來逐漸發展為近三百個工廠林立的工業區。但工作和生活品質卻也因此變差，紡織工人在嚴苛的工廠管理制度下，工作時數漫長。雖然還不至於像大西洋彼岸種植棉花的奴隸一樣悲慘，但棉產業卻也為這些在充滿煙塵、噪音與危險的棉紡織廠中討生活的勞工，帶來了無止境的勞役、悲慘與不幸。辛苦付出勞力的結果常常只換來不等值的物資，而勞工對此也沒有提出異議的權利。工業區的居住環境十分惡劣，工廠附近窄巷裡密密麻麻的建築物，也讓人透不過氣。這些勞工就生活在這樣陰冷又潮濕髒亂的環境，兩、三戶人家共居一個屋簷下的情形很普遍，有時甚至連地下室都還擠進一個家庭。在這種環境出生的孩子，只有不到半數可以活過五歲生日。有關當局也注意到這樣的情形，但並非是出於高得嚇人的幼兒死亡率，而是因為這些孩童「在有能力成為紡織工人或者其他勞動人口之前」死亡。那些逃過夭折命運的孩子也沒有比較幸運。一旦他們到達可工作的年紀，這些嬌小的身軀就必須在棉紡織工廠的機器下穿梭爬行，以靈巧的手指接回斷裂的棉線。這些童工每天的工時長達十二到十四小時，只要稍有怠慢，就會挨上一陣毒打。

　　虐待童工以及其他不人道事件激起一股廣泛的人權運動，要求立法規範工作時數、童工問題、工廠安全及健康等相關議題；其中許多成了今日工業法規的前身。這些情形也激勵了勞工在貿易聯盟運動和其他社會、政治和教育改革上主動出擊。然而，改變的過程是緩慢且艱辛的。工廠老闆和股東藉由他們在政治上的影響力，拒絕做出任何讓步；他們只怕一旦改善勞工現況，就會損及在棉紡織業上的豐厚利潤。

　　隨著棉紡織工業一同發展的，還有英國的曼徹斯特（Manchester）。那裡的棉紡織廠所逸出的濃濃黑煙，似乎已成為當地的一項特色。棉花的收益加強了當地的工業發展。為了把原料和煤礦運進工廠，再把成品輸出至鄰近的利物浦（Liverpool）港口，運河和鐵路一一興建。漸漸地，許多工廠為了開發像是漂染、鑄鐵、金屬加工、玻璃製造、造船與鐵道建設等產品與服務，他們求才若渴，尤其需要工程師、機械技工、建築師、化學家和工藝家這類專業人士。

　　儘管英國在一八○七年立法廢除了奴隸貿易，企業家仍毫不猶豫地從美國南方進口由奴隸生產的棉花。一八二五到一八七三年間，從埃及、印度和美國等棉產國輸入的原棉，佔了英國進口貿易的最大宗。然而，第一次世界大戰爆發中斷了原棉的供給，英國的棉紡織工業也因此逐漸式微，再也無法回復以前的榮景。原先僅供給原料的棉產國開始架設起各種更先進的機器設備，並僱用當地較廉價的勞工，最後遂成為棉織物最重要的生產者，也是最主要的消費者。

　　糖的貿易提供了工業革命初期所需要的發展資本，但是大英帝國在十九世紀的繁榮昌盛卻是建立在對棉花的大量需求。棉織品物美價廉，很適合作為衣物和家飾之用。它可以與其他纖維混合紡織，也非常容易清洗與縫製。很快地，棉取代了原先一般人常用且較昂貴的亞麻植物纖維。由於歐洲對原棉的需求量激增（尤其是英國），結果造成美洲的奴隸人口呈現爆炸性的成長。種植棉花是一項勞力密集的產業，而農業機械、殺蟲劑和除草劑都很晚才發明，因此早期種植棉花主要還是仰賴奴隸所出賣的人力。在一八四○年時，美國的奴隸人口大概有 150 萬人。短短二十年後，當原棉輸出佔了當時美國出口貿易總值的三分之二時，奴隸的總數則高達 400 萬人。

結構性多醣類——纖維素

　　就像其他植物纖維一般，棉花有 90% 是纖維素（cellulose）。纖維素是一種葡萄糖聚合物，也是植物細胞壁的主要成分。聚合物多半用來指稱合成纖維和塑膠，但其實自然界中也有許多天然的聚合物。聚合物的原文「polymer」源於兩個希臘字；「poly」意指「很多」，而「meros」則代表「零件或單位」。因此從字面上的意思可以知道，聚合物是指由許多單位分子組成的大分子。由葡萄糖組成的聚合物屬於多醣類，可按其在細胞中的功能，畫分為結構性多醣類和儲存性多醣類。結構性多醣類具有支持生物體結構的功能，例如纖維素；儲存性多醣類則是用來儲存葡萄糖，以備不時之需。結構性多醣類的組成單位是 β 葡萄糖，儲存性多醣類的則是 α 葡萄糖。正如第三章所提到，這兩種葡萄糖的差別在於葡萄糖環上 1 號碳原子的羥基（—OH）位置。

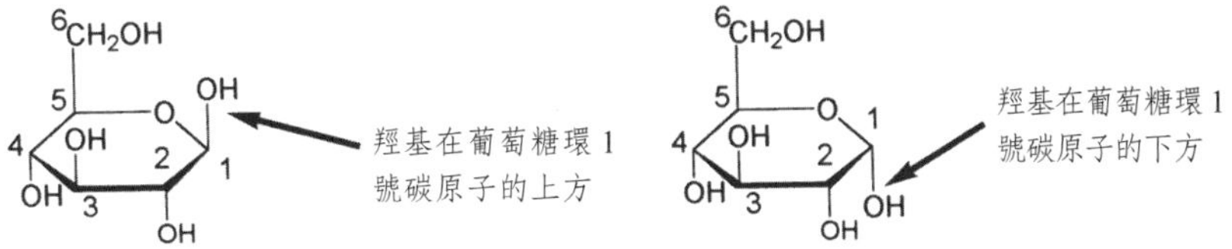

β 葡萄糖結構 　　　　　　　　　α 葡萄糖結構

　　這兩者的結構看起來差異不大，但卻決定了多醣類完全不同的功能與角色：羥基在環上方的是結構性多醣類，而在環下方的則是儲存性多醣類。因為化學結構的細微差異，足以造就截然不同的分子特性，這種例子在化學領域裡可說是屢見不鮮，而 α 和 β 這兩種葡萄糖聚合物，更是這個現象的最佳詮釋。

　　不論是儲存性或結構性的多醣，葡萄糖分子是以 1 號碳原子和相鄰葡萄糖的 4 號碳原子相互連結，藉由這兩個葡萄糖分別排出一個氫原子以及一個羥基脫水而成。這個過程就是所謂的**脫水反應**，因此這些聚合物也稱為脫水聚合物。

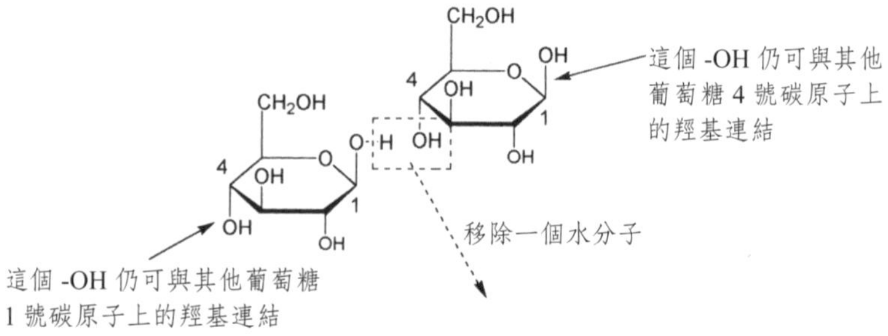

兩個 β 葡萄糖分子的脫水反應。每一個葡萄糖分子的兩端可以重複進行此反應。

分子兩端可再與另一個葡萄糖分子進行脫水反應，形成一條末端含有自由羥基的葡萄糖長鏈。

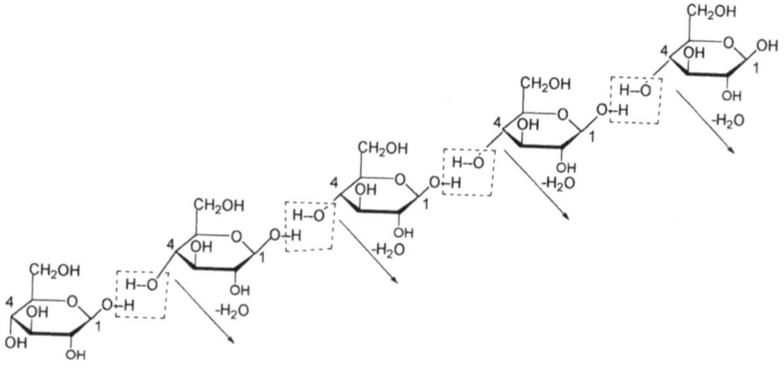

β 葡萄糖的連鎖脫水反應。相鄰葡萄糖的 1 號和 4 號碳原子上的羥基結合脫去一個水分子後，形成一條纖維素的聚合長鏈。

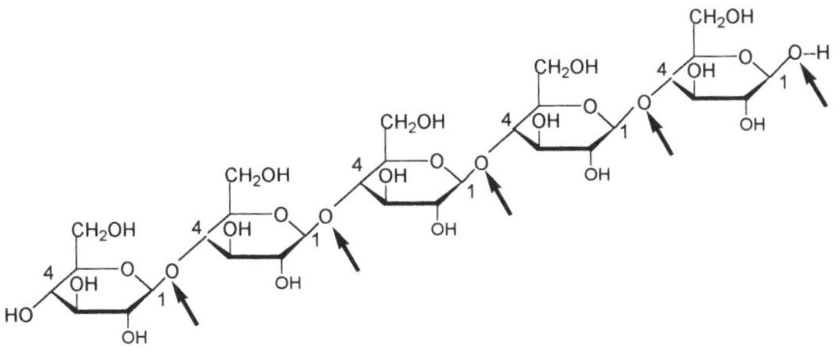

纖維素長鏈的部分結構。箭頭所指為 1 號碳上的氧原子，也就是 β 鍵結，位於葡萄糖環的左上方。

棉織品之所以這麼受到大眾歡迎，是因為纖維素的獨特結構所賦予它的特質。纖維素長鏈排列地十分緊密紮實，形成一層如同細胞壁般堅韌不透水的纖維。若以 X 光或電子顯微鏡這類分析物質結構的技術來觀察，就可以看見纖維素長鏈彼此緊密相連的型態。β 鍵結讓纖維素長鏈彼此緊密排列成束，最後彼此扭轉成為能被肉眼所見的纖維束。纖維素長鏈的末端是未參與長鏈反應的自由羥基，可與水分子親和；這也是為什麼棉花和其他纖維素產品，都具有高度的吸水性。「棉料會呼吸」（cotton breathes）的說法，其實和空氣的通透性一點關係也沒有；事實上，它是在形容棉花的吸水特性。天氣炎熱時，身體排出的汗水很快就能被棉質的衣料吸收而蒸發，因此我們便會有涼快的感覺。尼龍（nylon）或聚酯纖維（polyester）這類人造纖維由於不會吸收濕氣，所以夏天穿這種材質的衣服常讓人感覺濕黏不舒服。

　　幾丁質（chitin）是另一種結構性多醣類，也是纖維素的一種變形，可在蟹、蝦和龍蝦等甲殼類動物的殼中找到。和纖維素一樣，幾丁質也是一種 β 型多醣類，而它與纖維素的不同僅在於 β 葡萄糖 2 號碳原子上的羥基被醯胺基（—NHCOCH$_3$）取代。因此，這個結構

性多醣的組成單位，即是 2 號碳原子羥基被醯胺基取代的類葡萄糖結構，正式化學名稱為「N－乙醯葡萄糖胺」（N-acetyl glucosamine）。這個名字似乎很難讓人產生興趣，但是那些罹患關節炎或其他關節病變的人來說，肯定不會感到陌生。從甲殼動物外殼中所萃取的 N－乙醯葡萄糖胺以及其他葡萄糖胺衍生物，可以為關節炎患者舒緩疼痛。它們被認為能刺激關節中軟骨物質的再生。

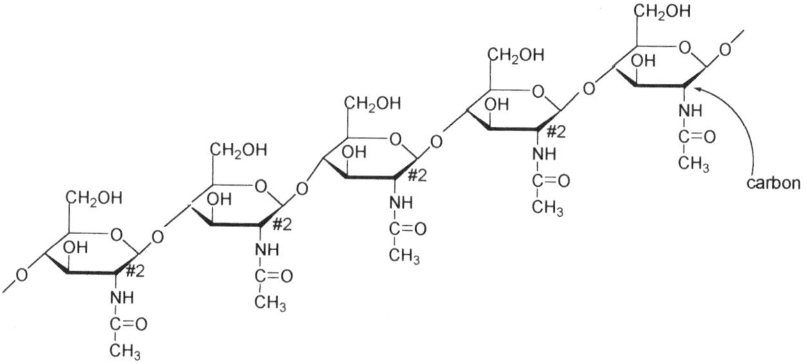

於甲殼動物中發現的的幾丁質聚合物。纖維素分子中，2 號碳原子上的羥基（-OH）被醯胺基（-NHCOCH3）所取代。

　　人類和其他哺乳類動物由於缺乏能破壞結構性多醣類中 β 鍵結的分解酵素，因此，儘管葡萄糖以纖維素的形式大量存在於植物中，我們卻無法吸收。不過，還是有細菌及單細胞動物能製造破壞 β 鍵結的酵素，把纖維素分解成葡萄糖單位分子。某些動物的消化系統有所謂的「食物暫存區」，寄生其中的微生物可以幫助它們的宿主分解這些分子以攝取養分。比方說馬的盲腸（連接大腸和小腸的囊袋狀結構）就是這樣的器官。牛、羊這些反芻動物的胃分隔成四個胃室，其中之一就含有這些共生細菌。這些反芻動物偶爾進行的反覆嚼食動作，就是為了獲得更多的 β 鍵結分解酵素以促進養分吸收。

　　至於兔子和其他囓齒動物，這些必要的細菌生長在牠們的大腸中。由於小腸負責吸收大部分的營養，而大腸位於小腸之後，因此這些動物常會嚼食自己的糞便，以獲取 β 鍵結在大腸中被分解後的產物。當這些營養物質再次通過消化道時，在第一次消化過程中由纖維素分解來的葡萄糖分子，此時便能被小腸吸收。我們也許不敢效法這種方法，但此法確實對這些囓齒類動物很有效。其他還有白蟻、木蟻及其他蝕木性害蟲的體內，也都有這些幫助攝食纖維素的寄生微生物，但有時也使得我們的住家和房舍慘遭蛀蝕。雖然人體無法消化分解纖維素，但我們仍少不了它，因為植物纖維中所含的纖維素和其他難以消化的物質，可以幫助我們清除消化道裡的殘渣廢物。

儲存性多醣類——澱粉與肝糖

　　人體無法分解 β 鍵結，但卻具有破壞 α 鍵結的分解酶；α 鍵結存在於澱粉和肝糖（glycogen）中。澱粉是我們葡萄糖的主要來源之一，它存在於許多植物的根、塊莖和種子，由兩種結構稍有不同的 α 葡萄糖聚合物——直鏈澱粉與支鏈澱粉——所構成。直鏈澱粉是一條由數千個葡萄糖以 1 號和 4 號碳原子相互連結而成的直鏈狀多醣，約佔澱粉的 20% ～ 30%，其單位分子藉由 α 鍵結彼此相連。相較於纖維素的 β 鍵結，兩者雖僅有鍵結類型的不同，但在功能上卻大相逕庭。

　　澱粉剩餘的 70 ～ 80% 則為支鏈澱粉。支鏈澱粉同樣是葡萄糖單位分子的 1 號碳原子，與相鄰單位的 4 號碳原子，藉由 α 鍵結組成的長鏈，但每隔二十到二十五個葡萄糖分子，其單位分子的 1 號碳原子，會再與相鄰分子的 6 號碳原子形成交錯鍵結。如此交錯連結的葡萄糖分子可達一百萬個以上，因此支鏈澱粉名列自然界中最龐大的分子構造之一。

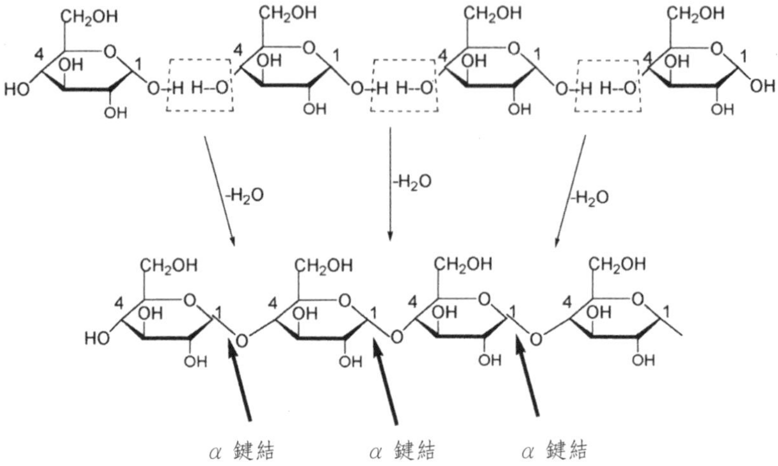

α 葡萄糖分子脫水形成的澱粉直鏈構造。由於氧原子在葡萄糖環 1 號碳原子的下方，所以此處的鍵結為 α 型。

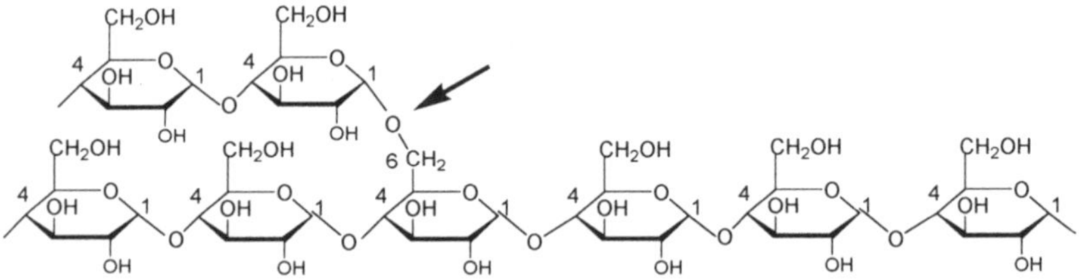

支鏈澱粉的部分結構。箭頭所指為單位分子間 1 號和 6 號碳原子形成支鏈的 α 型交錯鍵結。

　　澱粉中的 α 鍵結除了可被人體消化吸收，還具有其他的重要性。直鏈澱粉和支鏈澱粉所組成的長鏈呈螺旋狀，這點和排列緊密的纖維素分子截然不同。澱粉的螺旋狀結構讓水分子得以從縫隙滲入，這也是為什麼澱粉溶於水而纖維素則否。所有廚師都知道，澱粉的溶解度會隨著溫度改變。把澱粉顆粒倒入水中一起加熱，懸浮的澱粉顆粒會持續吸收水分，直到到達某特定溫度，這些澱粉的分子長鏈才會彼此

分離並在水中散成網狀；我們稱這種狀態稱為「膠」（gel）。此時混濁的溶液會逐漸澄清，澱粉混合物也變得黏稠。因此廚師常利用麵粉、木薯澱粉和玉米澱粉這類含澱粉的原料，來調製濃稠的醬料。

　　肝糖是動物體內的儲存性多醣類，主要存在肝臟或骨骼肌的細胞中。肝糖分子和支鏈澱粉非常相似，只不過支鏈澱粉上 1 號與 6 號碳原子間的 α 鍵結，每二十到二十五個單位才會出現，在肝糖中則是每隔十個葡萄糖單位分子，就會形成一個 α 鍵結，也因此肝糖是個高度分支的分子。這點對動物來說非常重要。沒有分支的長鏈只有兩個末端，具有相同數目葡萄糖的分支長鏈卻有很多個末端。當我們急需能量時，葡萄糖分子可以同時從這些分支的末端被移除利用。至於植物，由於它不需要緊急的能量來逃離掠食者的侵害或是追捕獵物，因此以不分支的直鏈澱粉或分支較少的支鏈澱粉來儲存能量，就已足夠。這種僅為鍵結數目而非鍵結型態的微小差異，就是動植物有別的基礎。

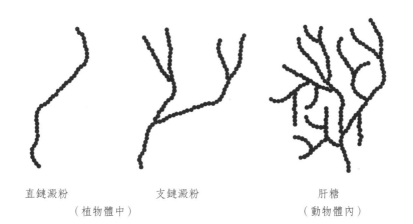

直鏈澱粉　　　　　支鏈澱粉　　　　　　　　肝糖
（植物體中）　　　　　　　　　　　　　（動物體內）

澱粉和肝糖的分支構造。分支愈多，支鏈末端可同時經酶分解而得的葡萄糖分子愈多。

纖維素會爆炸？

　　雖然儲存性多醣類在世界上的含量頗豐，但總的來說還是少於纖維素這種結構性多醣。根據估計，地球上有一半的有機碳是存在於纖維素中，每年大約有 10^{14} 公斤重（約一千億噸）的纖維素被生物合成和分解利用。纖維素不僅含量豐富且可隨時補充，因此長久以來，化學家和企業家喜歡利用這種成本便宜，且來源穩定的材料開發新產品。

　　在一八三〇年代，人們發現將纖維素溶於濃硝酸中再將之倒進水裡，就會產生一種極易燃且具爆炸性的白色粉末。到了西元一八四五年，住在瑞士巴塞爾（Basel）的德裔化學家申拜恩（Friedrich Schönbein）[2] 才發現它的用處。有一天申拜恩趁妻子外出時，不顧妻子嚴禁他在家中做實驗的警告，進行著硫酸和硝酸的混合實驗，又不小心把一些液體濺灑出來。驚慌之餘，他隨手抓了妻子的棉質圍裙擦拭現場。之後他把圍裙吊掛在火爐上烘乾，沒有多久，那條棉質的圍裙就在一聲巨響中爆炸開來。

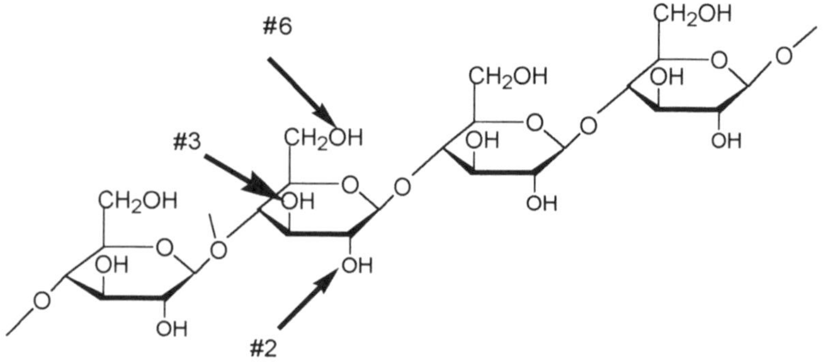

棉質圍裙的纖維素部分結構。箭頭指出硝化可能發生的位置，即葡萄糖單位分子的 2、3、6 號碳原子上的羥基。

第四章 棉花與纖維素 95

　　儘管我們對申拜恩的妻子在回家後的反應不得而知，根據記錄，我們只知道申拜恩稱這項偉大的發現為「硝棉」（guncotton）。棉花含有 90% 的纖維素，而我們現在也知道申拜恩的硝棉就是硝化纖維素（nitrocellulose，或稱棉火藥），其實也就是纖維素中羥基的氫原子被硝基（—NO₂）所取代。但並非所有的羥基都必須被硝化，只是數目愈多，則此硝化纖維素的爆炸威力愈強大。

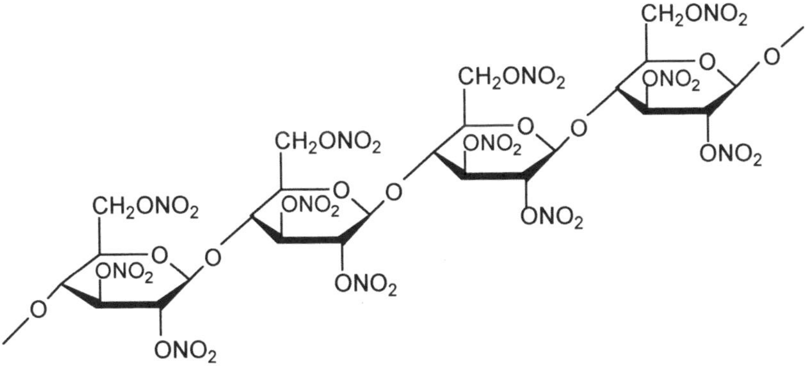

硝化纖維素（或硝棉）的結構圖——每個可能發生反應的羥基（-OH）上其氫原子被硝基（-NO₂）取代。

　　申拜恩知道這個發現可能帶來一筆可觀的財富，因此他開設了製造硝化纖維素的工廠，希望這項新產品能取代火藥（gunpowder）。然而，硝化纖維素是一種很危險的化合物，必需保持乾燥並適當處理，否則就會爆炸。由於當時仍不了解殘餘硝酸會造成產品的不穩定，申拜恩的工廠也因為爆炸意外而被迫停止營業。直到一八六〇年代晚期，人們才知道如何清理硝化纖維素中的殘餘硝酸，這時硝化纖維素才得以重啟其商業應用的價值。

2　申拜恩（1799-1868）最著名的成就為一八四〇年進行電解水的實驗時發現臭氧，以及一八四六年以硝棉和膠棉（collodion）的研究發展出硝化纖維素。

　　之後，藉由對硝化過程的控制，就發展出各種不同的硝化纖維素，像是含氮量高的硝棉、含氮量低的膠棉（collodion），以及賽璐珞（celluloid）。膠棉是由硝化纖維素混合了酒精和水而得的，早期常用於攝影。[3] 賽璐珞則是硝化纖維素與樟腦混合產生的一種優良塑料材質，最初被用作動畫電影的底片。[4] 另一個纖維素的衍生物——乙酸纖維素——則因為可燃性比纖維素更低，因此很快就取代了纖維素在許多方面的應用。攝影業、電影工業和今日許多工商企業的起源，都可歸功於那些結構多變的纖維素分子。

　　纖維素不溶一般的溶劑，只溶於二硫化碳這種含鹼的有機溶劑，並會在其中形成一種稱為黃酸纖維素的衍生物。黃酸纖維素以一種黏性膠體型態存在，因此取名為「黏膠」（viscose）再貼切不過。我們把黏膠擠過網篩的小孔再落入酸槽中，當中的纖維素便得以細絲狀的新面貌重新呈現，並可被織成具商業價值的嫘縈（rayon）。玻璃紙（另一種纖維素的衍生物）的製作過程也是如此，只不過通過的不是小孔，而是一條狹窄細縫，才能形成如紙張般的薄膜。人造纖維和玻璃紙通常都被視為人造合成物，但事實並非如此，頂多只可說是一種從天然原料製得的纖維素加工品罷了。

＊　＊　＊　＊　＊　＊　＊　＊　＊　＊

　　不論 α 葡萄糖聚合物（澱粉）還是 β 葡萄糖聚合物（纖維素），都是我們日常飲食中不可或缺的，對整體人類社會更具有無可取代的

3　膠棉因容易燃燒，又叫火棉膠。一八五一年英國人亞契（Scott Archer）以膠棉來保濕攝影用的玻璃感光版，發明了「濕版攝影法」（Wet Collodion Process）。
4　一八六六年美國人海悅（John Wesley Hyatt）發現，膠棉凍結後會變成堅韌有彈性的物料，因而發明了「賽璐珞」，並於三年後取得專利。一八八九年，美國人柯達（George Kodak）以賽璐珞發明了攝影底片。

重要性。然而，纖維素除了可以幫助消化，它的眾多衍生物也為我們的歷史創造了許多重要進程，其中「棉花」更開啟了十九世紀中影響世界甚鉅的兩項歷史事件——工業革命與美國南北戰爭。棉花是工業革命時代的要角，並賦予英國一個全新的面貌：農業人口減少、都市化興起、突飛猛進的工業發展、各項改革和發明、社會變遷，以及前所未有的繁榮興盛。除此之外，在美國，主張廢除奴隸制度的北方人與依賴棉花經濟的南方人，對於奴隸解放的問題一直僵持不下，最後終於引爆了美國史上最重大的危機——南北戰爭。

　　硝化纖維素（硝棉）是最早的人造有機爆炸物之一，它的出現也為後來的炸藥、攝影、電影等現代工業拉開序幕；而人造纖維對於上個世紀的經濟成長也有不可抹滅的貢獻。假使沒有這些纖維素分子的應用，我們今日所處的世界，大概又會是另一種樣貌吧！

5

火藥與炸藥

申拜恩的圍裙爆炸事件不是第一個人造爆裂物，當然也不會是最後一個。當化學反應快速進行時，它們的威力是相當驚人的。人類對某些可能改變成爆炸物的分子進行加工，纖維素就是其中之一。這些經過改造的火爆分子，有些的確為我們的生活帶來極大的便利，但也有些會造成嚴重的毀滅性後果。具有爆炸特質的分子，確實有左右世界歷史的能力。

雖然這些具有爆炸性的分子結構變異頗多，但是大致上它們都具有含氮原子的基團。可別小看這個由一個氮原子和兩個氧原子組合而成的硝基（$-NO_2$），它不但增強了人類的軍事戰鬥力，改變許多國家的命運，也可以實踐所謂的「移山倒海」，一點也不誇張。

炸藥的始祖——火藥

　　火藥（或稱黑火藥）是最早的爆炸性化合物，曾出現在中國、阿拉伯和印度等古老文明中，中國的古籍史冊中就有相關記載。至於它的三種原料成分——硝酸鹽、硫、碳——就要等到西元一千年以後才首見於歷史文獻中，但對其比例並沒有加以詳述。硝石古稱「中國雪」（Chinese snow），正式化學名稱為硝酸鉀，分子式為 KNO_3。火藥中的碳來自木炭中的碳元素，它給了火藥粉末的黑色外觀。

　　火藥剛開始被用於鞭炮和煙火，到了十一世紀中葉，才被當成火弓箭（以弓箭射出燃燒的物體）這類武器的發射動力。但由於火藥的危險性和軍事上的顧慮，一〇六七年開始，中國便嚴加控管硫和硝石的生產運用。

　　至今我們還不確定火藥是如何傳入歐洲的。一二六〇年左右，也就是馬可波羅回到威尼斯，講述中國的神奇火藥之前好幾年，出生於英格蘭，並在牛津和劍橋大學受教的天主教方濟各會（Franciscan）修道士培根（Roger Bacon）[1]，就已經留下了有關火藥的紀錄。培根也是醫師兼實驗學家，研究領域涉及現在所謂的天文、化學和物理方面。此外，他還精通阿拉伯語，因此他的火藥知識很可能是來自當時游牧於東、西方之間的撒拉森人。培根深知火藥的毀滅性威力，為了防止遭人濫用，他以字謎寫下了火藥的成分比例：七分硝石、五分的碳、五分的硫。這個謎團在沈睡了六百五十年之後，才被一名英國陸軍上校破解。然而，培根的良苦用心似乎都白費了，因為在謎底被解開之前，火藥已經被使用了好幾個世紀。

　　今日的火藥成分含有較多的硝酸鹽，與當初培根的版本有些不

1　羅傑·培根（1214-1292）為英國的哲學科學家，他曾寫下一個爆炸粉末的配方，雖不完美，但已很接近火藥。

同。火藥的爆炸反應如下：

$$4KNO_{3(s)} + 7C_{(s)} + S_{(s)} \longrightarrow 3CO_{2(g)} + 3CO_{(g)} + 2N_{2(g)} + K_2CO_{3(s)} + K_2S_{(s)}$$

硝酸鉀　　碳　　硫　　二氧化碳　一氧化碳　氮氣　　碳酸鉀　　硫化鉀

這個反應式讓我們清楚了解反應物和生成物的成分和比例。括弧內的
s 表示固態，g 表示氣態。所有的反應物都是固態，生成物則為八個
氣態分子：三個二氧化碳、三個一氧化碳和兩個氮。也正是因為火藥
快速燃燒所產生的高溫膨脹氣體，可以推動砲彈或子彈前進。典型的
火藥爆炸濃煙，則是碳酸鉀和硫的固態微粒所造成。

　　世界上第一把槍砲，或者應該說是「火器」，大約是出現在一
三〇〇到一三二五年左右，它其實不過就是一支塞滿火藥的鐵管，藉
由插入點燃的導火線引爆。隨著槍砲的發展愈來愈精緻（例如火槍
〔 musket 〕[2]、燧石槍〔 flintlock 〕[3] 和簧輪槍〔 wheellock 〕[4]），各種
燃燒速度不同的火藥也應運而生。配槍（手槍）需要能快速燃燒的火
藥，來福槍次之，大砲和火箭所需的火藥燃速又更慢了些。水和酒精
的混合物可製得一種結成塊的粉末，經過壓碎和篩選後就可以得到細
微、中等和粗大等不同的碎片。顆粒愈小，燃燒的速度就愈快，因此
我們可以按照需要，製作出不同顆粒大小的火藥。附帶一提，當時火
藥製造過程所需要的水，常常是工廠工人的尿液。當時的人認為，酒
喝得愈兇，其尿液所製造出的火藥威力愈強大；而神職人員的尿

2　火槍是使用火繩點燃火藥發射彈丸的滑膛槍，由西班牙人發明，流行於十五、十六世
　　紀。
3　燧石槍是十七、十八世紀時主要的槍械擊發裝置，在燧石夾上放一塊含鐵礦石，以彈
　　簧力量打擊摩擦鐵片產生火花。
4　簧輪槍是用類似鐘錶的彈簧發條帶動轉輪摩擦發火引燃火藥的前膛槍，流行於十六至
　　十七世紀。據說由達文西發明。

液——最好是主教——更被認為是頂級火藥的最佳原料。

爆炸的化學反應

　　爆炸是由熱反應所產生的急速膨脹氣體所引發的。相較於等量的固體和液體，氣體具有較大的體積。而爆炸的破壞威力，其實就是來自於氣體迅速膨脹所產生的震波。火藥爆炸所產生的震波速度每秒約為 100 公尺，至於其他威力更強的炸藥（例如三硝基甲苯〔 TNT 〕或硝化甘油），其震波速度可高達每秒鐘 6000 公尺。

　　所有的爆炸反應都會釋放出大量的熱，在化學上這稱為高度放熱反應。釋出的熱能有助於氣體體積的增加——溫度愈高，氣體體積膨脹愈快。爆炸所產生的熱能來自於反應式兩邊分子能量的差距，反應所產生的分子（反應式右邊）其化學鍵中所含的能量，比參與反應的初始分子（反應式左邊）低；也就是說，爆炸反應的生成物較穩定。在大多數硝基化合物的爆炸反應中，最終產物都是穩定性極高的氮氣（N_2），而氮氣的高穩定度來自兩個氮原子之間的三鍵。「三鍵具有高穩定性」，是指需要非常高的能量才能使其鍵結斷裂。相反地，當氮氣中的三鍵形成時，會釋出大量的能量，這也正是爆炸反應威力強大的原因。

$$N\equiv N$$

氮氣的結構

　　除了產生熱和氣體之外，爆炸的另一個特性是反應快速。假使爆炸的反應過程緩慢，所產生的熱與氣體就會散逸開來，無法顯現強大的釋壓作用和破壞性的震波，以及隨之而來的高溫現象。爆炸反應

所需要的氧氣來自於爆裂物本身,而非大氣,因為大氣中的氧無法迅速提供爆炸反應使用。因此,硝基化合物通常都具有爆炸性,而其他同樣含有氮和氧但彼此不相連的含氮化合物則否。

我們可以「同分異構物」為例(同分異構物是指分子式相同但結構不同的化合物)。對硝基甲苯(*para-nitrotoluene*,*para-*〔或縮寫 *p-*〕代表甲基和硝基在苯環上的位置相對)和對胺基苯甲酸(para-aminobenzoic acid,縮寫為 PABA)都含有七個碳、七個氫、一個氮和兩個氧,分子式同為 $C_7H_7NO_2$,但這些原子在這兩個分子中的排列方式並不相同。

對硝基甲苯　　　　　　　對胺基苯甲酸

對硝基甲苯具有爆炸性,而對胺基苯甲酸則否。其實我們常常把對胺基苯甲酸塗抹在皮膚上,因為它就是防曬油的主要成分。像 PABA 這類化合物,可以藉由單鍵和雙鍵的轉換,可能還有鍵結上的氮原子和氧原子,來吸收不同波長的有害紫外線。也就是說,藉由置換過程中鍵結或原子數目的變化,可改變可吸收的紫外線波長。至於其他只能吸收固定波長的化合物,也可作為防曬油的成分,因為它們同樣具有防水性,不會產生毒性或造成過敏,沒有難聞氣味,而且在太陽底下也不會分解掉。

硝基化合物的爆炸威力取決於硝基的數目。硝基甲苯只含有一個硝基,如經過進一步的硝化反應則可增加到兩、三個以上,形成二硝基甲苯或三硝基甲苯。不過,雖然硝基甲苯和二硝基甲苯都具有爆

炸性，但它們合起來的效果卻不及三硝基甲苯（TNT）來得驚人。

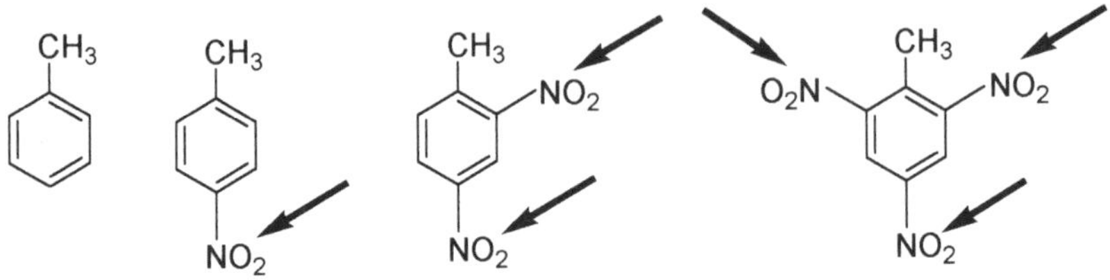

甲苯　　　硝基甲苯　　　　二硝基甲苯　　　　　三硝基甲苯（TNT）

箭頭所指為硝基的位置

　　當十九世紀的化學家開始研究硝酸對於有機化合物的影響時，我們對於爆炸物的了解也就更進一步。申拜恩的圍裙爆炸之後沒幾年，對硝酸和有機化合物有多年研究經驗的義大利化學家索布利洛（Ascanio Sobrero）[5] 開始進行另一項高危險性的爆炸實驗。他把富含於動物脂肪中的甘油，滴入硫酸和硝酸的冷卻混合液中，再將混合液倒入水中，水的表面立即浮出一層油狀物質，而這就是今日我們所知的硝化甘油。索布利洛接下來的舉動在今日看來相當不可思議──他嚐了一點這個新的化合物──並在實驗紀錄中寫下：「以舌尖淺嚐會造成心跳加速、劇烈頭痛，並伴隨四肢無力的現象。」

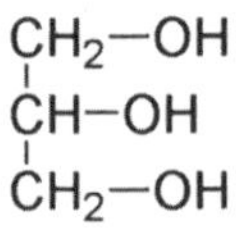

甘油 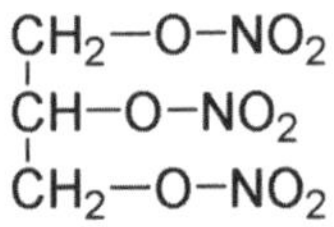　　　　　　　　　　　　　　　　硝化甘油

5　索布利洛（1812-1888）於一八四六年合成了硝化甘油，但卻不知如何安全地引爆，因此在當時被認為過於危險而沒有實際應用。

　　之後的研究報告也指出，炸藥從業人員時常感到頭痛欲裂，問題就在於硝化甘油所引起的血管擴張。而這項發現也導致日後硝化甘油被用以治療心絞痛[6]的毛病。心絞痛的人在服用硝化甘油之後，原本緊縮的血管得以擴張，因此可以輸送更多血液到心臟，也就緩解了心悶胸痛的不適。現在我們知道，硝化甘油的療效是因為它在人體內會釋放出具有舒張效果的一氧化氮（NO），而十分熱門的抗陽痿藥物──威而鋼──也是由這方面的相關研究所促成。

　　一氧化氮對人體很重要，它可以穩定血壓、傳遞細胞間的訊息、促進長期記憶的形成，以及幫助消化。其他有關休克以及新生兒高血壓的治療藥物，也都是從這些研究中發展而來。美國的病理學家傅加特（Robert Furchgott）、伊格納羅（Louis Ignarro）和穆拉德（Ferid Murad）也因為「發現一氧化氮的生理功能」，共同獲得一九九八年諾貝爾生理及醫學獎的殊榮。然而，因硝化甘油而名利雙收且得以設立諾貝爾獎的諾貝爾（Alfred Bernard Nobel），卻不相信硝化甘油的功效，拒絕用它來治療心臟病引起的胸痛，只因為怕造成頭痛──這也成為化學界的一大諷刺。

　　硝化甘油是一種極不穩定的分子，只要遇熱或撞擊就會爆炸，隨即產生膨脹迅速的煙霧與大量熱能。

$$4C_3H_5N_3O_{9(l)} \longrightarrow 6N_{2(g)} + 12CO_{2(g)} + 10H_2O_{(g)} + O_{2(g)}$$

　　硝化甘油　　　　　氮氣　　　二氧化碳　　　　水　　　　氧氣

火藥可在千分之一秒內產生六千個大氣壓的壓力，等量硝化甘油則可在短短的百萬分之一秒內產生大約二十七萬個大氣壓壓力。相較之下，使用火藥顯得較安全，因為極不穩定的硝化甘油隨時可能因為溫

6　心絞痛為一種缺血性心臟病，由於冠狀動脈無法輸送足夠的血液到心臟所致。

度變化或碰撞而發生連續爆炸的意外。為了避免擦槍走火，我們處理硝化甘油時確實需要一套安全縝密的處理程序。

諾貝爾硝化甘油有限公司

一八三三年誕生於瑞典首都斯德哥爾摩的諾貝爾，他藉由火藥的震波和熱，引發劇烈的硝化甘油爆炸反應，取代過去以導火線引爆的緩慢方式。這個聰明的構想確實奏效了！今日採礦業和建築業的許多爆破裝置都還是沿用諾貝爾這項偉大發明。然而，儘管諾貝爾解決了順利引爆硝化甘油的問題，但他還是得煩惱如何避免那些非預期的爆炸發生。

諾貝爾的家族經營一家炸藥工廠，並自一八六四年做起硝化甘油的生意，主要用於隧道和礦場的爆破工程。然而就在同年的九月，他們位於斯德哥爾摩的一間實驗室發生爆炸，有五人因此喪生，諾貝爾的弟弟艾米爾（Emil）也是其中之一。儘管意外發生的原因一直無法判定，但當地政府已經下令禁止製造硝化甘油。諾貝爾並未就此罷手，他把實驗室搬到斯德哥爾摩市郊馬拉倫湖（Lake Mälaren）的渡輪上，繼續他的研究計畫。硝化甘油的驚人威力，遠遠超過當時普遍使用的黑火藥，因此，人們對它的需求也迅速成長。到了一八六八年的時候，諾貝爾的炸藥工廠已經遍及歐洲十一個國家，甚至連一海之隔的美國舊金山也設有公司。

硝化甘油常常受到製造過程中的酸所汙染而緩緩降解，降解所產生的氣體也會使裝運用鋅桶的軟木塞蓋彈開。此外，硝化甘油雜質中的酸會腐蝕這些鋅桶而造成滲漏。因此，當時常常把木屑裝填在鋅桶中，一方面隔絕容器與硝化甘油的接觸，一方面也可吸收滲出或潑灑的硝化甘油。但這種預防措施仍顯不足，安全性還有待加強。無知

和錯誤的訊息，常常導致難以收拾的災難。過去曾有人用硝化甘油潤滑炸藥運輸車的車輪，如此離譜的舉動，下場可想而知；一八六六年，舊金山 Wells Fargo 倉庫存放的硝化甘油爆炸，奪走十四條人命；同年，七千噸的汽船「歐洲號」（European）在巴拿馬大西洋岸的港口裝卸硝化甘油時意外引爆，四十七人因此喪命，損失更超過一百萬美元；同樣是在一八六六年，德國和挪威的炸藥工廠也先後傳出意外。一連串嚴重的公安意外引起各國政府重視，儘管硝化甘油的全球需求量普遍上升，當時的法國和比利時仍斷然禁止硝化甘油的生產，其他國家也紛紛倡議效尤。

　於是，諾貝爾開始研究，如何增加硝化甘油的穩定性而無損其威力，他嘗試以木屑、水泥、炭粉這些中性物質來固化硝化甘油。今日我們所知的炸藥（dynamite）是否如諾貝爾所宣稱，是這種系統性研究下的成果，還只是另一個「運氣」使然的產物，就不得而知了。即便硝化甘油炸藥的發現只是個巧合，但若沒有諾貝爾的敏銳機智，又有誰會想到以矽藻土取代木屑來包覆硝化甘油？矽藻土是矽藻外殼集結成的細緻土壤，在吸收滲出的液態硝化甘油後，仍能保持通透特質，應用層面很廣，例如煉糖廠中的濾網、絕緣體或者金屬拋光劑等等。進一步的研究發現，把液態硝化甘油與矽藻土以 3:1 的比例混合，會產生一種具可塑性的穩定油灰狀物質。矽藻土的功能在稀釋硝化甘油，又藉由矽藻土幫助硝化甘油粒子彼此分離，降解的速度因此減緩。至此，我們已經可以有效地掌握爆炸效果。

　諾貝爾根據希臘字「*dynamis*」（意即「能量」），把這種硝化甘油與矽藻土的混合物命名為「dynamite」，也就是我們所謂的「炸藥」。這種新研發的炸藥可以被塑化成任何形狀或大小，具有不易降解和不會自行爆炸的穩定特性。西元一八六七年，至今仍存在的「諾貝爾公司」（Nobel and Company）開始了運送炸藥的事業，這個稱

為「諾貝爾安全火藥」（Nobel's Safety Powder）的新產品也取得了
專利。很快地，諾貝爾的炸藥工廠幾乎遍及世界各地，諾貝爾家族的
財富資本也愈來愈雄厚。

　　身為軍火製造商的諾貝爾，如大家所知也是一名和平愛好者，
這兩者的形象似乎有點格格不入，其實在他傳奇的一生中，也處處充
滿了矛盾。他年幼時體弱多病，家人以為他會早夭，沒想到他竟比自
己的父母和兄弟姊妹更長壽。再說到他的性格，人家對他的印象是內
向害羞卻又極度謹慎、專注工作卻又生性多疑、孤獨卻又樂善好施。
諾貝爾認為，發明一個真正恐怖的強大武器，可以震懾好戰分子而帶
給世界和平，然而之後愈來愈多的毀滅性武器問世，諾貝爾的世界大
同理想仍未見實現。一八九六年，終身未娶的諾貝爾在義大利聖利摩
（San Remo）家中孤獨地走向人生盡頭，他將龐大遺產奉獻給每年
在化學、物理、醫學、文學與和平等領域的傑出人才，後來遂成為今
日的「諾貝爾獎」[7]。此外，瑞典銀行也於一九六八年設立了「諾貝
爾經濟獎」來紀念這位偉大的發明家。雖然這個獎項也以諾貝爾為
名，但實際上與諾貝爾並無直接關係。

戰爭與恐怖攻擊

　　諾貝爾的發明無法運用在槍枝的推進器上，因為一般槍管無法
承受硝化甘油爆炸時所釋出的強大威力，所以許多軍事領袖仍然在尋
求比黑火藥威力更強、操作更安全、裝填更迅速的爆炸物，最好燃燒
時還不會冒出濃密黑煙。一八八○年代初期，人們已開始利用硝化纖
維素（或稱硝棉）或其與硝化甘油的混合物製造出「無煙火藥」

7　諾貝爾死後，經過三年的資產整理與歧議協商，一九○○年「諾貝爾基金會」才正式
　成立。

（smokeless powder），而這也成為現代槍枝填充火藥的基礎。至於重型火砲可承受硝化甘油的爆炸威力，因此並不受限於推進火藥的選擇限制。第一次世界大戰時，苦味酸（picric acid，即三硝基苯酚）與三硝基甲苯（TNT）是軍火的主要成分。苦味酸是一種鮮黃色的固體，最早於一七七一年被合成作為絲與毛線的人工染料，其結構是以酚為基礎再添加三個硝基，製作上相當容易。

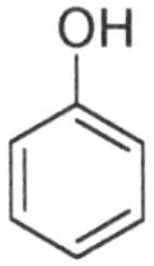

酚 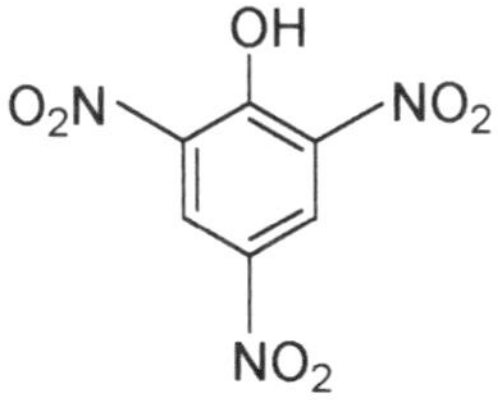　　　　　　　　　　苦味酸（或三硝基苯酚）

一八七一年，人們發現只要引爆劑的威力夠強大，苦味酸也可以產生爆炸效果。到了一八八五年，法國人首次把這項特性應用於彈藥的製作，後來英國人也在一八九九至一九〇二年的波爾戰役（Boer War）中善加利用。然而，潮濕的苦味酸本來就不易被觸發，在雨天或潮濕環境中更難以著火爆炸。此外，酸性的苦味酸和金屬作用後會產生對震動敏感的苦味酸鹽，使得以苦味酸製成的彈藥一經碰撞就會爆炸，根本無法穿透厚實的盔甲。

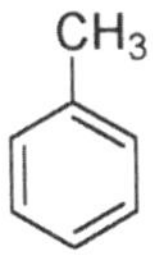

甲苯 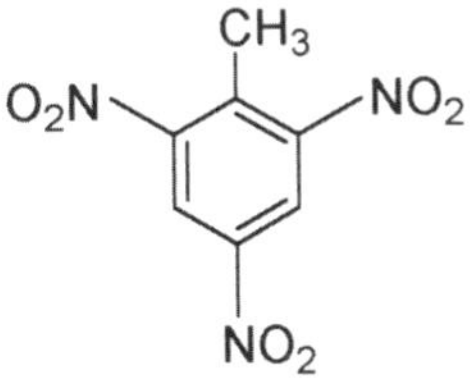　　　　　三硝基甲苯（TNT） 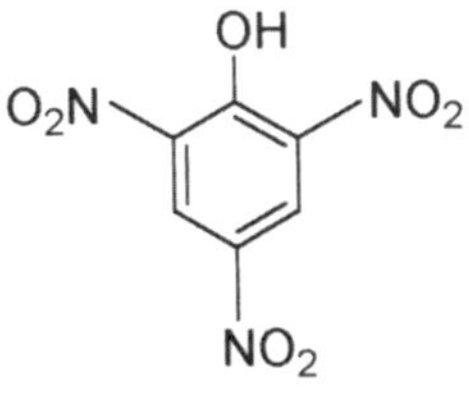　　　　　苦味酸

另一個與苦味酸結構相似但更適合作為彈藥的化學物質是三硝基甲苯，也就是所謂的 TNT。非酸性的三硝基甲苯不會侵蝕金屬，也不會受到濕氣影響，而且熔點低不易凝結，因此很方便裝填到炸彈與彈殼裡。由於它可以承受較強的撞擊，因此比苦味酸更難引爆，穿透性也較佳。TNT 的氧、碳含量比例較硝化甘油低，因此當爆炸反應發生時，它的碳原子並不會完全轉化成二氧化碳，而氫原子也不會完全轉化成水。其爆炸反應的原子重組方式如下：

$$2C_7H_5N_3O_{6(s)} \longrightarrow 6CO_{2(g)} + 5H_{2(g)} + 3N_{2(g)} + 8C_{(s)}$$

　　　TNT　　　　　　二氧化碳　　氫氣　　　氮氣　　　碳

同樣是爆炸，為什麼 TNT 產生的濃煙會比硝化甘油和火棉更多呢？從上式我們可以知道，因為 TNT 反應後會產生碳。

　　第一次世界大戰初期，使用 TNT 的德軍比起以苦味酸作為彈藥原料的英、法兩國，顯然佔了絕對優勢。得到教訓之後，英國也趕緊製造 TNT，並獲得美國的強力支持，提供了大量的 TNT 給英國。有了這個舉足輕重的爆炸物，英國的戰力可說與德軍不相上下。

　　在第一次世界大戰中還有一個更關鍵的分子，就是氨氣（ammonia），分子式為 NH_3。氨雖然不是硝基化合物，卻是製造炸藥所需的硝酸（HNO_3）之材料。硝酸的歷史久遠，西元八〇〇年左右，偉大的伊斯蘭煉金術士哈揚（Jabir ibn Hayyan）[8] 已對硝酸有所認識，並可能也知道加熱硝石（即硝酸鉀）與硫酸亞鐵可以產生硝酸。硝酸鉀和硫酸亞鐵反應所產生的二氧化氮溶於水後，則可形成稀硝酸溶液。

　　硝酸鹽易溶於水，因此在自然界中並不常見，不過在極度乾燥

8　哈揚（721-815）為阿拉伯煉金術的重要代表人物之一，也是硝酸與硫酸的發現者。

的智利北部沙漠卻有豐富的礦藏（智利硝石），是過去兩個世紀硝酸的主要原料。硝酸鈉和硫酸一同加熱可以產生硝酸，由於硝酸的沸點較硫酸低，因此可以利用蒸餾法來取得硝酸。

$$NaNO_{3(s)} \ + \ H_2SO_{4(l)} \longrightarrow NaHSO_{4(s)} \ + \ HNO_{3(g)}$$

　　　硝酸鈉　　　　　硫酸　　　　　　硫酸氫鈉　　　　硝酸

第一次世界大戰時，英國截斷了德國前往智利取得硝石的補給線，德國只好另覓他處，以取得這個極具戰略重要性的炸藥原料。

　　雖說硝酸鹽類含量不多，但是硝酸鹽的主要成分——氮與氧——在地球上卻相當豐沛。我們的大氣幾乎是由 80% 的氮氣與 20% 的氧氣所組成。氧氣的活性很大，很容易與其他元素結合，相較之下氮的活性就低了許多。「固定氮氣」的方法首見於二十世紀初，只是沒有什麼實用價值。後來經過多年的努力，德國化學家哈伯（Fritz Haber）[9] 終於成功地將空氣中的氮氣與氫氣合成為氨。

$$N_{2(g)} \ + \ 3H_{2(g)} \longrightarrow 2NH_{3(g)}$$

　　　　氮氣　　　　　氫氣　　　　　　　氨

哈伯在 400℃ 高溫以及高壓的實驗條件之下，以最低的花費合成了高單位的氨，克服了大氣中氮氣的惰性。他花了很多時間尋找適合的催化劑，以加速這個極為緩慢的化學反應。哈伯最初是為了開發氮肥的生產技術才投入這項研究，在當時全世界約有三分之二的肥料工廠都仰賴智利硝石作為原料。隨著天然礦藏的減少，人們開始尋求其他合成氨的方式。西元一九一三年，世界上第一個合成氨的工廠在德國設

9　哈伯（1868-1934）利用空氣中的氮和水中的氫在高溫高壓下的化學反應，發明了氨的合成技術，從而開創了合成氨工業，也因此獲得一九一八年的諾貝爾化學獎。

立，而由於英國的封鎖，德國各地紛紛建廠以「哈伯法」來製氨。從此以後氨的用途不再限於製作肥料，而被廣泛地運用在彈藥及炸藥的製造上。剛合成出來的氨能與氧氣結合而產生二氧化氮，也就是合成硝酸的原料。德國人之所以能同時得到肥料所需要的原料氨以及製造炸藥所需的硝酸，或多或少也算是英國人的功勞吧！在這場歷史的競技場上，氮的固定技術就成了影響勝敗的關鍵。

　　哈伯以「合成氨的技術」獲得一九一八年的諾貝爾化學獎，而合成氨的技術不僅提高了肥料的製造量，也間接使得農作物產量足以供應全球人口的需求。不過這次的頒獎在當時卻掀起了一場不小的風暴，原因是哈伯在第一次世界大戰期間曾參與德國的毒氣計畫。一九一五年的四月，比利時的葉普斯（Ypres）附近被施放以一桶桶的氯氣，擴散範圍遠達三英里，約造成五千人喪生，更有近萬人遭到毒氯氣侵蝕肺部而痛苦不堪。由哈伯指導的毒氣計畫還試用了許多新的物質，包括芥子氣（mustard gas）[10] 與光氣（phosgene）[11] 等。雖然毒氣並未能扭轉德國戰敗的命運，但是在大多數人眼中，即使哈伯早期的發明促進了全世界的農業發展，也無法彌補毒氣對於無數受害者的傷害。許多科學家因此批評，發明毒氣的哈伯根本不配得到諾貝爾獎的榮譽。

　　哈伯認為傳統的戰爭手段與使用毒氣沒什麼不同，對於所引起的非議也相當心煩。一九三三年，當他擔任頗具威望的「威廉大帝物理化學與電化學研究機構」（Kaiser Wilhelm Institute for Physical Chemistry and Electrochemistry）總裁時，德國納粹政府曾示意他將猶

---

10 芥子氣有「毒氣之王」之稱，為一種散發有害氣體的液體毒劑，會經由皮膚接觸、吸入、食入而傷害人體，並會導致人體發生癌病變，造成極嚴重的長期後果。

11 光氣即碳氧二氯（$COCl_2$），是一種具有高毒性及腐蝕性的氣體。可經由吸入及皮膚接觸而使人體中毒，對眼、鼻及喉嚨有刺激性，中毒症狀為皮膚灼傷、肺水腫、呼吸疼痛甚至致死。

太裔員工全部解雇。但或許是哈伯不滿當時的處境，與不知從何而來的勇氣，他斷然拒絕。他在辭職信中寫道：「四十多年來，我以聰穎才智與人格特質作為工作夥伴的選擇依據，而非他家族的血緣。未來我也不打算改變這個擇才標準……」

　　直到今天，全世界以哈伯法製氨的年產量已達十四億噸，大部分都用於製造現今世界上最重要的硝酸銨（分子式為 NH_4NO_3）肥料。硝酸銨也被用於開礦，以 95% 的比例與 5% 的燃料油混合來進行礦場的爆破工程。這個爆炸反應會生成氧氣、氮氣與水蒸氣，其中氧氣會氧化混合物中的燃料油，因而增強爆炸威力。

$$2NH_4NO_{3(s)} \longrightarrow 2N_{2(g)} + O_{2(g)} + 4H_2O_{(g)}$$

　　硝酸銨　　　　　　　氮氣　　　　　氧氣　　　　　水

經過適當的處理，硝酸銨算是一個很安全的爆炸物質，但過去也曾因為不謹慎，或是遭恐怖份子濫用而發生悲劇。一九四七年，一艘停泊在德州港口的運輸船，在裝載紙袋包裝的硝酸銨肥料時，不慎擦出了火苗，船員將船艙蓋關緊以防止火勢擴大，不料此舉反而造就了硝酸銨爆炸所需的壓力與溫度，隨之而來的大爆炸奪去了近五百人的性命。近年來的爆炸意外則多與恐怖攻擊有關，包括一九九三年紐約世貿大樓 [12] 與一九九五年奧克拉荷馬市聯邦大樓 [13]，遭恐怖分子放置硝酸銨炸藥所釀成的悲劇。

　　PETN（pentaerythritoltetranitrate）是另一個晚近發展出來的爆炸物質，很遺憾卻淪為恐怖分子的新寵。PETN 與橡膠混合可以製造出

12　一九九三年二月二十六日，恐怖分子在紐約世貿大樓外側引爆汽車炸彈，造成六人喪生，一千多人受傷。紐約世貿大樓已於二〇〇一年的九一一攻擊事件中化為灰燼。
13　一九九五年四月十九日，一輛載滿炸藥的卡車在奧克拉荷馬市的聯邦大樓引爆，造成包括十九名兒童在內的一六八人喪生，六七四人受傷。主嫌麥克維為美國激進分子，已於二〇〇一年伏法。此爆炸案為美國本土傷亡第二慘重的不幸事件。

所謂的塑膠炸藥，它的特色是可以塑造成任何形狀。PETN 的化學名
稱聽來複雜，但它的結構並不然，其化學性質與硝化甘油非常相似，
只不過它具有五個碳原子（硝化甘油有三個），並多了一個硝基。

硝化甘油　　　　　　　　　　　　　　　　　PETN

（以粗體表示者為硝基）

　　PETN 容易引燃、對震動敏感、威力強大，也幾乎沒有氣味，即
使是訓練有素的防爆犬也很難偵測出來，因此常被恐怖分子做成飛機
炸彈。其中最讓人印象最深刻的例子，就是一九八八年泛美航空 103
班機在蘇格蘭洛克比上空爆炸，造成二百七十人罹難的悲劇，當時曾
於飛機殘骸中發現 PETN 的成分。[14] 還有一次是著名的「鞋子炸彈客」
事件。[15] 一名自巴黎搭乘美國航空班機的乘客，意圖引爆藏於鞋底的
PETN，所幸機組人員與乘客機警制伏，避免一場可能發生的悲劇。

＊　＊　＊　＊　＊　＊　＊　＊　＊　＊

　　會爆炸的硝基分子，其實不只出現在戰爭及恐怖攻擊中，十六
世紀初的北歐就曾利用硝石、硫和碳粉製成的混合物來炸開礦藏。法
國南方運河（Canal du Midi）的麥培思隧道（Malpas Tunnel）建於一

14　一九八八年十二月二十一日，一架自倫敦飛往紐約的泛美客機在蘇格蘭小鎮洛克比上
　　空爆炸墜毀，造成機上二百五十九名乘客與十一名地面人員罹難。後來證實此意外乃
　　利比亞的恐怖分子所為。
15　二〇〇一年十二月二十二日，一名英國籍男子企圖在美國航空從巴黎飛邁阿密的班機
　　上引燃藏在運動鞋中的炸藥，所幸及時被制伏，使機上的一百九十七人倖免於難。起
　　訴書中指控，該男子為蓋達組織的黨羽，曾在阿富汗接受訓練。

六七九年，是連接大西洋與地中海最初的通道，也是首先利用火藥爆破技術而鑿通的隧道之一。從法國的塞尼（Mont Cenis）谷口貫穿阿爾卑斯山的佛雷瑞斯鐵公路隧道（Frejus railway tunnel）於一八五七年至一八七一年興建時，所使用的炸藥量居當時之冠；這條隧道完工後大大縮短了法國與義大利之間的交通，也改變了歐洲旅遊的面貌。至於硝化甘油炸藥的首次應用，則是在一八五五年至一八六六年美國麻州胡薩克鐵公路隧道（Hoosac railway tunnel）的興建上。許多重要的工程建設都是仰賴硝化甘油才得以完成，例如完工於一八八五年的加拿大太平洋鐵路（Canadian Pacific Railway），它使得落磯山脈兩側的交通更加便捷；於一九一四年鑿通的巴拿馬運河長達八十公里，是連接南、北美洲的重要貿易樞紐；北美西岸時常引發航海危機的波浪型海床（Ripple Rock）於一九五八年被爆破瓦解——這也是至今規模最大的一次非核子爆炸。

　　西元前二一八年，迦太基將軍漢尼拔（Hannibal）為了突襲當時羅馬的帝國，率領大批軍隊與四十頭大象，浩浩蕩蕩地穿越阿爾卑斯山。當時的開路方法非常原始且耗時，即是先用火將擋道的石頭燒熱，再澆以冷水，利用岩石熱脹冷縮的特性使其爆裂開來。如果漢尼拔有炸藥在手，就可以快速打造一條通往羅馬的捷徑，或許最後就能擊敗羅馬贏得勝利，而今日地中海西岸地區的命運，也將完全改觀。

　　從達伽瑪打敗卡利刻特的統治者、西班牙征服者柯特茲（Hernán Cortés）戰勝阿茲提克帝國（Aztec Empire），以及一八五四年大英帝國的輕騎裝甲旅突襲俄羅斯的巴拉克拉瓦戰役（Battle of Balaklava），在在顯示了爆破性武器遠遠優於弓、箭、矛與刀劍等傳統兵器。曾經盛行一時的帝國主義與殖民主義，就是依賴其軍備武力而取得世界的主控權。不論是戰爭與和平、破壞到建設、進步或衰退，爆炸分子都參與其中，且深深影響了人類文明的發展歷程。

6

絲與尼龍

爆炸分子給人的感覺，似乎與
「絲」所透露出的奢華、舒適、柔軟
和光澤之形象相去甚遠。不過絲與爆
炸分子之間，確實存在某種化學關聯
性，不但促成了新材質的研發，更在
二十世紀來臨時，開啟了一個嶄新的
工業樣貌。

「絲」總被認為是象徵財富的高
級織品，即使今日天然和人造纖維的
種類繁多，絲的地位仍無法取代。絲
的魅力來自於它觸感輕柔、冬暖夏
涼、光澤動人，與染色效果極佳的特
性，而這些都得歸功於其化學結構。
也就是這個絕妙的化學結構，開啟了
東方與其他世界的貿易路線。

嫘祖與蠶絲

關於絲的歷史，可回溯至四千五

百年以前。傳說在西元前二六四〇年的時候，黃帝軒轅氏娶了西陵氏之女——嫘祖——為妻[1]，嫘祖無意間發現掉落杯中的蠶繭能鬆出細緻的絲線，便開始教民養蠶取絲。姑且不論這個故事的真假，中國確實是最早開始栽桑養蠶的國家。

蠶變成蛾之後，短短五天之內可產下約五百個蟲卵，然後就結束了短暫的一生。一公克重的蟲卵可以孵出超過千隻幼蟲，而它們總共要吞掉三十六公斤重的桑葉才能吐出兩百克重的生絲。蟲卵一開始必須被置於 65 °F（約 18.3℃）的環境，然後再逐漸升溫至孵化所需的 77 °F（約 25℃）。孵出的幼蟲在乾淨且通風的淺盤中大快朵頤，並隨著成長而數次蛻皮。經過一個月的發育後，成蠶會被移至另一個可旋動的淺盤或框架中，以收集它們吐出的絲線，過程一般需要幾天的時間。蠶吐出一條條的連續細絲和著黏稠的分泌物，可使蠶絲緊密相連。這些蠶以 8 字形來回擺動著頭部，以便將吐出的絲線纏繞成一個密實的繭，最後再將自己纏結成蛹。

取絲的過程必須先將蠶繭加熱以殺死其中的蛹，並置入沸水中以溶解使蠶絲黏在一起的分泌物，純絲線才能散開並紡入捲線車中。從一個蠶繭可取得的蠶絲，少則四百公尺，多可超過三千公尺。

養蠶取絲的方法很快地在中國境內流傳開來。蠶絲最初是王公貴族專屬的高級品。經過一段時間以後，即使它的價格仍居高不下，一般的平民也開始穿戴起絲質衣物。出色的編織法、豐富的刺繡裝飾與高超的漂染技術，都使得絲織品獲得好評，也因此成為極有價值的貿易商品，甚至有時直接被當成貨幣使用，例如賞賜和稅捐常以絲綢作為償付。

---

1 西漢司馬遷的《史記‧五帝本紀》中說：「黃帝居軒轅之丘，而娶於西陵氏之女，是為嫘祖。」西陵位於中國荊山之西南，巫山以東，地域遼闊，當時的部落人群為西陵氏。嫘祖為西陵氏人，故稱「西陵氏之女」。

　　在穿越中亞的絲路貿易開始後好幾百年，中國仍然嚴守著產絲的祕方。由於幾個世紀以來地域性的政治和安全因素使然，絲路的版圖也隨之物換星移，記載中絲路的路線最長有六千英里遠，始於中國東部的北京城[2]到今日土耳其境內的的拜占庭（後改稱君士坦丁堡，現稱伊斯坦堡），以及地中海沿岸的安提阿（Antioch）[3]與提爾（Tyre）[4]，其中也包括轉進印度北部的主要動線。而部分的絲路歷史更可追溯回四千五百年以前。

　　絲綢貿易發展得很慢；直到西元前一世紀才與西方有定期的交易來往；日本的養蠶業起步於西元二〇〇年左右，之後便自成一格地發展開來；波斯人也很快成為絲綢貿易的中間人。另一方面，中國為了維持蠶絲的獨佔事業，更是對企圖將蠶蟲、蠶卵與桑樹種子運出中國的走私販子處以死罪。不過傳說在西元五五二年左右，有兩名準備從中國返回君士坦丁堡的聶斯脫利教派（Nestorian）[5]修道士，他們將蠶卵與桑樹種子藏在挖空的手杖中，成功地運回自己的國家，也就此打開了西方產絲業的大門。如果這個故事是真的，那麼它就是歷史上第一次的工業間諜活動。

　　養蠶取絲的方法很快地在地中海一帶傳開，到了十四世紀，蠶絲業已是義大利最繁榮的工業之一，尤其是威尼斯、盧卡（Lucca）與佛羅倫斯等北部城市，都以生產華美的絲綢錦緞與輕柔的絲絨而聞名。從這些地區運到歐洲北部的絲織品，也被認為是當時義大利文藝復興運動得以興盛的經濟支柱。然而義大利的政局不穩，許多紡絲工人紛紛逃至法國避難，因而助長了法國蠶絲業的發展。一四六六年，

2　應為長安（今中國陝西省西安）。
3　安提阿為小亞細亞古城，遺址在今日土耳其境內。
4　提爾為古代腓尼基的著名海港，位於現在的黎巴嫩西南部。
5　聶斯脫利教為古基督教的派別之一，唐代初期傳入中國後稱為「景教」。

法王路易十一世賜予里昂市的紡紗者免稅的優惠，並下令該區栽種桑樹並製造絲織品以供皇室使用。接下來的五個世紀，里昂市與其鄰近地區遂成為歐洲的蠶絲業中心。英格蘭的麥克勒斯菲爾德（Macclesfield）與斯巴地菲爾德（Spittalfield）兩地，也因為聚居了許多逃離歐洲大陸宗教迫害的法蘭德斯人（Flemish）與法國紡紗工人，在十六世紀末發展為精緻蠶絲業的重鎮。

　　北美的產絲業在一直發展不起來，但是其機械化的紡絲技術卻逐漸成熟。到了二十世紀初期，美國已是全球絲織品的主要製造國之一。

光澤化學

　　絲，就像羊毛和毛髮之類的動物纖維，基本上是一種蛋白質。蛋白質是由二十二種不同的 α 胺基酸所組成，而 α 胺基酸的化學結構包含一個胺基（—NH_2）與一個羧基（—COOH），胺基與羧基彼此相連於 α 碳原子上。

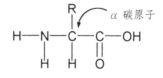

α 胺基酸的一般結構

其結構可簡化為：

$$H_2N—CH—COOH$$

簡化的胺基酸結構

在這個結構裡，R 代表不同的基團或原子集合，所以在這裡 R 會有二十二種不同的結構，也就是那二十二個彼此互異的胺基酸。R 有時也被稱為側基團（side group）或側鏈（side chain），而這些側鏈結構也造就了絲與其他蛋白質的特性。

最小的側基團只有單一的氫原子，稱為甘胺酸（glycine），其結構如下：

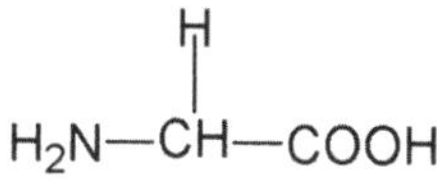

$$H_2N-\overset{\overset{H}{|}}{C}H-COOH$$

甘胺酸

其他簡單的側基團有 CH_3 與 CH_2OH，分別為丙胺酸（alanine）與絲胺酸（serine）。

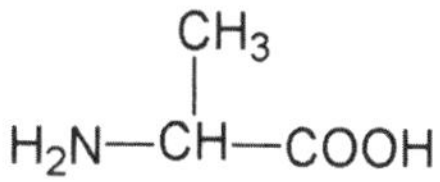

$$H_2N-\overset{\overset{CH_3}{|}}{C}H-COOH$$

丙胺酸

$$H_2N-\overset{\overset{CH_2OH}{|}}{C}H-COOH$$

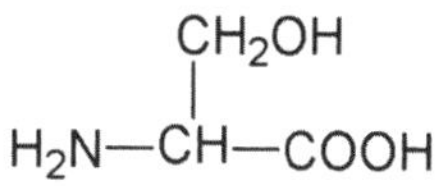

絲胺酸

上述三個分子的側基團是所有胺基酸中最小的，同時也是絲的成分中最常見的胺基酸種類，約佔全部的 85%。而絲中的這些微小側鏈，也是它光滑柔順的原因。相較之下，其他胺基酸的側鏈則顯得較複雜也大多了。

絲和纖維素一樣，都是由單位分子所組成的聚合物。然而，不同於棉花是由相同的纖維素單位分子所組成，絲蛋白的胺基酸單位分子並非一成不變。構成蛋白質主鏈的胺基酸都相同，不同的是這些單位分子上的側基團。

　　兩個胺基酸可藉脫水反應結合，其中 H 來自於胺根（－NH₂），OH 則來自於酸根（－COOH），而連結兩個胺基酸的鍵結是由縮合反應產生的醯胺基（amide group）。至於連結相鄰胺基酸分子之碳原子與氮原子的化學鍵，則稱為胜肽鍵（peptide bond）。

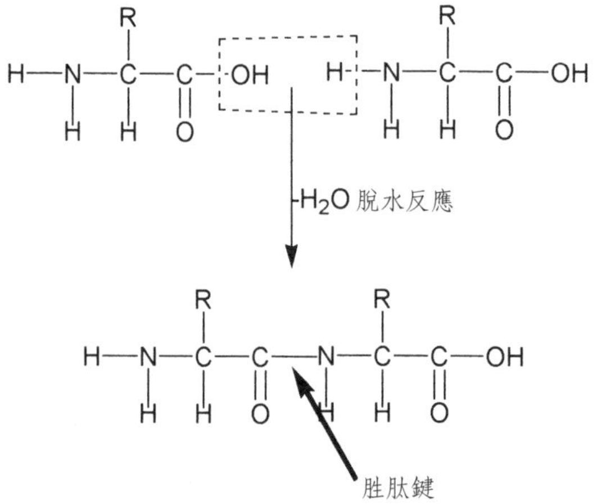

当然，這個新分子的一端還具有一個自由羥基，可與另一個胺基酸形成新的胜肽鍵。同理，另一端的自由胺基也能與另一個胺基酸形成一個新的鍵結。

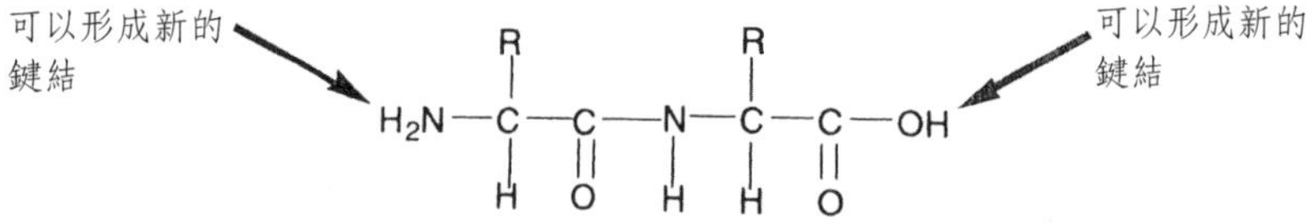

醯胺基的結構通常可以簡化法表示：

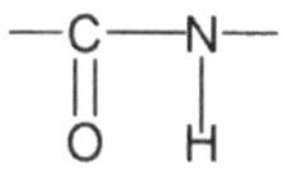

醯胺基結構 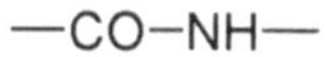　　　　　　　　　簡化的醯胺基結構

如果再加上兩個胺基酸，那麼這四個胺基酸便會以醯胺鍵結彼此連接。

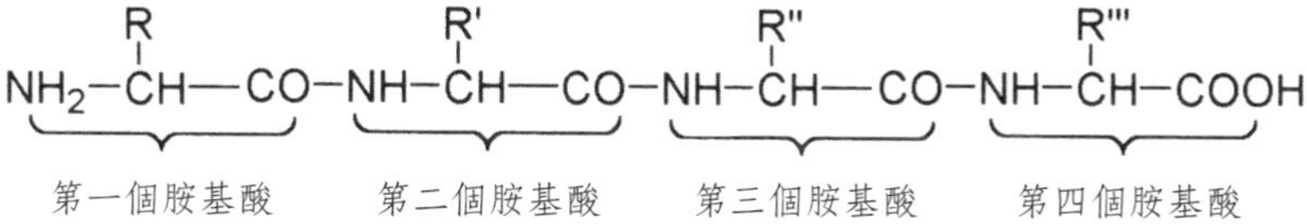

第一個胺基酸　　　第二個胺基酸　　　第三個胺基酸　　　第四個胺基酸

　　這四個胺基酸的側鏈分別以 R、R'、R"、R''' 表示。這些側鏈可以完全相同、部分相同，或者完全不同。即使是一條只有四個胺基酸的短鏈，由於當中所含的側鏈可千變萬化，因此能發展出的組合也相當可觀。R 可以是二十二個胺基酸當中的任何一個，同樣地，R'、R"與 R''' 也是如此，因此這條短鏈最多有 22^4 或 234,256 種可能的組合。像胰島素——由胰臟分泌以調控葡萄糖代謝的荷爾蒙——這麼小的蛋白質都包含了五十一個胺基酸，它的可能組合更可高達 22^{51}（或 2.9×10^{68}）種，甚至數也數不清。

　　我們估計絲的成分約有 80-85% 是以「甘胺酸—絲胺酸—甘胺酸—丙胺酸—甘胺酸—丙胺酸」的序列重複排列而成，而絲蛋白聚合物的側鏈則呈現鋸齒狀分布。

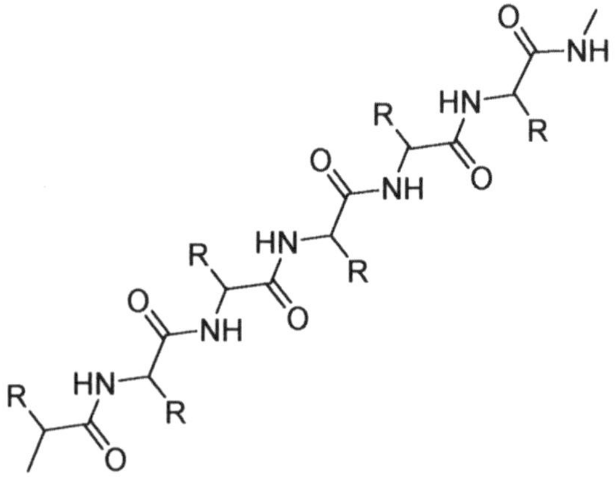

絲蛋白呈現鋸齒狀結構；側鏈交錯出現於長鏈的兩側。

蛋白質長鏈彼此反向平行排列，並藉由分子鏈間交錯的吸引力連結在一起。（如下圖中的虛線）

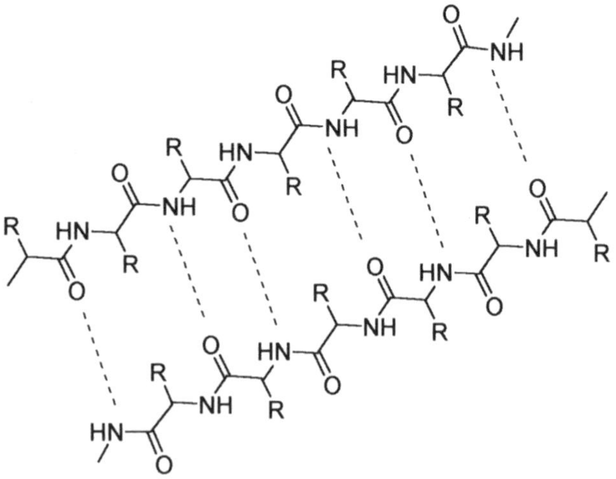

絲蛋白鏈藉側鏈間的吸引力彼此相結合。

這種結合方式造成了一個折板構造，其中 R 側基團交替出現於蛋白鏈的上、下方。

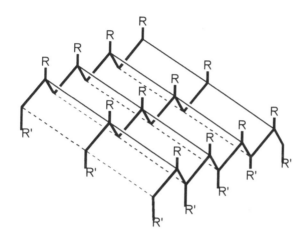

折板構造。粗線表示由胺基酸組成的蛋白質鏈，R 代表位於折板上方的側基團，R'
則代表位於折板下方的側基團。虛線為使兩條胺基酸蛋白質鏈緊密相連的吸引力。

　　折板結構無法完全伸展開來，這也是蠶絲何以柔軟又具有彈性
的原因。絲蛋白排列得非常緊密，而突出於折板結構的 R 一般來說
都大小都極為相似，這個統一的表面也造就了絲的滑順觸感。同時，
平滑的表面反光良好，這也是為什麼絲料看起來總是充滿光澤。總而
言之，正是絲蛋白結構中的小型側基團，造就了絲的所有高價值特
性。

　　內行人通常也以光澤來判斷絲織品的等級，因為並非所有絲蛋
白都有規則的折板結構，不規則的表面會破壞光的折射，使得絲的亮
度不一。而絲蛋白中單位分子的變化，也讓它易於吸收天然或人工染
料；這與一般認為絲料不易上色的觀念不同。除了由甘胺酸、丙胺酸
與絲胺酸重複組成的部分外，絲的成分中其餘 15-20% 胺基酸所含的
側基團很容易和染料分子形成化學鍵結，因此絲織品的色彩豐富、飽
滿且不會褪色。帶有相似側基團的折板結構創造了絲的柔滑觸感，胺
基酸分子的變化也使絲的光澤動人且上色容易；長久以來，人們就是

被絲織品的這兩項特性深深吸引。

合成絲的誕生

　　絲所具有的特性也讓它難以複製。由於絲的價格實在高得嚇人，但人們對它的需求與日俱增，於是從十九世紀末開始，各種嘗試合成絲的方法紛紛出現。絲是一個由相似單位重複組合而成的簡單分子，不過想要隨機或刻意複製天然絲的結構，卻是一個複雜的化學問題。現代的化學家已能小規模地複製特定的蛋白鏈，不過整個過程相當耗時費力，而且製造成本也遠遠超過天然絲。

　　絲的化學結構到二十世紀才被了解，所以早期關於合成絲的努力成果多半只是偶然的機運。一八七〇年代晚期，法國伯爵夏爾多內（Hilaire de Chardonnet）在最鍾愛的攝影興趣中發現，從感光版潑灑出來的膠棉[6]溶液會變成一團黏稠物，還可以拉開成一條條細絲。這個情形讓夏爾多內想起他的學生時代曾隨著偉大的巴斯德（Louis Pasteur）[7]教授，到里昂去考察讓法國產絲業頭痛不已的蠶病問題。雖然沒能找出蠶病的原因，但他花了很多時間研究蠶以及蠶吐絲的過程。於是夏爾多內把膠棉溶液通過一組孔洞很小的網篩，因而製造出第一條幾可亂真的人造絲纖維。

　　「合成」（synthetic）與「人造」（artificial）這兩個詞常被我們通用，字典裡也定義這兩者為同義詞。不過就化學的角度而言，它們之間卻有重要的區別。「合成」是指經由化學反應所得的化合物，

6　見第 4 章註 3。
7　巴斯德（1822-1895）是法國的化學家及微生物學家，有「微生物之父」的尊稱。其重要貢獻有發現酵母菌及乳酸菌、研發狂犬病及炭疽病等疫苗，並發明了「巴斯德低溫滅菌法」。

這個過程可能發生在自然界中，也可能不是。如果反應不是自然發生，那麼所得產物的化學性質必然也與其天然物無異。最好的例子就是先前提過的維生素 C（抗壞血酸）。維生素 C 可以在實驗室或工廠中合成，其化學結構與天然的維生素 C 完全相同。

「**人造**」一詞強調的是化合物的特性。通常沒有任何一種人造化合物的化學結構，和天然物完全相同，只不過彼此的特性極為相似，因此可以取代其功能。例如人工代糖與天然的糖，雖然它們的化學結構並不相同，但都帶有甜味。人造化合物一般會經過加工，因此也可說是合成的，只不過它們並不一定需要經過合成的過程，就像有些人工代糖是取自於自然界。

夏爾多內經由合成的方式所製得的夏爾多內絲（Chardonnet silk），其實是人造絲，而非合成絲（根據我們的定義，合成絲的化學性質必須與真絲完全相同）。它確實與真絲一樣柔軟且具有光澤，可惜的是，它也很易燃──這不是理想織品質料被期待的特性。夏爾多內絲是利用硝化纖維素的溶液所製成，而正如我們已知，硝化纖維素都是易燃物，依其硝化程度不同，甚至也有爆炸的危險性。

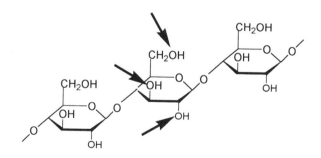

纖維素的部分結構。箭頭指出可能發生硝化反應的羥基位置。

　　夏爾多內在一八八五年為「夏爾多內絲」申請專利，並於一八九一年正式開始生產。然而，產品的易燃性註定了他的失敗。悲劇就發生在一場舞會上，一名男士意外地將雪茄菸灰彈落在舞伴身上的夏爾多內絲質洋裝，據說那件美麗的洋裝最後在煙霧與火光中化為灰燼，而那位無辜女士的命運，就沒有人知道了。這次事件與其他陸續發生的意外使得工廠不得不停止營運，但夏爾多內並未就此放棄人造絲的理想。一八九五年，他改採不同的方法，以去硝劑製造出較安全的人造纖維，可燃性也與普通的棉花不相上下。

　　另一種人造纖維則是一九○一年英格蘭的庫洛斯（Charles Cross）與貝凡（Edward Bevan）共同研發的「黏膠」，因其黏稠性高而得名。當黏膠液體通過網篩的小孔流入酸性溶液時，就會以細絲狀的「黏膠絲」（viscose silk）重現。這個製造過程後來被成立於一九一○年的美國黏膠公司（American Viscose Company）與成立於一九二一年的杜邦纖維絲公司（Du Pont Fibersilk Company，之後擴展為杜邦集團）所採用。到了一九三八年，黏膠絲的年產量已達三十億磅，都是為了滿足人們對天然絲不滅光澤的渴望。

　　黏膠的製造過程一直沿用到今天，並也成為現在所謂「嫘縈」人造纖維的主要生產方法。雖然同樣是由 β 葡萄糖單位分子組成的聚合物，但嫘縈是在張力較低的條件下生成，因此可因為結構扭轉而增加光澤。純白色的嫘縈絲和棉花一樣，可以被漂染成各種顏色，但它還是有一些缺點——嫘縈纖維吸水會沉重下垂，不像絲因其折板結構而具有彈性，所以並不適合用來製造長襪。

尼龍——創新的人造纖維

　　嫘縈纖維的缺點促使人們開發其他的替代品，因此在一九三八

年，杜邦公司創造了一種與纖維素無關的人造纖維——尼龍。在一九二〇年代晚期，杜邦公司有意把塑膠材質引進市場，於是提供無經費限制的研究機會哈佛大學的化學家卡羅瑟斯（Wallace Carothers）[8] 進行獨立研發，因此自一九二八年開始，卡羅瑟斯就在杜邦公司的新實驗室中埋首研究——當時化學工業的基礎研究，一般都是交由大學的實驗室進行，杜邦自設實驗室的做法在當時很罕見。

　　卡羅瑟斯以聚合物為他的研究主題；在那個時候，大多數化學家皆認為，聚合物就是一團由分子聚結而成的膠體（colloid）；這也是常用於攝影與夏爾多內絲的纖維素衍生物——膠棉（collodion）——名稱的由來。關於聚合物的結構，德國化學家施陶丁格（Hermann Staudinger）則提出不同看法，他認為聚合物是由超大型的巨分子所構成。在那個年代，最大的分子是由偉大的糖化學家費雪（Emil Fischer）[9] 所合成，分子量為 4200；相較之下，葡萄糖的分子量為 180，水的分子量只有 18。經過了幾年在杜邦實驗室的研究，卡羅瑟斯合成了一個分子量為 5000 的巨分子——聚酯纖維（polyester）——隨後更將分子量提高到 12000。這項成就之後也促成施陶丁格在一九五三年獲得諾貝爾化學獎。[10]

　　起初卡羅瑟斯研發出的新產品被認為具有無限的商機，因為它具有和天然絲一樣的耀眼光澤，經過漂染後也不會僵硬易脆。可惜的是，這個聚合物在熱水中會融化，在一般洗滌溶劑中也會溶解，甚至幾週後就開始分解。接下來的四年，卡羅瑟斯與他的同事努力設法解決這個問題，他們準備了各種不同的聚合物並且詳加研究，終於製造

8　卡羅瑟斯（1896-1937）三十一歲時即受聘擔任杜邦公司基礎化學研究室有機化學部的負責人，之後發明了「尼龍」，有人尊稱他為「化學纖維之父」。
9　費雪（1852-1919）為德國的有機化學專家，他以糖類和嘌呤類有機化合物的研究榮獲一九〇二年的諾貝爾化學獎。
10　施陶丁格（1881-1965）以環狀高分子化合物的研究，獲得一九五三年諾貝爾化學獎。

出另一個與真絲特性相似的人造纖維──尼龍。

　　尼龍是一種聚醯胺（polyamide），也就是說，它的聚合物單位之間是以醯胺鍵結互相連結。不同於絲的胺基酸單位分子兩端分別為酸基與胺基，卡羅瑟斯所合成的尼龍則有兩種不同的組成單位──兩端皆為胺基或兩端皆為酸基的單位分子──交錯出現於長鏈中。己二酸即是含有兩個酸基的分子：

$$HOOC-CH_2-CH_2-CH_2-CH_2-COOH$$

分子兩端含有酸基的己二酸結構。當酸基「-COOH」出現在分子左邊時，則倒寫成「HOOC-」。

或者可以簡化為：

$$HOOC-(CH_2)_4-COOH$$

簡化的己二酸結構。

另一個分子單位 1, 6- 己二胺則具有與己二酸非常相似的結構，只不過酸基都被胺基所取代了。其結構如下：

$$H_2N-CH_2-CH_2-CH_2-CH_2-CH_2-CH_2-NH_2 \qquad H_2N-(CH_2)_6-NH_2$$

1,6—己二胺的結構　　　　　　　　　　簡化的 1,6—己二胺結構

尼龍中醯胺鍵結的形成和絲中的一樣，是由單位分子末端的胺基（－NH_2）脫去氫原子，以及羧基（－COOH）脫去氫與氧的脫水反應所形成。經由這個反應所產生的醯胺鍵，如圖中所示的－ CO － NH －（或是相反方向的－ NH － CO －），即是連接兩個不同分子的主要鍵結力。同時也是基於這個關聯性（具有相同的醯胺鍵），使得尼龍

與真絲具有相似的化學特性。在合成尼龍的過程中，1,6—己二胺的兩個胺基末端皆可與不同分子的酸基反應而形成鍵結。而由此兩種不同分子交錯加諸彼此末端的反應，則能使尼龍分子鏈不斷地延伸加長。卡羅瑟斯以這種方法合成的尼龍稱為「尼龍 66」，因為其中每個組成單位皆含有六個碳原子。

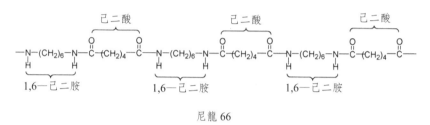

尼龍 66

　　一九三八年，含尼龍刷毛的牙刷上市，這是第一個上市的尼龍商品。隔年，尼龍襪也問世了。尼龍具有絲的優點，比方說它不會像棉一樣容易鬆垮變形，也不會像嫘縈纖維那麼易縐，而且價格比真絲更便宜，因此使得尼龍在襪類市場上大獲成功。在尼龍被引進商業市場的第一年內，就有大約六千四百萬雙的尼龍襪被生產販賣，而這個產品所引起的廣大迴響，也使得「尼龍」幾乎成為女襪的同義詞。由於具有強韌、耐用與輕薄的特性，尼龍也很快地被用來開發其他產品，例如釣魚線和漁網、網球拍線、羽球拍線、外科手術縫線，以及電線的外絕緣層等。

　　第二次世界大戰期間，杜邦公司的主要生產線從襪類所需的細纖維改為軍用品常用到的粗纖維，舉凡輪胎簾子線（tire cord）、蚊帳、氣象探測氣球、繩索以及其他軍事用品，皆以尼龍為主要材質；在飛行方面，尼龍也被用來代替絲質的降落傘幕。大戰結束之後，這些尼龍工廠很快地又回頭生產一般民眾所需的日常用品。到了一九五〇年代，尼龍的應用已推廣到衣物、滑雪用品、地毯、家飾和船帆等

等，內容可說是無所不包。此外，堅韌的尼龍足以取代金屬作為鑄模的最佳材料，第一個「工程塑膠」（engineering plastic）也因而誕生；一九五三年，單單這方面用途的尼龍產量就高達上千萬磅。

不過，令人遺憾的是，卡羅瑟斯飽受憂鬱症所苦，而且每況愈下，並於一九三七年以氰化物結束自己的一生，未能親睹尼龍所引領的熱潮。卡羅瑟斯或許沒有想到，他的發明會在未來的世界中大放異彩。

＊　＊　＊　＊　＊　＊　＊　＊　＊

絲與尼龍給後世帶來的影響很相似，這不是因為它們的化學結構很像，也不是因為它們都很適合用來製造襪類和降落傘，而是這兩個聚合物都對於所處時代的經濟繁榮功不可沒。人們對於絲的需求不僅開啟了全球貿易模式與新型貿易協定，促成了絲產地與交易地的發展，同時也助長了漂染、紡織、編織等養蠶業周邊事業的興盛。絲不只為這個世界帶來可觀的財富，也創造了歷史。

絲與絲織品刺激了亞洲與歐洲這幾個世紀在衣物、家飾與藝術方面的時尚潮流，尼龍的開發應用以及其他現代材質的大量引進，也深深影響整個世界。從最早以動物皮毛或植物纖維當成衣物的材料，時至今日，許多織品都是來自於煉油的副產品。石油顯然取代了絲的地位，成為不可或缺的日常商品。而正如同絲一般，人類對於石油的需求也再次開啟了全新的貿易模式，促成新型貿易的出現，刺激城市的發展與建立，提供了新的工作機會，創造了更多財富，也再一次改變了世界的面貌。

7

酚

第一個人工製造出來的聚合物，比杜邦公司所研發出來的尼龍還早二十五年出現，它是由一種與「大發現時代」的香料具有相似結構的化合物，經由隨機形成的交錯鍵結而來。這個化合物就是「酚」，它不僅開啟了所謂的「塑膠時代」（Age of Plastics），還廣泛地出現在外科手術、拯救大象免於滅絕的行動、攝影，以及香草植物上。在許多攸關歷史發展的發明中，「酚」都扮演著舉足輕重的重要角色。

無菌手術

如果將時間推回到一八六〇年代，想必沒有人願意待在醫院裡——尤其最不希望自己是需要動手術的病

患。醫院的環境總是相當陰暗又骯髒，空氣也不流通，病床的床單幾乎從不更換，使用過後不經消毒就繼續讓下一位住院者使用，手術室裡也常常傳出因長蛆化膿而令人反胃的惡臭。同樣嚇人的還有醫院裡因細菌感染所造成的高死亡率！有 40% 的外科手術病患死於這種環境因素所引起的「醫院病」，而軍醫院的「醫院病」死亡率更高達70% ！

　　儘管自一八六四年底已開始使用麻醉藥品，但若不是情非得已，大多數病患仍不願接受外科手術的治療。由於手術過後傷口很容易遭細菌感染，因此醫生會讓手術傷口朝下懸於地面，以利排出膿汁。膿汁排出通常被視為好的術後現象，就算可能感染細菌，也僅侷限於傷口周圍，不會侵害到身體的其他部分。

　　當然，現在我們已經知道為什麼「醫院病」那麼普遍而且死亡率高。它其實是由多種細菌導致的疾病群，起因是在衛生條件不佳的醫院裡，病患相互傳染所致，甚至是經醫生傳染給他所醫護的病人。當「醫院病」開始盛行時，手術室通常會關閉，醫師會把留置的病患疏散到安全的地方，並以硫磺蠟燭蒸燻消毒可能遭到感染的環境，將牆面重新刷白，再徹底擦洗所有地板。「醫院病」在這樣繁複的清潔程序之後可望獲得控制，直到下一次的危機來臨。

　　有些外科醫師認為用冷卻的沸水來擦拭環境，可以保持潔淨；然而，有些則支持當時所謂的「瘴氣理論」（miasma theory），認為致病因來自排水溝和汙水管所產生的有毒氣體，一旦散逸到空氣中就會藉由空氣傳染給其他人。在當時，「瘴氣理論」聽起來相當合理，因為從水管和下水道傳來的惡臭，聞起來就像手術室裡傷口化膿所產生的腐敗氣味，進一步也可解釋在家裡接受治療的病患，通常可以完全躲過被感染的命運。於是，像是麝香草酚（thymol）、水楊酸（salicylic acid）、二氧化碳氣體、苦味酒（bitters）、生胡蘿蔔敷料、

硫酸鋅和硼酸等各種抑制瘴氣的方法，也應運而生。然而，上述方法
就算有成功的例子，也只是偶然，不保證每一次都會奏效。

那時正是外科醫生李斯特（Joseph Lister）行醫的年代。李斯特
生於一八二七年英國約克郡的一個貴格會（Quaker）[1]家庭，他在倫
敦大學完成醫學學位後，一八六一年順利成為格拉斯哥皇家醫院
（Royal Infirmary）的外科醫師以及格拉斯哥大學（University of
Glasgow）的外科教授。儘管皇家醫院有獨立的外科診療區，但是「醫
院病」的問題仍然相當嚴重。

李斯特認為「醫院病」的致病因並非是有毒氣體，而是空氣中
某種肉眼無法看見的微小物質。當他讀到一篇名為〈細菌致病論〉
（The Germ Theory of Diseases）的研究報告時，他當下發覺這個理論
與自己的想法不謀而合。這份報告是由法國北部里耳大學的化學教授
巴斯德[2]所著，巴斯德同時也是發明「夏爾多內絲」的夏爾多內之良
師益友。一八六四年，巴斯德曾在巴黎的索邦大學（University de
Sorbonne）向一群科學家展示酒和牛奶的發酵實驗，他認為那些肉眼
看不見的細菌無所不在，而且他的實驗也證實了這種微生物可經由煮
沸法消滅。巴斯德的這項發現後來演變成牛奶及其他食品的消毒技
術，也就是所謂的「巴斯德滅菌法」。

由於煮沸消毒法無法直接運用在外科病患身上，因此李斯特積
極尋求其他的滅菌方式。首先他從煤焦油中萃取出石炭酸（或稱為苯
酚）來進行試驗。石炭酸長久以來被用來清潔遭到汙染的水管和外科
手術室，只是效果不彰。即便如此，李斯特仍不改初衷地繼續進行各

---

1 貴格會又稱「教友派」或「公誼會」，是基督教新教的一個派別，一六四七年發源於
　英國。該教派反對任何形式的戰爭與暴力，主張和平主義與宗教自由，並堅決反對奴
　隸制，在美國南北戰爭前後的廢奴運動中角色活躍。
2 巴斯德為「微生物之父」。詳見第六章註 6。

項試驗,直到他在一名到皇家醫院治療複合性腳骨折的男童身上獲得了成功的經驗。相較於單純性骨折不需經侵入性手術就可固定痊癒,複合性骨折顯得相當棘手,斷骨經常會刺穿皮膚造成細菌感染,截肢通常是無可避免的結局,病患甚至會因無法控制的感染而喪命。

李斯特以沾有石炭酸溶液的絨布仔細清潔男童骨折的患部,然後用浸泡過石炭酸溶液的亞麻布敷裹傷口,外加一層防止水分蒸乾的金屬薄片,沿著傷肢包紮固定。男童的傷口逐漸結痂且癒合迅速,復原期間也未曾受到任何感染。

其他病人可能僥倖逃過「醫院病」的荼毒,然而,李斯特採取的卻是積極預防的作為,成功地抑制了細菌感染。之後李斯特又以相同方法成功治癒一些複合式骨折的病患,這也使得他更加確信石炭酸溶液的效果。到了一八六七年八月,李斯特把石炭酸當成消毒劑,廣泛應用於所有的手術程序,而不再只當成手術後的外傷敷料使用。接下來的十多年,李斯特致力於改善這種消毒技術,也逐漸說服了許多原先堅持「看不見的,就不存在」的同業。

李斯特用來萃取石炭酸溶液的煤焦油,是十九世紀煤氣照明系統下的廢料。一八一四年,英國國家光與熱能公司(The National Light and Heat Company)在倫敦市西敏區安裝了第一盞煤氣燈後,其他城市也陸續採用這種照明。煤氣是煤經過高溫加熱產生的可燃混合物,其成分約含有 50% 的氫、35% 的甲烷,以及少量的一氧化碳、乙烯、乙炔,和其他的有機化合物。煤氣從製造廠生產後,經由區域管線運送到各個家庭、工廠和街燈使用。當煤氣的使用量日益增加,煤炭汽化過程所產生的煤焦油廢料問題也逐漸浮上檯面。

煤焦油是一種具有刺激性氣味的黑色黏稠狀液體,之後被證實含有多種重要的芳香族分子。當二十世紀初含量豐富的甲烷天然氣開始被使用,人們對於煤炭氣化的需求才逐漸減低。由李斯特率先使用

的天然石炭酸是煤焦油在 170℃ 至 230℃ 高溫蒸餾下的混合產物,它是一種深色、氣味強烈且會侵蝕皮膚的油狀物質。經過不斷的試驗與努力,李斯特從石炭酸的白色純結晶中取得了其主要成分——酚。

酚

酚是一種簡單的芳香族分子,其苯環上有一個羥基(－ OH)。酚具有某種程度的水溶性,並可溶於油脂。李斯特利用酚的這些特性發展出「酚油敷料」(carbolic putty poultice),它是由酚、亞麻子油,以及磨碎的白堊(whitening)[3] 混合而成。這種塗抹於錫箔紙上的糊狀物可以敷在傷口上,作用類似結痂,可在傷口處形成一道隔絕細菌的屏障。另外,通常還會以 1:20 ～ 40 的酚、水比例調成稀釋溶液,用以清潔患部周圍的皮膚、手術儀器、醫師的雙手,並於手術中噴灑於切開的傷口,以達到滅菌效果。

　　儘管病患良好的復原狀況間接證實了石炭酸的功效,但李斯特對於外科手術的消毒狀況仍不滿意。他認為每一顆灰塵粒子都帶有細菌,為了防止手術過程遭到汙染,他研發出一種可持續噴灑石炭酸溶液的機器,藉此確保整個手術環境的安全。其實,空氣帶菌的問題遠不如李斯特想像得嚴重,真正的問題在於那些未徹底執行消毒程序的醫師和實習生身上;細菌可能來自於他們的嘴巴、頭髮、皮膚、鼻子和衣服。不過現在規定進出手術室必須使用消毒口罩、頭套、手術

3　白堊是一種以碳酸鈣為主要成分的石灰岩。

衣、隔離簾以及乳膠手套，因此這個問題已獲得解決。

　　李斯特的噴灑殺菌設備確實避免了手術過程遭到微生物汙染的可能，不過它卻對外科醫師或者手術室中的其他人有害。酚是一種有毒物質，即使接觸的是經過稀釋的酚溶液也會造成皮膚變色、龜裂與麻痺，吸入的話則會致病，因此許多醫生拒絕在酚霧噴灑時進行手術。雖然如此，李斯特將酚應用在無菌手術上的成效仍有目共睹，到了一八七八年左右，全世界都已普遍採用這種消毒方法。不過由於酚具有毒性且會侵蝕皮膚，因此現在我們很少用它來滅菌，而改用其他新發展出來的殺菌劑。

變化多端的酚

　　「酚」這個字並不單是李斯特的滅菌分子，同時也泛指苯環上直接接有一個羥基（−OH）的相關化合物。照這樣說起來，酚的種類千變萬化，不過我們現在稱之為「酚」的化合物其實只有一個（即單單含有一個 OH 連接於苯環上的酚）。許多人造的酚產物因為具有抗菌的特性，而在今日被當成消毒劑使用，例如三氯酚與己基間二酚[4]。

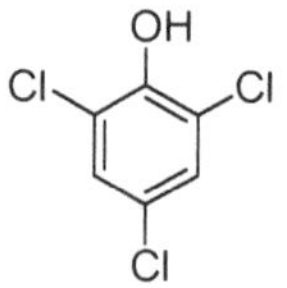

三氯酚 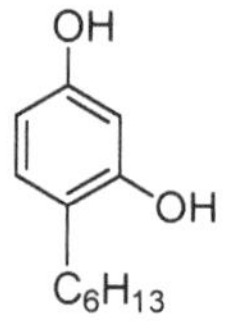　　　　　　　己基間二酚

4　審註：己基間二酚為除鉤蟲的藥物，鮮少用於消毒。

至於原先被用來作為染料的苦味酸（尤其是用於絲綢布料的漂染），隨後被大英帝國運用於波爾戰役與第一次世界大戰初期，它其實也是具有三個硝基的酚類衍生物，具有高度的爆炸性。

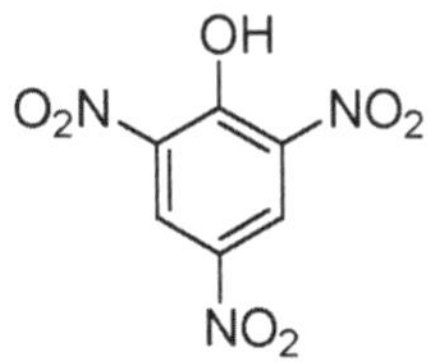

苦味酸（即三硝基酚）

自然界中也有許多天然的酚都可被歸於酚類，比方說辣椒素與薑油酮這些辛辣分子。其他如丁香中的丁香酚與肉荳蔻中的異丁香酚等香料分子，顧名思義也屬於同一家族。

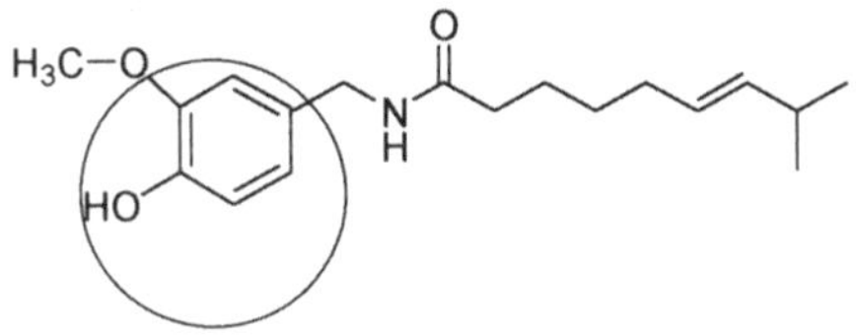

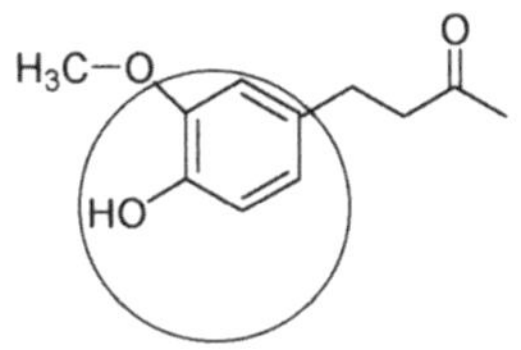

辣椒素　　（圈起的部分結構為酚）　　薑油酮

另外，現在我們經常使用的香料香草（vanilla），其活性成分香草醛（vanillin）也是一種酚類，結構與丁香酚和異丁香酚非常類似。

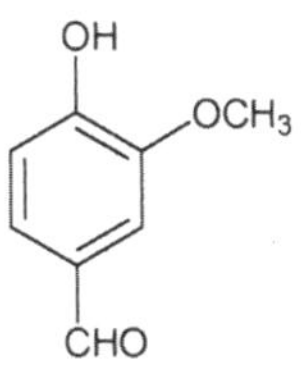

香草醛 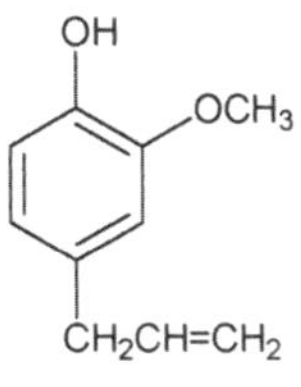　　　　　丁香酚 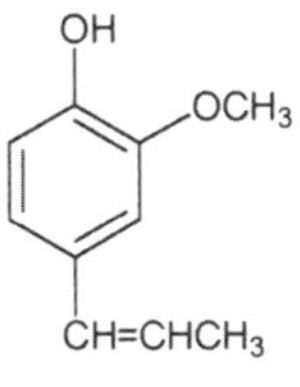　　　　　異丁香酚

　　香草醛存在於香草或香草蘭（Vanilla planifolia）[5] 的發酵乾燥豆莢中，這些植物原產於西印度和中美洲，不過今天已遍及世界各地。市面上販售的香草豆就是來自這些細長的芳香豆莢，其中至多含有2%的香草醛。儲存在橡木桶中的酒之所以愈陳愈香，就是由於木材所釋出的香草醛分子使然。香草醛可以和可可混合製成巧克力，也常添加於冰淇淋、果醬、糖漿、蛋糕等食品中，就連香水也常常含有這種成分，這都是因為香草醛那獨特又令人飄然欲醉的香氣！

　　我們到今天才逐漸了解天然酚族的獨特性質。從印度的麻類植物 Cannabis sativa 所發現的「四氫大麻酚」（tetrahydrocannabinol，或 THC）是大麻的活性成分。大麻的莖纖維很堅韌，可用來做繩索或者粗布，再加上某些大麻植物中 THC 分子具有令人飄然陶醉、產生幻覺以及鎮靜的特性，因此已被人們栽種了好幾個世紀。某些大麻品種幾乎整株植物都含 THC 分子，不過通常主要還是集中在雌花苞中。在某些國家與地區，大麻現在已可合法用於治療癌症或愛滋病患的噁心、疼痛、食慾不振等症狀。

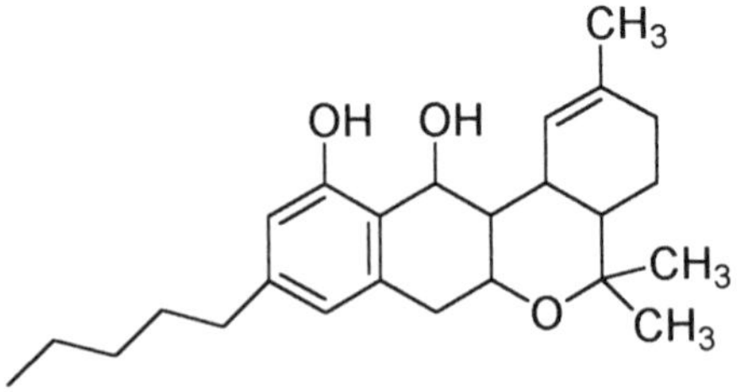

大麻的活性成分——四氫大麻酚。

　　天然酚類的苯環上通常有兩個或兩個以上的羥基，例如有毒的棉子酚（gossypol），其苯環上的羥基達六個之多，屬於多酚類。從棉花種

5　香草蘭又稱「香莢蘭」，是製作香草冰淇淋的原料；而香草植物泛指任何具有特殊香味的植物，香草蘭即為其一。

子萃取出來的棉子酚可有效抑制男性製造精蟲，因此曾被考慮作為控
制男性生育的化學藥劑；這種避孕藥物對社會的貢獻是很顯著的。

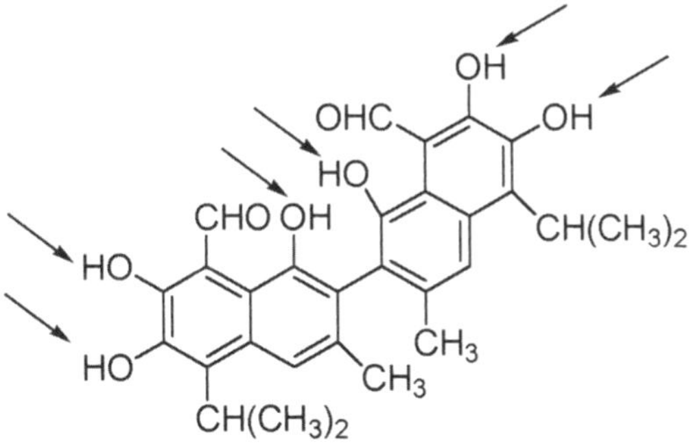

棉子酚的結構。箭頭指出六個羥基的位置。

另一個稱為 epigallocatechin-3-gallate（EGCG）的綠茶成分含有更多
的羥基，近年來這個分子因為被認為具有抗癌效果而聲名大噪。還有
一些研究也指出，紅酒中的多酚化合物可抑制動脈硬化的發生；這或
許可以解釋那些每年喝掉大量紅酒的國家，儘管吃的都是奶油、起司
和高動物性脂肪的食物，但他們罹患心臟病的比率卻偏低。

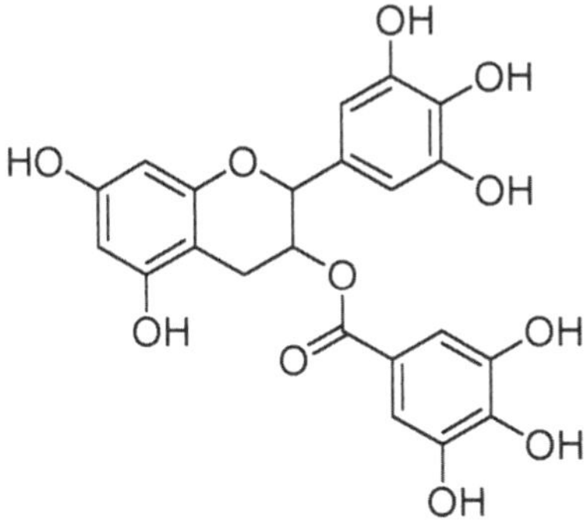

綠茶中的 epigallocatechin-3-gallate 分子，其化學結構含有八個羥基。

塑膠的應用

　　酚的眾多衍生物帶給我們各種不同的利用價值，然而，影響世界最劇烈的主要還是最原始的「酚」。就像酚之於無菌手術的廣大效用與普遍迴響，它也在許多其他新興工業中扮演重要的角色。大約就在李斯特進行石炭酸實驗的時代，人們開始利用象牙製成各種的工藝品，包括梳子、餐具、鈕釦、盒子、棋子和琴鍵等等。由於人們對工藝品的需求日益增加，愈來愈多大象因此遭到殺害，象牙的價格也逐漸上漲。大象數目減少的問題在美國引起廣大注意，不過並非是基於現在我們所持的生態保育理由，而是因為一項盛行於當時的新興活動——撞球。撞球若要精準地滾動，必須採用品質優良的象牙來製作，而且只取最中間的精華部分；通常每五十隻象牙中，只有一隻符合這樣的標準。

　　在十九世紀的最後十年，由於象牙供不應求，於是人們開始萌發尋求替代品的想法。第一顆人造撞球是將木屑、動物骨粉與可溶性棉漿的混合物壓製成形，球體外再塗上一層硬樹脂而得的。硬樹脂的主要成分是纖維素，通常是經過硝化的纖維素。之後，由更精緻的纖維素聚合物所製成的「賽璐珞」撞球也問世了。賽璐珞的密度與硬度可在生產過程中調控，它是第一個具有「**熱塑性**」（thermoplastic）的物質；意思是說，這種物質遇熱會熔化，可藉由鑄模機器加以塑形並重製，不但成本低，而且製作過程非常容易，即使是技術不熟練的勞工也能輕易操作。

　　纖維素聚合物的主要問題在於它們的易燃性，如果含有硝化纖維素的成分，還可能引起爆炸。雖說從未有因為撞球而引起的爆炸意外，但賽璐珞商品確實會引來安全上的顧慮。早期的電影工業使用從硝化纖維合成的賽璐珞聚合物為底片材料，並於其中加入樟腦以增強

它的延展性。這種潛藏危險的材料終於在一八九七年的巴黎引發了悲劇，一場自放映室開始延燒的戲院大火奪去了一百二十多條人命。為避免類似意外再度發生，於是人們在放映室的內牆貼上鋅條，以避免失火時火勢向外蔓延；然而，這樣的防範措施卻犧牲了放映師的安全。

在一九〇〇年代初期，一名移民美國的比利時青年貝克蘭（Leo Baekeland）首先研發出完全由人工合成的塑料，也就是現在我們所謂的「塑膠」。相較於之前聚合物或多或少都含有天然纖維素的成分，貝克蘭的發明確實具有革命性的意義——人類文明從此步入了所謂的「塑膠時代」。聰明又極富發明創意的貝克蘭在二十一歲時就已取得比利時根特大學（University of Ghent）的博士學位，他大可安穩地繼續他的學術生涯，但他卻選擇移居新大陸，因為他相信，在那裡他將更有機會開創出一片屬於自己的發明天地。

貝克蘭在新大陸的生活起初並不順遂，他努力了幾年發明出一些化學產品，但仍無法改變他在一八九三年宣告破產的命運。走投無路之下，貝克蘭找上伊士曼‧柯達（Eastman Kodak）相片公司的創辦人伊士曼（George Eastman），並向他介紹一種自己所發明的新相紙。這種相紙是以氯化銀為感光乳劑，不但可以替代傳統沖洗與加熱的繁複顯影程序，還可以藉曝光於人造燈光（如一八九〇年代的煤氣燈）來加強感光度。有了這種相紙，攝影玩家可簡單快速地在家裡沖印欣賞自己的攝影作品，或是送到逐漸遍布全國的新技術處理實驗室。

貝克蘭在搭火車前往會見伊士曼的途中，他心想他的發明可以大大改善以賽璐珞為相紙材料的失火危險性，因此盤算著將開價五萬美元，若不被接受，最低則以兩萬五千美元為底限；這個數目在當時來說仍是一個天文數字。會面之後，伊士曼十分驚異於貝克蘭的新相紙，二話不說就以遠超過貝克蘭預期的七十五萬美元敲定這樁買賣。

又驚又喜的貝克蘭欣然接受了這項交易，並利用這筆錢在自宅旁為自己蓋了一座專屬實驗室。

貝克蘭的財務危機獲得解決之後，他開始將研究重心轉移到發明合成的「蟲漆」（shellac）[6]。蟲漆是從原產於東南亞一種名為「膠蟲」（*Laccifer lacca*）的母甲蟲分泌物萃取而得的物質。這種甲蟲附著於樹上吸取樹汁，並會用它們的分泌物包裹住身體。生殖季節過後，這些甲蟲便會一一死去，而人類就藉由採收並熔化這些甲蟲殼（蟲漆的原文「shellac」便是由「shell」〔殼〕來的），濾掉蟲屍之後的液體就是「蟲漆」。其製作過程非常繁瑣，一磅蟲漆大概需要耗費一萬五千隻甲蟲和六個月的時間才能生產出來。所幸蟲漆多半只用於塗抹在金屬或木製品的外層，因此用量不多，一般來說價格也還算合理。不過到了二十世紀初期，隨著電氣工業的繁榮興盛，蟲漆的需求量也與日俱增。以蟲漆來製作電線外包的絕緣體所費不貲，即使是使用浸泡過蟲漆的紙類代替，要價仍高得嚇人。貝克蘭於是了解到，如果能製造出人造蟲漆，將可在市場上大發利市。

貝克蘭實驗的第一步驟是利用酚與甲醛進行混合反應；酚即是李斯特成功改善手術環境所運用的分子，甲醛則是甲醇（或木精）的衍生物，當時的主要用途為殯葬業的遺體保存劑或製作動物標本的防腐劑。

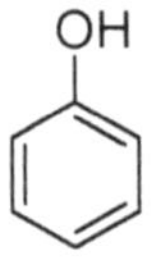

OH

酚

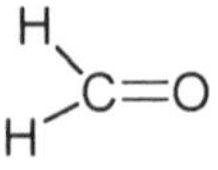

H
 C=O
H

甲醛

6　蟲漆是一種淨化樹脂，通常用來油漆木門、木製家具、木船和小提琴與吉他之類的樂器。

之前的類似實驗結果往往令人失望，因為這兩個化合物的反應過程相當迅速且難以控制，得到的產物雖然不會溶解也不會熔化，但質地卻易脆且彈性不佳，因此無法作為蟲漆的替代品。貝克蘭認為，只要能控制反應過程，就可以製造出合適的合成蟲漆來作為電子絕緣體的材料。

　　一九〇七年，貝克蘭藉由控制反應過程的溫度和壓力得到一種液體，這種液體能在鑄模內迅速硬化成琥珀色的透明固體。貝克蘭將這種新物質稱為「**電木**」（Bakelite），並且將那類似壓力鍋的裝置稱為「Bakelizer」。貝克蘭以自己的名字為這些產品取名，不免有自我推銷之嫌，不過單單這個實驗就花了他五年的時間，這麼做也不為過。

　　不像蟲漆遇熱會變形，電木在高溫下還是能保持原來的形狀，一旦塑形後就無法熔化重造。因此，電木是一種「**熱固性**」（thermoset）物質；也就是說，熱固性物質的形狀是不會改變的，與賽璐珞的熱塑性恰恰相反。這種酚類樹脂（電木）獨特的熱固性，其實與其化學結構有關。電木中的甲醛可與酚在苯環上三個不同部位發生反應，形成聚合鏈之間的交錯鍵結。而電木的硬度，就是來自於與堅硬的平板狀苯環間，所形成的交錯鍵結。

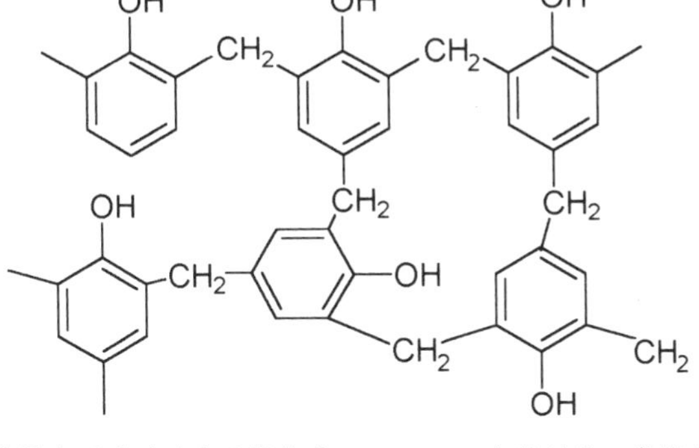

電木的結構，由圖中可看到酚分子間的「－ CH_2 －」交錯鍵結。實際上交錯鍵結是隨機形成，圖中顯示的僅為可能的排列方法之一。

　　就電子絕緣體來說，電木是所有材料中再適合不過的選擇，它不但比蟲漆或混合了蟲漆的紙模更耐熱，也比陶類或玻璃絕緣體更堅硬且不易碎，同時其電阻也比瓷類或雲母更佳。電木不會受到太陽、水、含鹽分的空氣或臭氧影響，而且也不會被酸或者其他溶劑侵蝕。總而言之，電木具有不易斷裂、不易剝落、不易脫色或褪色，也難以燃燒的特性。

　　雖然貝克蘭發明電木的動機與撞球無關，但最後電木被當成製作撞球最理想的材料。電木的彈性與象牙非常類似，而且以電木製成的撞球，在碰撞時會發出與象牙撞球相同的清脆聲響；這點是賽璐珞撞球所缺乏的。到了一九一二年，撞球的材質幾乎只有象牙與電木兩種選擇。之後不出幾年的時間，電木產品幾乎無所不在，舉凡原子筆、眼鏡、煙斗柄、抽屜、電話、收音機、照相機、傢俱、洗衣機攪拌棒、廚房設備、碗碟、衛浴用品、汽車零件，甚至藝術品和裝飾品，都是以電木為材料。即使今天許多其他的酚類樹脂已取代最初的棕色材質，但電木仍不愧為「萬用材料」。後來陸續問世的樹脂多半為無色，很容易藉由染色程序來上色。

調味用的酚

　　人造電木的發明，並非是天然來源不足而使市場供不應求所促成的唯一例子，香草醛的市場需求量，也遠遠高於香草蘭植物所能供應，合成的香草醛於是誕生，其來源更是讓人驚訝──製紙過程中，木漿經亞硫酸鹽處理後所產生的廢棄漿溶液。這些廢棄溶液的主要成分為木質素（lignin），是一種存在於陸生植物細胞壁中的物質，它讓植物得以挺立，約佔木材淨重的 25％。木質素並非一種單一的化合物，而是不同的酚單位分子經多樣化交錯鍵結，所形成的聚合物。

　　針葉木（軟木）和落葉木（硬木）的木質素並不相同。和電木一樣，木材的硬度取決於木質素中酚單位分子間的交錯鍵結。硬木結構中，酚的苯環上有三處被側基團取代，因此可形成較多的交錯鍵結；這也是為什麼落葉木比針葉木來得堅硬的原因。

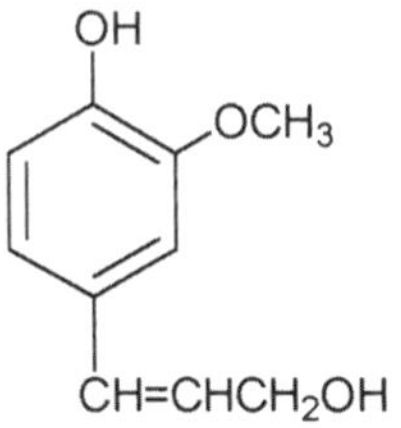

軟木或硬木的單位構造
（酚的苯環上有兩處被取代）

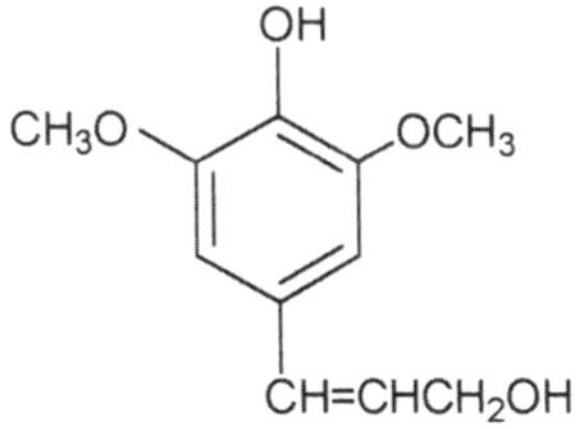

硬木的單位構造
（酚的苯環上有三處被取代）

下圖呈現出木質素單位分子間的交錯鍵結，其構造和電木非常相似。

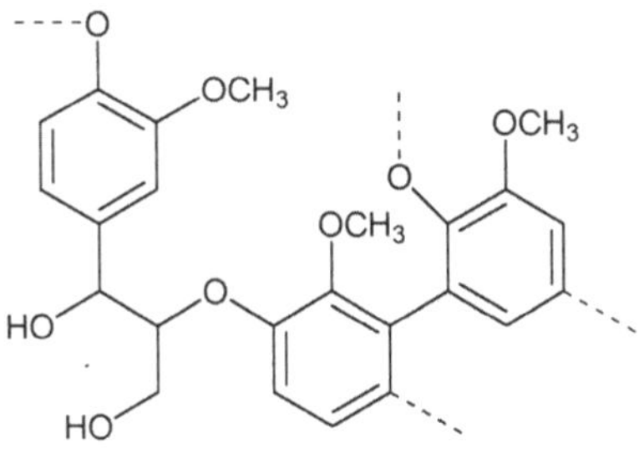

木質素

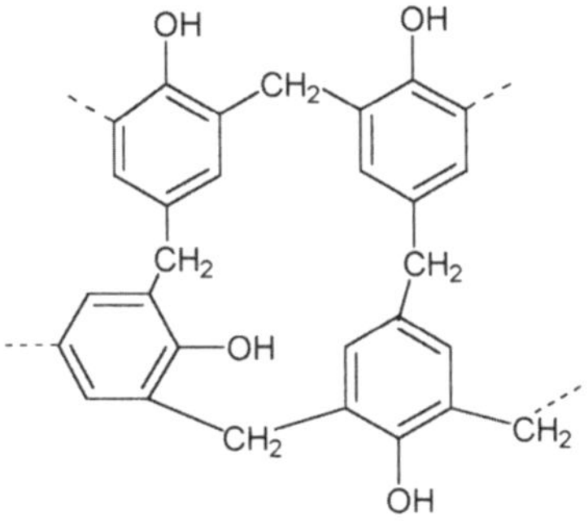

電木

（虛線指出可與其餘分子形成鍵結的位置）

此外，下圖中圈起的木質素部分結構，也和香草醛分子極為類似，因此只要控制得當，木質素分解後就可以得到香草醛。

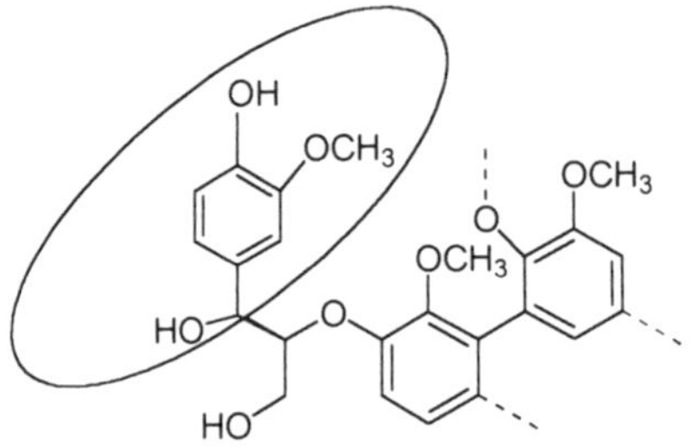

木質素（圈起的部分與香草醛十分相似） 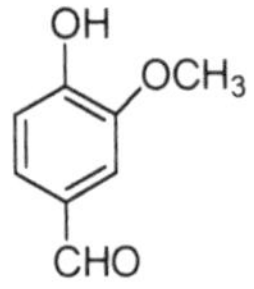　　　　　　　香草醛

合成的香草醛並非只是天然香草醛的化學複製品，它的原料同樣取自於天然，其化學性質也與從香草豆中萃取出的香草醛完全相同。只是香草豆還含有微量的其他分子，因此兩者的味道會有些微不同。而含有合成香草醛的人工香草，通常也會添加焦糖來作為著色劑。

　　聽起來或許有點奇怪，香草與石炭酸中也有的酚分子竟存在某種化學關聯性！受到長時間高壓與適當溫度的影響，植物（當然也包括木質纖維中的木質素與植物的主要成分纖維素）腐爛後會分解為煤。在加熱煤以得到家庭或工廠所需之煤氣燃料的過程中，我們可以得到一種具刺激氣味的黑色黏稠液體；這個液體就是煤焦油，也是李斯特藉以取得石炭酸的原料。因此我們可以說，李斯特的殺菌酚，其實是由木質素衍生來的。

＊　＊　＊　＊　＊　＊　＊　＊　＊　＊

　　酚是最早被用於外科手術的消毒劑，它降低了手術中病人遭到細菌感染致死的可能性，也因此改變了成千上萬名意外或戰爭倖存者的命運。沒有酚和之後陸續出現的消毒劑，就沒有心臟手術、髖關節更換手術、器官移植、神經外科手術與顯微修補手術等驚人的現代醫

學成就。

之後，伊士曼集團因投資貝克蘭發明的相紙，因此得以在一九〇〇年推出品質更好的底片，以及一種稱為「柯達‧布朗尼」（Kodak Brownie）的平價相機；這種相機在當時售價僅一美元，幾乎人人都負擔得起，於是原本專屬有錢人的攝影活動從此開始平民化。伊士曼的投資也間接刺激了以酚為發展原料的「塑膠時代」，因為他以天價買下貝克蘭的相紙，貝克蘭才有資本研發出現代工業社會普遍使用的電子絕緣體——電木。

酚為我們的生活創造了很多大進步，例如無菌手術、塑膠，和爆炸物的發明；酚也為我們的生活帶來許多小改變，例如有益健康的分子、辛辣食物、自然染料，以及隨手可得的香草醛。有這麼多的變化形式，可以預見，酚將會繼續改造人類的歷史。

8

橡膠

如果汽車、貨車與飛機沒有輪胎，或是引擎沒有橡皮墊圈與風扇皮帶、衣服沒有彈性、鞋底無法防水，你能想像這個世界會變成什麼樣子嗎？如果連日常實用的橡皮筋都不存在的話，我們的生活又會發生什麼變化呢？

橡膠與橡膠製品在現代社會中相當普遍，以至於我們從來沒有認真思考過橡膠到底是什麼，以及它如何改變我們的生活。橡膠在人類歷史中存在了數百年之久，不過它真正成為日常生活的必需品，卻是在距今僅約一個半世紀以前。同樣地，橡膠的特性來自它的化學結構，而其經過加工製造的各種變化形式，不但創造了許多財富，也讓許多人因此喪生，更永遠改變了整個世界的面貌。

橡膠的起源

橡膠產品其實早就在中南美洲出現,最早是被亞馬遜盆地的印地安部落使用在裝飾與實用的用途上。在墨西哥維拉克魯斯(Veracruz)附近的中美洲考古遺址中,曾發現年代約西元前一千六百到一千兩百年左右的橡膠球古物。當哥倫布在一四九五年第二次前往新大陸的旅程中,他在伊斯巴紐拉島上看見印第安人在玩一種由植物橡膠製成的彈性球。他記錄這種球「比西班牙的充氣球還要好」。他所謂的充氣球,大概是指西班牙球賽中,以動物膀胱灌氣而成的比賽用球。哥倫布於是將這種新材料帶回歐洲,之後相繼也有旅人把這種物質帶入美洲新大陸。可惜的是,雖然這種橡皮乳膠在歐洲的確成為一種新奇的玩意兒,但是它在炎熱的夏天會散發異味並沾黏成一團,冬天來臨時又會變得堅硬易脆。

首先對這個新物質展開研究的是一位名叫拉康達明(Charles-Marie de La Condamine)[1]的法國人,有人說他是數學家、地理學家、天文學家,同時也是喜好冒險的探險家,他曾被法國科學學院(French Academy of Science)派到祕魯一帶進行測量子午線的工作,藉由比較地球兩極間與赤道直徑的距離,確認地球到底是不是稍微扁平的球體。任務完成之後,拉康達明趁機前往南美叢林探險,當他在一七三五年返回巴黎時,順道帶回了幾球從「哭泣之樹」(當地的一種橡膠樹)取得的橡膠樹脂。他曾經觀察到,厄瓜多的印第安人將收集來的白色黏稠橡膠液倒入各種鑄模中加熱,以塑造各種容器、球體、帽子,甚至靴子等用品。不幸的是,拉康達明的生橡膠液由於沒

---

1 拉康達明(1701-1774)於一七三六年把橡膠製品與相關資料從祕魯帶回法國,並出版了一本《南美洲內地旅行紀事》,詳細介紹橡膠產地、採集乳膠的方法,以及橡膠製品的製作過程,引起了人們對橡膠的重視和興趣。

有經過煙燻的凝結過程，以至於在運回歐洲的途中逐漸揮發，最後只剩下毫無用處的惡臭團塊。

乳膠（latex）是天然橡膠溶於水後所形成的乳濁膠狀液，許多熱帶樹種和灌木都會生產這種乳膠，包括一種學名為 *Ficus elastica* 的盆栽植物「印度橡膠樹」。在今日墨西哥的部分地區，仍有許多人以傳統方式採收學名為 *Castilla elastica* 的野生橡樹乳膠。生長範圍廣泛的大戟屬植物（*Euphorbia*，例如牛奶草〔mileweed〕和甘遂樹〔spurge〕）可製造乳膠，舉凡大家再熟悉不過的聖誕紅、沙漠裡類似仙人掌的多汁植物、落葉的常綠灌木，以及一種產於北美地區且生長快速的多年生大戟「山頂之雪」等，都是其家族成員。另一種生長在美國南部與墨西哥北部地區，學名為 *Parthenium argentatum* 的灌木（即「銀膠菊」），也能生產大量的天然橡膠。另外，既非熱帶植物也並不屬於大戟屬的蒲公英，也是不可忽視的乳膠生產者之一。如果要比較單一植物的天然橡膠產量的話，那麼優勝者則非產於巴西亞馬遜流域、學名為 *Hevea brasiliensis* 的「巴西橡膠樹」莫屬。

順式與反式的化學結構

然橡膠是由異戊二烯（isoprene）組成的聚合物。異戊二烯只含有五個碳原子，是所有天然聚合物中最小的單位分子，也因此使得橡膠成為結構最簡單的天然聚合物。第一個有關橡膠化學結構的實驗，是由偉大的英國化學家法拉第（Michael Faraday）所進行；雖然現在我們視法拉第為物理學家更勝於化學家，但他卻認為自己是「自然哲學家」（natural philosopher），因為在他的年代，化學與物理之間的界線並不明確。雖說法拉第最為人所稱道的是在電學、磁學與光學上的物理發現，然而他對化學領域的貢獻也相當耀眼，包括他在一八二

六年決定了「橡膠的分子式為 C_5H_8 的倍數」。

到了一八三五年，異戊二烯可以從橡膠中蒸餾出來，因此人們推斷橡膠是由異戊二烯單位分子組成的聚合物。幾年之後，這種說法被驗證了。異戊二烯的結構式通常以中間相鄰兩個碳上各含有一個雙鍵的形式呈現。

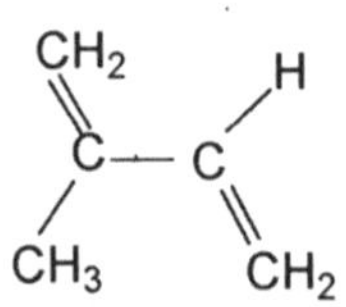

不過由於單鍵可以任意旋轉，因此繞著單鍵旋轉而產生的各種可能分子，其實都代表同樣的化合物。

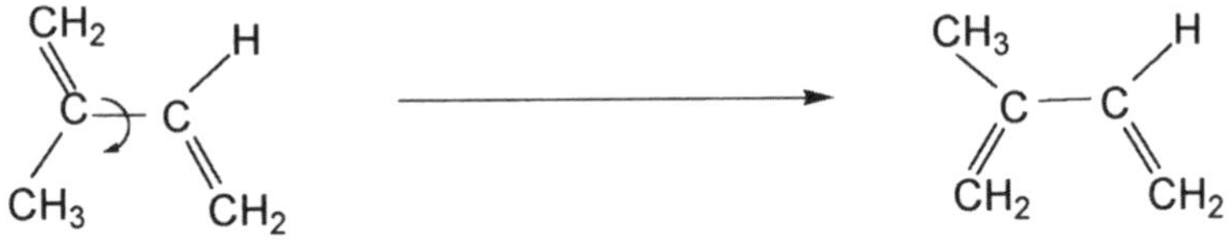

天然橡膠是藉由一個異戊二烯的末端，連接另一個異戊二烯的方式形成的，所產生的是順式雙鍵結構。相較於單鍵來說，由於雙鍵沒有自由旋轉的能力，因此增強了分子的形狀固定性。而由雙鍵鍵結產生出的結構則有兩種型態，分別為下圖中的**順式**（*Cis*）與**反式**（*Trans*）。

氫原子位於雙鍵的同側

氫原子位於雙鍵的異側

順式　　　　　　　反式

　　所謂順式結構，是指兩個氫原子皆位於碳原子雙鍵的同側，而反式結構的兩個氫原子則位於碳原子雙鍵的異側；兩者的兩個甲基團（-CH₃）亦然。這個雙鍵上看似差異不大的排列方式，造就了各種異戊二烯衍生物的特性。異戊二烯只是眾多具有順、反式結構的有機化合物之一；通常這些化合物的特性差異很大。

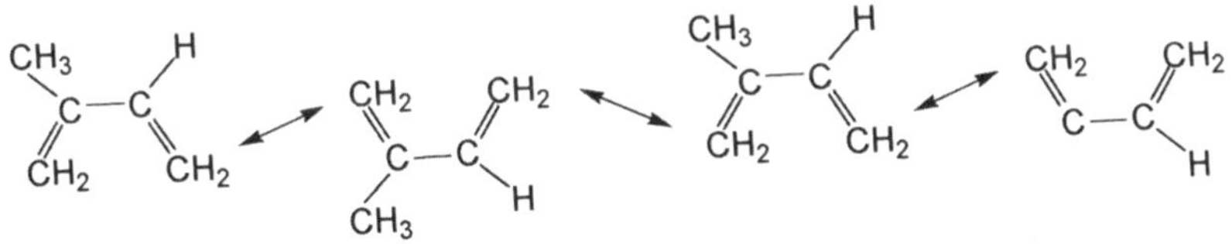

四個異戊二烯分子以末端彼此相接（如圖中雙箭頭標示處），而形成天然橡膠的過程如下圖所示。

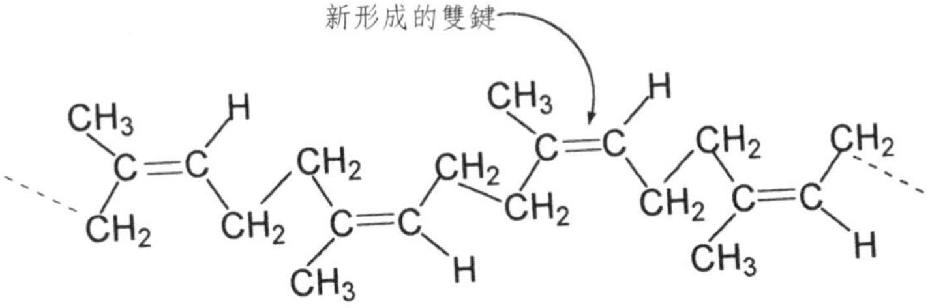

天然橡膠

接著呈現的是天然橡膠的結構，虛線為可繼續延伸異戊二烯聚合反應的橡膠鏈末端。

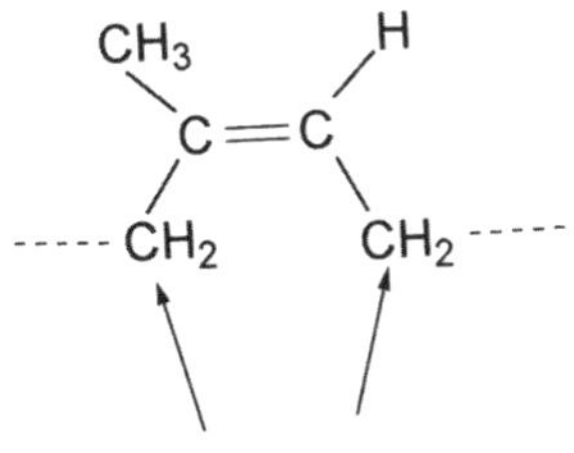

不斷延伸的碳原子鏈位於雙鍵的同側，因此這是一個順式結構。

當異戊二烯分子結合時，便會產生一個新的雙鍵。在橡膠的例子中，
這些雙鍵相對於整個橡膠鏈來說是順式的；也就是說，形成橡膠分子
的碳原子鏈位於這些雙鍵的同側。

　　這種順式的排列方式造就了橡膠的彈性。不過，自然發生的異
戊二烯聚合反應並非總是生成順式結構的產物。如果說聚合物中雙鍵
周圍的原子呈反式結構，就會自然產生另一種性質和橡膠截然不同的聚
合物。我們以扭轉單鍵兩側相對位置的異戊二烯為例，其結構如下圖。

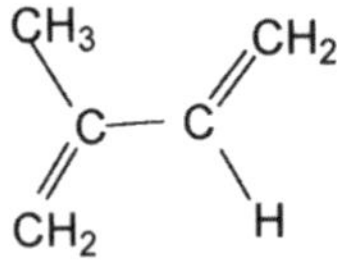

並且將四個這樣的分子以末端相接的方式彼此連結（如圖中的雙箭頭
標示處），

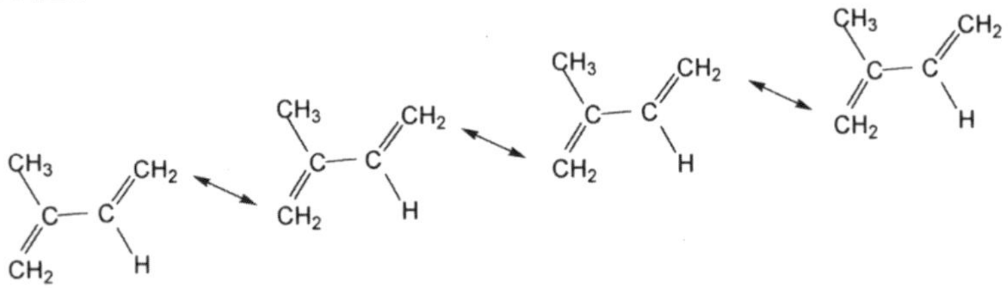

所得到的產物將為反式結構。

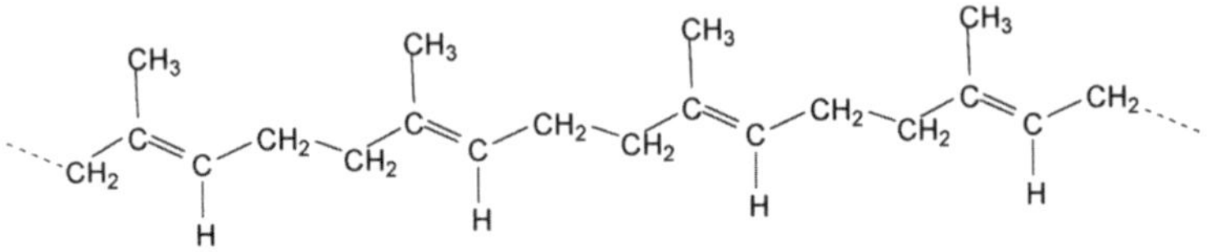

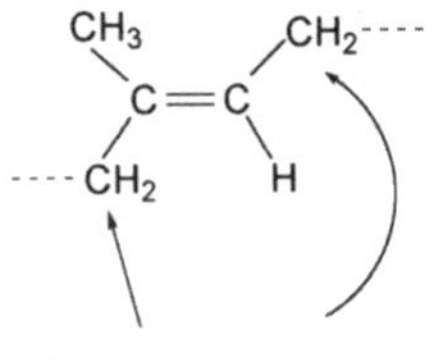

碳原子鏈交錯出現於雙鍵的兩側，因此這是一個反式結構。

　　這種自然發生的反式異戊二烯聚合物有兩種：古塔波膠（gutta-percha）和巴拉塔膠（balata）。古塔波膠中有 80％為異戊二烯聚合物的反式，通常取自於山欖科（*Sapotaceae*）植物的乳膠，尤其是土生於馬來半島的膠木（*Palaquium*）。巴拉塔膠則是來自於巴拿馬與南美洲北部的 *Mimusops globosa* 植物所分泌的乳膠狀物質，它的反式聚合結構與古塔波膠完全相同。古塔波膠和巴拉塔膠都可以熔化再塑，不過一旦它們暴露於空氣中，便會變得堅硬而角質化。由於這些物性的改變並不會在水中發生，因此在十九世紀末與二十世紀初時，古塔波膠曾被大量用於包覆海底電纜。此外，古塔波膠也曾被使用於醫療與牙科治療中，例如固定夾板、導尿管、鑷子、皮膚敷料，以及修補牙齒的填料與黏合劑等等。

　　對於古塔波膠和巴拉塔膠的特性感受最深的，恐怕是高爾夫運動的愛好者。高爾夫球最初是木製的，通常以櫸木或榆木為主。到了十八世紀早期，蘇格蘭人發明出一種外覆皮革、內填鵝毛的「羽毛球」，這種球可擊出的距離比木製球還要遠上兩倍，只不過在潮濕的天氣中會因吸收濕氣而發揮不了作用，此外它也容易裂開，價格比木製球要貴上十倍左右。

　　一八四八年，「硬橡膠古塔膠球」（gutty）問世了。這種橡膠球是把放在水中滾沸的古塔波膠，倒入球狀鑄模中固化而成的，由於步驟簡單，因此很快就廣受歡迎。不過這種新的橡膠球還是有其缺點。由於異戊二烯的反式聚合物會隨著時間變硬易碎，因此長期使用之後，較老舊的古塔膠球擊出後有可能在空中解體。當時的高爾夫球規則只好因此修改；如果在比賽進行中發生球體解體的狀況，那麼選手可以在最大球體碎塊的落點上重新擊球，繼續比賽。後來也發現，那些有磨損的球似乎飛得較遠，於是製造廠商紛紛將這項特點融入設計，這也就是現在高爾夫球上渦紋的由來。到了十九世紀末，異戊二

烯的順式聚合物也被運用在高爾夫球的製作上。當時採用古塔波膠為球的核心，核心外再包覆一層以古塔波膠為原料的橡膠，新式的高爾夫球於是誕生。到了今天，高爾夫球材料的種類多不勝數，其中許多仍包含橡膠成分。而以巴拉塔膠的反式異戊二烯聚合物作為包覆球體材料的例子，也比利用古塔波膠的例子為多。

橡膠發展史

法拉第絕非是唯一從事橡膠實驗的人。一八二三年，蘇格蘭化學家麥金塔（Charles Macintosh）利用石腦油（naphtha，煤氣燃燒後產生的一種廢料）[2] 為溶劑，將橡膠鋪陳為織料的柔順薄層。在當時，以這種新材質製成的防水外套就叫做「麥金塔」（macintoshes），一直到今天，英國人還是這樣稱呼這種雨衣（或簡稱為「macs」）。麥金塔的發現，也刺激了橡膠在引擎、橡皮管，甚至是靴子、帽子和外衣等多方面的用途。

一八三〇年代早期，這股橡膠熱潮延燒到了美國。儘管這些材質可以防水，但受歡迎的程度卻大不如前，因為人們發現，這些橡膠製品在天冷時會變得堅硬難穿，在夏天則會因為高溫而融化成發臭的膠團。橡膠熱潮似乎才剛起步就草草結束，而唯一還讓人感到新鮮的，就是「橡皮擦」這項實用性用途。「橡膠」（rubber）這個詞是英國化學家普利斯特列（Joseph Priestley）在一七七〇年所提出來的，[3] 他發現生橡膠能擦去鉛筆的痕跡，比當時普遍使用的濕麵包來

2　石腦油很容易揮發，又稱為「輕油」。過去多指沸點高於汽油而低於煤油之餾分，但後來不論沸點高低皆以「石腦油」稱之，故實為一種廣泛名詞。

3　普利斯特列（1733-1804）在一七七〇年無意間發現橡膠能擦去鉛筆字跡，便稱之為「rub out」，後來演變為「rubber」。他同時是最早提出電荷間作用關係的人，也是「燃素」（即氧氣）的發現者。

得有效。在當時，橡皮擦被當成「印度橡膠」（India Rubbers）在英國市場銷售，因此人們才會誤以為橡膠起源於印度。

　　大約在一八三四年，正當第一波橡膠熱潮逐漸退燒的時候，美國的發明家兼企業家固特異（Charles Goodyear）開始進行一連串橡膠實驗，進而帶動另一波更持久的橡膠風潮。固特異的發明家角色顯然比企業家頭銜還要出色，他曾多次破產，更因債務問題而多次出入監獄。他曾經將橡膠與一種特製粉末混合，這種粉末可以吸收橡膠遇熱時所釋出的濕氣，以改善變稠發臭的問題。進而，固特異開始嘗試將天然橡膠與各種不同的粉末混合，不過他終究還是白忙一場。每一次看似無懈可擊的實驗，都敵不過燠熱夏天的考驗；當溫度逐漸攀升，橡膠製的靴子和衣服便還是垂落，終究只剩下一灘發臭的膠團。由於實驗室總是飄散出異味，固特異的鄰居因此抱怨連連，提供經濟援助的人也紛紛撤資，最後只剩下固特異和他所堅持的信念。

　　後來的一項實驗為固特異帶來了希望——他發現橡膠經過硝酸處理後，會變成一種看起來光滑的乾燥物質。固特異對這個新發現充滿希望，並再次找到了贊助廠商；對方和政府簽有合約，計畫以硝酸處理過的橡膠製造郵袋。這次固特異對成功相當有信心，他把生產出來的郵袋鎖在倉庫裡，就帶著一家人外出過暑假去。不過他怎麼也沒有想到，當結束假期回來時，倉庫中的郵袋還是熔成他再熟悉不過的惡臭膠團。

　　固特異愈挫愈勇，並未被接連而來的失敗擊倒。一八三九年的冬天，他嘗試以一種硫粉來作為橡膠的乾燥劑，不小心將沾有硫粉的橡膠掉在暖爐上，卻發現此時橡膠會變成一團燒焦的黏性膠狀物。這次他幾乎可以確定，硫化物與熱可以改造橡膠，解決困擾他已久的問題，他無法確定的只是要加入多少的硫和熱才能驅動這個反應。固特異把家裡的廚房當成實驗室，他將硫化處理過的橡膠以熨斗壓平、放

在烤箱和爐火上烘烤、丟進鍋裡蒸煮，或是埋在熱砂中。

　　固特異的堅忍毅力終於得到了報償，經過五年的不斷試驗之後，他研發出一套標準化程序，生產出的橡膠不管在何種季節都能保持堅韌、有彈性和穩定的特性。不過，固特異在發明創造方面雖然極具天賦，卻缺乏商業頭腦。他低價賣出橡膠專利，讓收購者因他的發明而大發利市。在三十二場訴訟官司之後，固特異終於在最高法院獲得勝訴，但終其一生，他還是擺脫不了橡膠專利遭到侵犯的惡夢。固特異的遠大理想，並未在橡膠問世後就得到滿足，他仍然沉迷於研發各種可能用途，像是橡膠貨幣、首飾、船帆、油漆塗料、汽車彈簧、造船零件、樂器、地板材料、潛水衣、救生艇等等，其中多項產品後來也確實成真。

　　固特異同樣也拙於處理國際專利問題。他曾經運送一批橡膠樣品到英國，並且防範沒有遺留任何硫化處理過的痕跡，以維護商業機密。不過，英國的橡膠專家漢考克（Thomas Hancock）還是發現了殘存的微量硫粉。稍後，當固特異準備向英國申請橡膠的專利時，他發現漢考克早他一個星期，以幾乎與他的硫化過程一模一樣的配方送件審核。漢考克以分享專利為條件，要求固特異放棄對專利權的聲明，固特異並未接受；最後固特異輸掉了這場專利權官司。一八五〇年代，以新橡膠打造的展覽攤位分別在倫敦與巴黎的世界展覽會大放異彩時，固特異卻由於一項技術專利和權利金被法國取消而繳不出帳單，因此身繫囹圄。奇怪的是，當他被囚禁在法國監獄時，竟還獲頒法國軍團（French Cross of the Legion）的十字勳章！當時的法國皇帝拿破崙三世決定賜予他這項殊榮，大概是由於他的發明貢獻，而非企業家的手腕吧。

彈性哪裡來？

　　固特異沒有化學家的背景，當然不清楚為什麼硫和熱會為天然橡膠帶來那麼好的效果。他不了解異戊二烯的結構，也不清楚天然橡膠就是異戊二烯的聚合物，更不可能知道橡膠分子經過硫化作用會形成重要的交錯鍵結；經過加熱之後，硫與橡膠所形成的交錯鍵結可固定橡膠分子鏈而不易產生形變。在固特異的橡膠問世超過七十年後，英國化學家皮克爾斯（Samuel Shrowder Pickles）提出「橡膠是異戊二烯的線性聚合物」的概念，硫化（vulcanization，以羅馬火神Vulcan 為名）過程才得以被世人了解。

　　橡膠的伸縮彈性來自於它的結構。隨機纏繞的異戊二烯聚合物長鏈一旦被拉開，便會沿長鏈的方向伸直而不捲曲；反之，當外力消失時，分子鏈便會回復原本彎曲的型態。天然橡膠的彈性順式分子鏈彼此無法緊密地排列，因此無法形成穩固的交錯鍵結；當橡膠張力緊繃時，分子長鏈便會彼此錯身滑過而變形。與順式結構相反的是鋸齒狀的反式結構異構物，這些排列緊密的分子可形成強而有力的交錯鍵結，阻礙分子鏈彼此滑過，但反式異構物的伸展性也因此大大減低。所以，像古塔波膠和巴拉塔膠這類反式結構的異戊二烯聚合物，多半堅硬且不易變形，而橡膠這類的順式結構聚合物，通常都是伸展性極佳的彈性體。

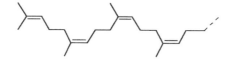

順式的橡膠聚合物長鏈無法緊密排列，因此可形成的交錯鍵結有限。當伸展張力存在時，分子鏈之間容易彼此滑過而變形。

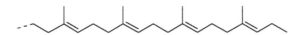

鋸齒狀的反式聚合物長鏈彼此可緊密相連，並產生許多交錯鍵結，這些鍵結能阻礙在張力條件下的滑行情況發生；因此，同屬反式結構的古塔波膠和巴拉塔膠，都無法伸展。

　　藉由天然橡膠與硫粉一起加熱的方式，固特異創造出一種存在於硫原子之間的特殊交錯鍵結；這些鍵結主要是受熱而形成。這個反應可產生足夠的二硫鍵，不但能保持橡膠的彈性，另一方面也能妨礙分子間因張力而產生的過度滑動與形變。

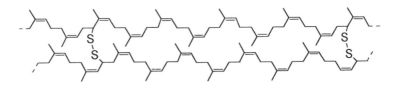

阻礙分子鏈滑動的二硫鍵結

　　固特異的發明使得硫化橡膠成為生活中最重要的商品之一，也是戰時物資的基本材料。只要添加 0.3％的硫粉，便能改變天然橡膠的彈性，使之不會在高溫時變得黏稠或低溫時變得易碎。一般用來製作橡皮筋的軟橡膠含有 1～3％的硫，而含有 3～10％硫成分的橡膠，由於交錯鍵結較多不易變形，因此常被用來製作汽車輪胎。不過，若是交錯鍵結太多，橡膠會變得非常堅硬，反而不適合需要形變的應用。之後，固特異的兄弟尼爾森（Nelson）研發出一種硫含量很高（約莫23～35％）的「黑色硬橡膠」（ebonite），常被當成絕緣體的材料。

橡膠影響歷史

　　當人們開始熟悉硫化橡膠的可能用途時，對於它的需求也逐漸熱絡起來。雖說許多熱帶性植物都能生產類似橡膠的乳膠物質，然而產量最豐的，仍屬亞馬遜熱帶雨林區特有的橡膠樹。短短幾年之內，那些經營橡膠的實業家靠著廉價勞工（多半是來自於亞馬遜盆地的土著）的賣命，累積了可觀的財富。這種制度之下的勞工與奴隸沒什麼分別。工人一報到就被迫購買工作裝備與生活用品，微薄的薪水往往入不敷出。他們日出而作，日落而息，每天都忙著採集橡膠樹流出的乳膠，冒著濃煙處理在炭火上煙燻加工的膠團，最後再把變黑凝固的乳膠球拖運到附近的水道，以便裝載輸出。每年十二月到六月之間的雨季來臨時，乳膠因為潮濕而不易凝結。儘管如此，這些工人還是身處水深火熱之中，他們被限制在髒亂陰暗的營帳裡，若有逃跑的企圖，將遭到冷血工頭無情射殺。

　　在茂密的亞馬遜熱帶叢林裡，只有不到 1% 的樹可生產橡膠，其中年產量最高的也不過 3 磅而已。經驗豐富的橡膠工人平均每天可以製造出 25 磅經煙燻處理過的橡膠，再以獨木舟裝載這些凝固的乳膠球，順著亞馬遜河沿途交易，最後抵達支流內格羅河（Negro River）岸的馬瑙斯市（Manaus）。拜橡膠所賜，馬瑙斯市從一個沒沒無聞的熱帶河岸城鎮，最後發展繁盛發達的橡膠貿易都市，因此，馬瑙斯市充滿了主要來自歐洲的橡膠實業家；他們奢華的生活方式，恰恰與亞馬遜河上游悲慘的勞工形成強烈對比。在一八九〇年到一九二〇年之間，橡膠貿易達到巔峰，馬瑙斯市處處可見華美的豪宅、高級的座車、陳列在商店裡的各國舶來品、花園裡修剪整齊的草皮，無一不是富貴與奢華的象徵。首屈一指的歐美明星也紛紛前往當地的歌劇院獻藝表演，馬瑙斯市還一度成為當時全世界擁有最多鑽石的城市。

　　橡膠暴利泡沫化的那一天終於來臨。早在一八七〇年代，英國人便開始憂慮熱帶雨林中野生橡膠樹可能枯竭的問題。從砍下的橡膠樹取得的乳膠最多可達 100 磅重，遠比工人每年從橡膠樹上採集的 3 磅還要多上許多。常被用來製造日用品與兒童玩具的次級祕魯膠（Peruvian slab）取自學名為 *Castilla* 的橡膠樹，這種樹種就是因為遭到濫伐而絕跡。一八七六年，一位名叫魏克漢（Henry Alexander Wickham）的英國人沿著亞馬遜河，將約七萬棵高產量的巴西橡膠樹種子運離南美洲。這種巴西橡膠樹在亞馬遜雨林地區，就有將近十七種不同的亞型，不知道是魏克漢運氣好還是事先做過調查，他帶走的種子恰好就是最多產的樹種。另外讓人費解的是，在運出這些橡膠樹種子的過程中，竟然完全沒有遭到攔檢搜查！比較合理的解釋或許是，巴西官員認為這些橡膠樹種子不可能在亞馬遜盆地以外的地方生長，所以才鬆懈下來。

　　魏克漢一路小心翼翼地運送這批珍貴的橡膠樹種子，儘可能避免種子變質或發芽的情況發生。一八七六年六月的一個早晨，他帶著這些珍奇種子拜訪著名的植物學家，同時也是倫敦近郊英國皇家植物園（Royal Botanical Gardens）的園長胡克（Joseph Hooker）。胡克特地興建了一座培育室來種植橡膠樹，並將首先發芽的一千九百株秧苗運往亞洲繁殖，繼而開啟了另一波橡膠熱潮；這第一批秧苗被封存在小型的溫室裡，運往錫蘭（今日的斯里蘭卡）的可倫坡。

　　起初亞洲並不熟悉橡膠樹的生長習性以及成長條件，因而影響了乳膠的產量。基於這個原因，英國皇家植物園成立一個組織，致力於研究各種橡膠樹的種植條件。他們發現一個與當時觀念相左的事實，就是經過細心照料的橡膠樹種可供每天採收乳膠。此外，人工栽種的橡膠樹大約四年後就可進行採收，而野生橡膠樹估計需要二十五年以後才會開始分泌乳膠。

世界上最早的兩個橡膠種植園，都是位於今日馬來西亞的雪蘭峨州（Selangor）。一八九六年，馬來西亞生產的澄清琥珀色橡膠首次運抵倫敦。隨後，荷蘭人也很快地在爪哇和蘇門答臘等地興建橡膠樹種植場。到了一九〇七年，英國人已在馬來西亞與錫蘭的三十萬英畝土地上，櫛次鱗比地栽種了近千萬株橡膠樹。於是中國勞工湧入了馬來西亞，坦米爾人擠進了錫蘭，數以千計的移民工人紛紛被送往這些地區，都是為了因應種植天然橡膠所需的龐大人力。

非洲當然也受到橡膠熱潮所影響，尤其是中非洲的剛果一帶。一八八〇年代，非洲西部、南部和北部地區陸續被英、法、德、葡萄牙和義大利等強權瓜分，比利時國王利奧波德二世（Leopold II）只好佔領殖民較不受重視的中非洲；中非地區因幾世紀以來的奴隸貿易使得人口銳減。盛行於十九世紀的象牙交易也同樣造成災難性的後果，改變了當地的傳統生活型態。當時象牙商人威逼當地部落交出所有象牙，並脅迫他們投入危險的捕象行動，否則將殺害他們的家人。隨著象牙逐漸短缺以及全球橡膠價格上揚，商賈又轉而要求以剛果盆地所產的野生紅橡膠作為贖金。

奧波德二世將中非洲的土地分租給英比印度橡膠公司（Anglo-Belgian India Rubber Company）、安特衛普公司（Antwerp Company）等大企業，獲利的多寡則視產量而定；奧波德二世就是利用橡膠貿易來經營他在中非洲的第一個殖民地。剛果人民被迫放棄一般的農作物而改種植橡膠樹，採集橡膠樹液儼然成為他們的義務，曾經有整個村落隱居起來以躲避遭到奴役的例子。殘暴的虐待事件層出不窮，那些沒有收採足夠橡膠汁液的工人，常被施以砍斷雙手的極刑。儘管許多人道主義者強烈反對奧波德二世採用的高壓政策，但其他殖民帝國仍然允許公司企業承租橡膠產地，使得被迫出賣勞力的非洲人口愈來愈多。

歷史影響橡膠

　　橡膠與先前提過的分子不同，它被歷史軌跡改變的程度遠超過它對歷史所造成的影響。發生於二十世紀的許多重大事件加速了橡膠結構的變化發展，因此「橡膠」這個詞已廣泛地融入我們的日常生活中。人工培植的橡膠產量已超過來自亞馬遜野生環境的天然橡膠，在一九三二年的時候，全世界有 98％的橡膠是來自於東南亞的橡膠樹。而為了工業化發展與交通運輸的建設，儘管美國早就有豐富的橡膠存量，對於東南亞盛產橡膠這個問題，還是引起美國政府的嚴重關切。一九四一年，日本偷襲珍珠港而將美國捲入第二次世界大戰，不久之後，美國總統羅斯福下令組成一個特別委員會，負責研討戰時橡膠的儲存問題。這個委員會在各項評估之後作出結論：「如果無法獲得穩固且大量的橡膠補給，我們將輸掉這場戰爭和國家經濟。」他們排除了從加州的兔子草（rabbit brush）和明尼蘇達州的蒲公英萃取橡膠的想法，儘管俄羅斯曾有類似的例子（從國內土生的蒲公英萃取天然橡膠作為應急之用），不過羅斯福的委員會卻認為，如此一來產量仍嫌不足，橡膠品質也讓人疑慮。因此他們一致認為，唯有發展合成橡膠才是解決之道。

　　不過，直到今天，以異戊二烯的聚合反應來合成橡膠的企圖，始終沒有成功，問題出在橡膠中的順式雙鍵結構。天然的橡膠聚合反應中，有種酵素可以控制順式結構的形成，而人工聚合反應沒有這種酵素存在，因此生成物總是順、反式雙鍵交雜出現。

　　其實自然界中也存在一種類似異戊二烯聚合物的天然橡膠，可以從一種生長於南美洲，學名為 *Achras sapota* 的人心果樹（sapodilla tree）的樹液中得到。這種乳膠稱為「糖膠樹膠」（chicle），是口香糖的主要原料。嚼口香糖的文化可以追溯至遠古時代，我們曾經從出

土的史前文物中，發現嚼食過的樹膠殘渣，證實了它的悠遠歷史。古
希臘人也有習慣咀嚼一種生長於中東、土耳其與希臘一帶的灌木屬乳
香樹所分泌的樹脂，而且一直延續到今天。美國的歐洲移民嚼食的是
雲杉分泌的硬樹脂，這則是師承新英格蘭區的印第安人。雲杉樹膠的
口味強烈且特別，但通常含有難以去除的雜質，因此還是以石蠟為原
料的口香糖，比較受到殖民地居民的喜愛。

　　一千多年以前中南美洲的馬雅人、瓜地馬拉人與巴西人所嚼食
的口香糖，是由征服阿拉莫城（Alamo）[4] 的聖塔安將軍（Antonio
López de Santa Anna）帶進美國的。聖塔安後來當上墨西哥的總統，
但他在一八五五年一項錯誤的土地協議上，讓墨西哥喪失了大河（Rio
Grande）北岸的所有領土，因此失去了總統職位，並被流放海外。聖
塔安希望藉由販賣「糖膠樹膠」給美國（作為橡膠乳膠的替代品），
以籌措軍費資金好奪回他的總統寶座。不過，聖塔安顯然忽略了糖膠
樹膠中的順、反式雙鍵結構，因此不論他與他的攝影師兼發明家夥伴
亞當斯（Thomas Adams）如何努力，始終未能藉由硫化反應，讓糖
膠樹膠轉變為橡膠的替代品，也無法有效地與橡膠結合在一起。糖膠
樹膠看似一點商業價值也沒有，直到亞當斯看到孩童在商店裡購買便
宜的石蠟口香糖，這時他才突然想起：「墨西哥人本來不就是吃糖膠
樹膠製成的口香糖嗎？」因此他把倉庫裡堆積如山的糖膠樹膠製成口
香糖，並以各種糖粉來變化不同的口味，口香糖產業於是誕生。

　　雖說第二次世界大戰期間發放口香糖給士兵，好讓他們在作戰
時保持清醒，不過嚴格來說，口香糖稱不上是一種戰略物資。試圖以

4　「阿拉莫戰役」是美國歷史上最重要的戰役之一。美國德克薩斯州原是墨西哥的領土，
　　十八世紀末，小傳教站阿拉莫成為墨西哥的駐軍堡壘，但是不滿墨國的統治政策，因
　　此出現要求獨立的呼聲。一八三六年，墨西哥將軍聖塔安率軍圍城，英勇民眾組成的
　　自願軍死守頑抗，十三天之後，還是全軍覆沒。援軍後來擊退了墨西哥軍隊，德克薩
　　斯也從此脫離墨西哥而宣告獨立。

異戊二烯來合成橡膠的實驗，只得到類似糖膠樹膠的聚合物，因此利
用其他原料來合成橡膠的技術，仍有待開發。諷刺的是，最後實現這
個夢想的技術卻來自德國。第一次世界大戰期間，德國從東南亞輸入
橡膠的管道遭同盟國聯軍截斷，為了解決橡膠短缺的問題，德國各大
化學公司紛紛著手研發類似橡膠的產品，其中最有名的是苯乙烯丁二
烯橡膠（styrene butadiene rubber，簡稱 SBR），因為它的特性和天然
橡膠極為相似。

　　苯乙烯最早是在十八世紀晚期，從原產於土耳其西南部的東方
楓香樹（*Liquidambar orientalis*）的香脂成分中萃取出來的。萃取出
的苯乙烯置放數月之後會變成果凍狀的物質，這就表示聚合反應已開
始發生。

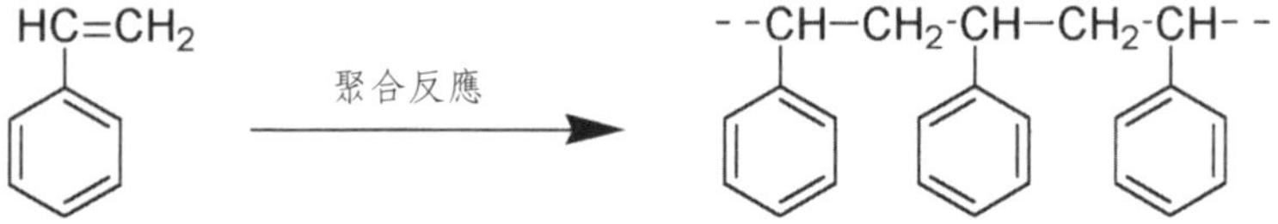

HC=CH₂　　　聚合反應　　　- -CH-CH₂-CH-CH₂-CH- -

苯乙烯　　　　　　　　　　聚苯乙烯

這種果凍狀的物質就是聚苯乙烯，主要用來製作塑膠底片、包裝材
料，與「泡沫塑料」（Styrofoam）咖啡杯等。苯乙烯自一八六六年
開始被合成應用，它與丁二烯（CH₂=CH － CH=CH₂）都是德國化學
公司 IG Farben 製造合成橡膠所使用的早期原料。苯乙烯丁二烯橡膠
（SBR）中的苯乙烯和丁二烯比例約為 3：1，但實際的比例值和結
構都會有所變化，比方說其生成物的順式、反式雙鍵結構即為隨機發
生。

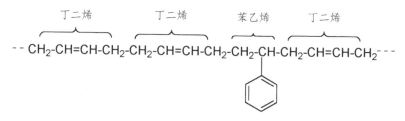

丁二烯　　　丁二烯　　苯乙烯　　丁二烯

- - CH₂-CH=CH-CH₂-CH₂-CH=CH-CH₂-CH₂-CH-CH₂-CH=CH-CH₂- - -

苯乙烯丁二烯橡膠（SBR）的部分結構。SBR 也被稱為「丁苯橡膠」（GR-S）或「丁鈉橡膠」（Buna-S），可以產生硫化反應。

一九二九年，美國紐澤西州的標準石油公司與德國 IG Farben 合夥以分享油的合成技術，合約中特別明定：「標準石油公司有權取得 IG Farben 的某些專利，包括 SRB 的生產技術」。然而，IG Farben 並沒有遵守這項規定；一九三八年，德國納粹政府通知 IG Farben，不能向美國透露德國先進的橡膠加工技術。

不過，IG Farben 最後還是釋出了 SRB 橡膠的製造方法，只是並未提供足夠的技術，以防止美國自行生產橡膠。德國的詭計並未得逞。美國的化工業開始運作之後，對於 SRB 生產技術的研發更是突飛猛進。一九四一年，美國合成橡膠的年產量只有八千噸左右，到了一九四五年已成長到八十萬噸以上，幾乎佔了全美需求量的絕大部分。橡膠工業在這麼短的時間內產量成長驚人，因此被視為是繼原子彈問世之後，在二十世紀化工業最驚人的一項成就。往後十年內，氯丁橡膠（neoprene）、丁基橡膠（butyl rubber）和布納橡膠（Buna-N）等各式各樣的合成橡膠也紛紛問世。有些聚合物雖然並非以異戊二烯為原料，但是由於具有天然橡膠的特性，因此也廣泛地稱之為「橡膠」。

一九五三年，德國的齊格勒（Karl Ziegler）與義大利的納塔（Giulio Natta）進一步修改橡膠的合成過程，他們各自利用不同的催化劑發展出順式或反式的雙鍵結構。從此以後，人工合成的天然橡膠

不再是遙不可及的夢想。他們兩人所研發出來的催化劑（即所謂的「齊格勒‧納塔催化劑」〔Ziegler-Natta catalysts〕）可在生產過程中控制生成物的特性，這不但為他們贏得了一九六三年的諾貝爾化學獎，也革新了整個化學工業。有了這項改革，橡膠因此更有彈性、更堅韌、更耐用、更不容易變形，也較不易受到溶劑或紫外線的影響，以及較能抵抗溫度的變化，避免龜裂情形的發生。

＊　＊　＊　＊　＊　＊　＊　＊　＊　＊

我們的世界可說是由橡膠塑造而成的，收集橡膠原料的過程嚴重衝擊了我們的社會與環境。無節制地砍伐亞馬遜盆地的橡膠樹，只是濫用熱帶雨林資源以及破壞天然環境的一小部分而已。當初對待原住民的殘酷劣行，至今也沒有多大改變；那些原住民的後裔仍以採集橡膠維生，但他們賴以生存的原始茂林，仍持續遭到探礦者和農民的濫墾破壞。比利時當年在剛果所採行的高壓暴政，至今仍留下政局不穩、暴亂頻繁和衝突不斷等後遺症。另外，約在一個世紀以前遷徙到亞洲去種植橡膠的大批非洲移民，也持續為馬來西亞和斯里蘭卡帶來種族、文化與政治方面的紛爭。

我們的世界持續受到橡膠的影響。沒有橡膠，我們今天也無法享受機械化的便利。機械工業需要運用人工或天然的橡膠作為機器的皮帶、墊圈、接著劑、閥門、O形環、洗滌機、輪胎、封條等零件。而機械化的運輸工具，例如汽車、貨車、船、火車與飛機等，也徹底改變了人們遷移和運輸貨物的方式。此外，工業機械化不僅改變了我們的工作內容，也改變了我們的工作方式。農業機械化促進了城市的發展，社會類型也從此由農村轉變成都市。因此，不論從什麼角度來看，橡膠在在都影響著我們的生活。

　　橡膠也會影響我們的未來，因為它是建造太空站、太空船、火箭和太空梭的必要原料，有了它，我們才得以探索地球以外的世界。不過由於人類對於橡膠特性的疏忽，延宕了我們探索其他星球的進度。橡膠不耐低溫的特性早就被拉康達明、麥金塔、固特異等人提出，但美國太空總署（NASA）仍辯稱他們擁有最新的聚合物科技，終於導致一九八六年一月「挑戰者號」（Challenger）太空船升空爆炸的悲劇。那是個寒冷的早晨，36 °F（約 2.2℃）的氣溫比之前的發射溫度低了華氏 15 度左右（攝氏約差了 8.3 度）。太空梭火箭推進馬達的 O 形環在背光時可容忍的最低溫度約為 28 °F（約 − 2.2℃），如果溫度再低，橡膠就會失去彈性，壓力密封閥門也會因此失效。「挑戰者號」發射之後，由於橡膠形變導致燃料外洩，太空船上七名太空人的寶貴生命就這樣消逝在劇烈的爆炸火光中。這是最近一次由於人們忽視了分子的特性而導致的重大悲劇之一；就像「拿破崙的鈕釦」一樣，只不過這次主角由錫質鈕釦，換成了那看似微不足道卻極為關鍵的 O 形環。

9

靛青、茜素、番紅花

　　染料可以改變我們衣服、配件、家飾，甚至是頭髮的顏色，當我們在創造各種不同的色彩變化時，不論是鮮明色澤、柔和色調，或是暗沉色系，似乎都忽略了繽紛世界背後提供我們五顏六色的化合物。由天然或人造分子所形成的染料已有數千年的悠久歷史，而人們對於染料分子的研發與追求，更催生了許多現今世界上最大的化學公司。

　　根據中國史料記載，染料的萃取和製備過程最早可追溯回西元前三千年，這可能也是人類首次的化學反應實驗。古代的染料多半是從植物的根、葉、樹皮，或果實等不同部位萃取而來，也已建立起一套繁複而完善的染料萃取程序。大部分物質無法永久吸附染料不掉色，因此我們通常會

先以媒染劑處理織料，以加強染料的附著。早期人們對於染料的需求
量很大，因此其身價也水漲船高，但在使用上還是存在許多問題。這
些染料通常都不易取得，來源也相當有限，而且曝曬後很容易就失去
光澤和亮度。早期所使用的染料幾乎都會褪色，原本繽紛的色彩在每
次洗滌過程中漸漸流失。

色彩三原色——藍、紅、黃

　　世界上最珍貴難求的顏色非藍色莫屬；與紅色或黃色相較之下，
藍色在天然植物中並不常見，靛青染料的主要來源只有一種學名為
Indigofera tinctoria 的豆科植物。這種由著名的瑞典植物學家林奈
（Linnaeus）[1]所命名的植物，在熱帶或亞熱帶地區可以生長到六英尺
高。至於氣候較溫和的地區，靛青原料則可從歐亞最古老的植物之
一、學名為 *Isatic tinctoria* 的植物中取得；這種植物即為草本植物「菘
藍」；在英國稱為「woad」，在法國則稱為「pastel」。大約七百年前，
馬可波羅在東行的旅途中，見識到印度河岸的人民使用靛青染料，因
此聲名大噪；傳說這就是「indigo」（靛青）名字的由來（發音和「印
度」〔India〕相似）。不過早在馬可字羅提及印度的靛青之前，這
種染料早已廣布於東南亞、非洲以及世界各地。

　　可供提煉靛青的植物葉子並非我們後來所看到的藍色，它們需
要經過鹼性發酵與氧化過程，才會逐漸顯現藍色色調。許多世界文明

1　瑞典科學家林奈（1707-1778）在一七五三年發表《植物種誌》（*Species Plantarum*），
　提出以「二名法」為植物取名，自此奠定了生物統一名稱（即學名）的基礎。學名由
　二個拉丁化的字組成，第一個字為「屬名」，第二個字為「種名」。屬名用來說明此
　生物所屬的種類，故為名詞；而種名則形容這生物的特徵，故為形容詞。由於學名是
　專有名詞，所以屬名的第一個字母要大寫，其餘則小寫。之後來動物命名也採用此法，
　並延用至今。

都曾提及這個變色過程，這可能是因為落葉碰巧掉在動物的尿液中，或是被土灰掩蓋而發酵。當靛青形成所需的條件都具備之後，深藍色就慢慢浮現。

所有能生產靛青的植物中都存在一種叫做「尿藍母」（indican）的化合物，其結構附有一個葡萄糖。尿藍母本身是無色的，經鹼性發酵後，會與其葡萄糖分子分離而形成另一個稱為**吲哚酚**（indoxyl）的分子。吲哚酚會與空氣中的氧反應生成藍色的靛青，也就是一般化學家通稱的「靛藍」（indigotin）。

尿藍母（無色）　　　　　　　吲哚酚（無色）　　　　.靛青或靛藍（藍色）

靛藍是很珍貴的物質，但在遠古時代，最昂貴的染料是一種結構與靛藍極為相似的「泰爾紫」（Tyrian purple）。在一些古老文明中，只有國王或皇帝才能穿戴紫色的衣飾，因此又叫做「帝王紫」（royal purple）；英文慣用語「burn to the purple」，即是指此人系出名門的意思。即使到現在，紫色還被認為是皇室的顏色，具有高貴的象徵。關於泰爾紫的文字紀錄，最早可追溯到西元前一千六百年。記載中指出，泰爾紫是靛青的二溴衍生物，也就是一個靛青分子接上兩個溴原子。泰爾紫可以從許多海洋軟體動物，或是一種稱為櫛棘骨螺（*Murex*）的蝸牛所分泌的不透明黏液中萃取出來。就像植物中的靛青一樣，泰爾紫的結構也含有一個葡萄糖，同樣也需要經過氧化才能呈現出鮮明的紫色。

溴原子在陸生植物與動物體內很罕見，不過它與氯或碘一樣，在海水中的含量極為豐富，因此能從海洋生物中找到富含溴的化合物

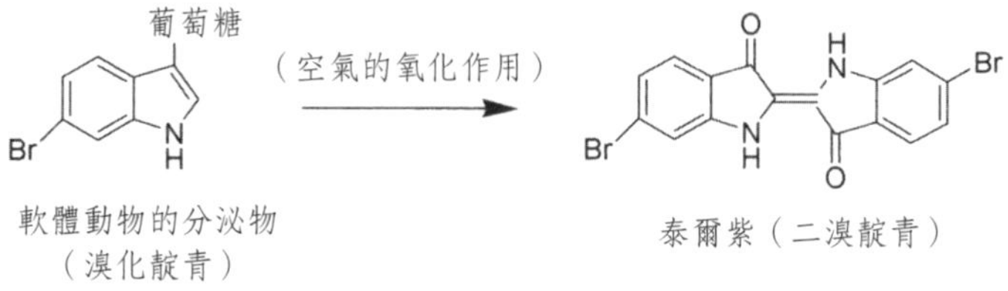

葡萄糖

（空氣的氧化作用）

軟體動物的分泌物
（溴化靛青）

泰爾紫（二溴靛青）

也不足為奇了。比較令人驚訝的是，儘管靛青和泰爾紫的結構非常相似，但它們一個來自於植物，一個來自於動物。

希臘神話說，泰爾紫是希臘英雄赫丘勒斯（Hercules）[2] 發現的，他看見他的狗嚼碎了有殼的水生動物後，嘴巴就沾染上深紫的顏色。一般相信，染料的製造，最早始於古腓尼基王國[3] 的地中海沿岸城市「提爾」（Tyre）。據估計，每生產一公克的泰爾紫大概需要用掉九千多個貝類動物，因此那些染料骨螺的殼堆滿了提爾與西頓（Sidon，也是當時腓尼基主要的染料貿易城市）的海邊。

取得泰爾紫染料的方法，首先要打開這些軟體動物的外殼，用尖刺取出一條血管狀的腺體，並將欲染色的衣物浸泡在這些腺體的汁液中，然後再暴露於空氣中氧化，使顏色顯現。剛開始衣物會呈現淡淡的黃綠色調，然後漸漸轉為藍色，最後才變成深紫色；而當時的泰爾紫是羅馬參議大臣、埃及法老和歐洲王室貴族衣袍的傳統色彩。不過由於人們大量運用這種染料，導致這些貝類在西元四百年左右就瀕臨滅絕。

好幾個世紀以來，靛青和泰爾紫的取得，主要都是依賴勞力密集的人工方法。到了十九世紀末，合成的靛青染料才首度問世。一八六五年，德國的化學家拜耳（Johann Friedrich Wilhelm Adolf von

---

2 赫丘勒斯為天神宙斯被下放凡間的兒子，傳說他長生不老而且力大無窮，是希臘神話中最偉大的勇士。

3 腓尼基位於今日黎巴嫩的南部，地中海的中岸。

Baeyer）開始研究靛青的化學結構。一八八〇年，他利用一種容易取得的原料在實驗室中成功地合成靛青。不過等到十七年之後，德國BASF 公司才以一種完全不同的方式合成靛青，並推展上市。

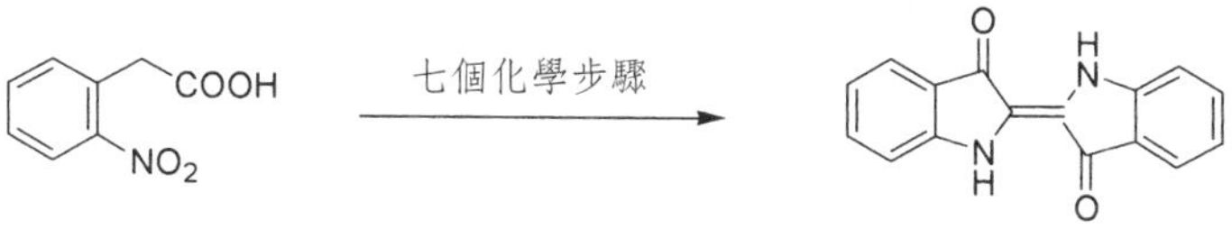

拜耳利用七個不同的化學反應才首次合成靛青。

　　合成靛青的問世，使得天然染料工業開始衰敗，繼而牽動影響了依賴相關產業維生的眾多員工。今日合成靛青的年產量超過一萬四千噸，成為最主要的工業染料。雖然合成的靛青染料也像天然的一樣，會隨著時間逐漸褪色，不過這項特點卻被善用在牛仔褲的漂染技術上，甚至成為引領潮流的優勢。現在的牛仔褲丹寧布，都以特殊的靛青褪染技術處理，就是希望產生流行的刷白效果。而靛青的溴化衍生物泰爾紫，在現代也有類似合成靛青的製造方法，只不過它已經逐漸被後來出現的紫色染劑所取代了。

　　所謂染料，就是能滲入纖維或紡織品中的有色有機化合物，它們特殊的分子結構可以吸收可見光譜中某些特定的波長；我們眼睛所看見的顏色，取決於未被染料吸收而反射回來的顏色波長。如果所有可見光波都被吸收了，我們看到的會是黑色；相反地，如果沒有任何可見光波被吸收，我們看到的就會是白色。此外，如果只有紅色的光波被吸收，那麼反射回來被眼睛所接收的顏色便是其互補色——綠色。染料之化學結構與可吸收光波之間的關係，就像防曬產品之於所吸收的紫外線一樣，都是取決於化合物中單鍵與雙鍵的交替變換，只不過，吸收可見光的化合物比吸收紫外線的具有更多單、雙鍵交錯的

結構。下圖為 β 胡蘿蔔素的結構，也是胡蘿蔔和南瓜呈現橘色的原因。

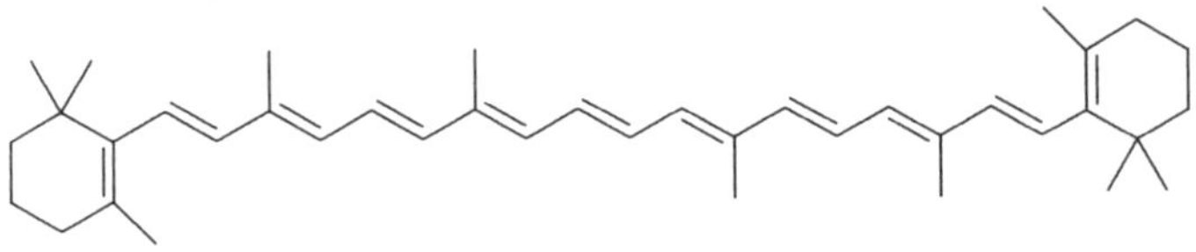

β 胡蘿蔔素（橘色）

圖中所呈現的單、雙鍵交替型態稱為**共軛**（conjugated）。β 胡蘿蔔素中有十一組這樣的共軛雙鍵，這些共軛鍵結可以往兩端延伸，如果氧、氮、硫、溴或氯原子也成為這個共軛系統的一部分時，它們也能因此改變此化合物可吸收的波長範圍。

　　靛青和菘藍中的尿藍母本身雖含有某種程度的共軛結構，但還不足以顯現出顏色。不過靛青分子比尿藍母多出兩倍的單、雙鍵共軛結構，其中還含有氧原子，也因此得以吸收可見光波而顯現出湛藍的顏色。

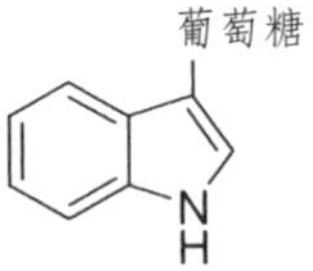

尿藍母（無色） 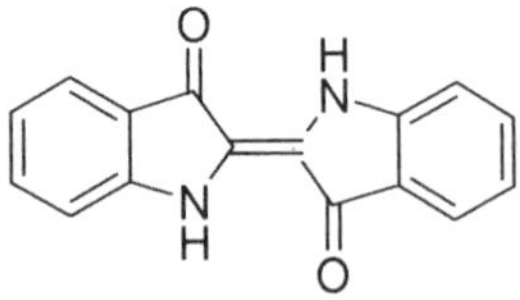　　　　　　　　　　靛青（藍色）

　　除了有機染料之外，自古以來礦物粉末與其他的無機化合物，也都被拿來製造顏色，像是洞穴中的壁畫、墓室中的裝飾、油畫或濕壁畫都屬此類。它們也是藉由吸收某些可見光波長來成色，不過卻與前面提及的單、雙鍵共軛結構無關。

　　古代常用的兩種紅色染料，其來源與前述的藍色染料完全不同，不過令人意外的是，它們的分子結構卻極為相似。第一種紅色染料來

自茜草（madder）的根部；茜草含有紅色的茜素（alizarin），屬於茜草科（*Rubiaceae*）植物。印度大概是最早使用茜素的民族，而在茜素盛行於古羅馬與希臘以前，它也曾在波斯與埃及等地掀起一股熱潮。茜素需要金屬離子之類的化合物才能使織品著色；這些金屬化合物就是所謂的媒染劑（mordant）。如果以不同的金屬鹽媒染劑先行處理布料，就可以將織物染成各種不同的色調。比方說，茜素藉由鋁離子可產生玫瑰紅的顏色，以鎂離子為媒染劑可生成紫色，鉻金屬則可變出帶褐色的紫羅蘭，而鈣離子則可幫助生成紫紅色。若要呈現的是鮮豔欲滴的大紅色，則須將乾燥、壓碎的茜草根粉末和黏土混合後，再佐以鋁和鈣的媒染劑才能得到。亞歷山大大帝在西元前三二〇年時，可能就是利用媒染劑來進行欺敵戰略。當時亞歷山大命令士兵在軍服上塗上鮮紅色染料，假裝受傷流血的模樣，讓大舉入侵的波斯軍隊以為他們已受重創而鬆懈戒備。亞歷山大的士兵因此得以擊退波斯軍隊，成功地打贏這場以寡擊眾的戰爭。如果這個故事屬實，那麼真可謂是茜素分子的功勞。

　　長久以來，染料與軍服的關係密不可分。法國在美國獨立革命時所提供的藍色軍服，是以靛青染製而成，他們自己的軍服是則以茜素為原料的土耳其紅。土耳其紅其實起源自印度，不過後來慢慢向西流傳，經過波斯與敘利亞一帶，最後才傳入土耳其。茜素植物在一七六六年間被引入法國，到了十八世紀末時，它已儼然成為法國最重要的資源之一。而政府的工業補助政策，也是始於染料工業。法王路易‧菲力（Louis Philippe）曾下令法軍必須穿著土耳其紅的長褲，而在此之前大約一百年左右，英王詹姆士二世（James II of England）也明令未上染的衣物不得出口，以保護國內的染料工業。

　　一般來說，採用天然染料的漂染效果並不穩定，也相當耗時費力，不過土耳其紅卻是例外，它不但色彩鮮明且不容易褪色。當時人

們並不了解其中的化學作用，有些步驟在今日看起來不太合理，也顯得多餘。在土耳其紅染色的十個基本步驟中，有許多項目重複了不止一次；除了以茜草為染料之外，織品或紗線還必須在鹼性溶液或肥皂水中多次煮沸，重複以橄欖油、明礬和白堊作為媒染劑，反覆利用錫鹽和羊糞等物質加工處理，以及將染布徹夜浸泡在河水中沖洗。

今天我們已知茜素分子的化學結構以及茜草植物中其他的著色成分。茜素是蒽醌（anthraquinone）的衍生物（蒽醌為許多天然色素的母體化合物）。在自然界中，不論是昆蟲、植物、黴菌或苔癬等生物體內，約有超過五十種以上的衍生物。就像靛青一樣，本身沒有顏色，不過茜素分子右邊環狀構造上的兩個羥基，能與其他環狀構造形成單、雙鍵交錯出現的結構，因此茜素得以吸收可見光。

蒽醌（無色）　　　　　　　　茜素（紅色）

在這些可以製造色彩的化合物中，羥基的角色顯然比環狀構造的數目更重要。我們可以比較具有兩個環狀結構的萘醌（naphthoquinone）衍生物，和具有三個環狀構造的蒽醌衍生物。

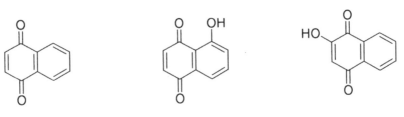

萘醌（無色）　　　　　胡桃醌（褐色）　　　　　散沫花素（橘紅色）

萘醌分子無色，而萘醌的有色衍生物包括胡桃裡所含的胡桃醌（juglone），以及印度傳統從指甲花萃取來染髮或彩繪皮膚的散沫花素（lawsone）。一般萘醌衍生的有色化合物含有一個以上的羥基，比方海膽中的海膽色蛋白（echinochrome）就是含有多個羥基的紅色色素。

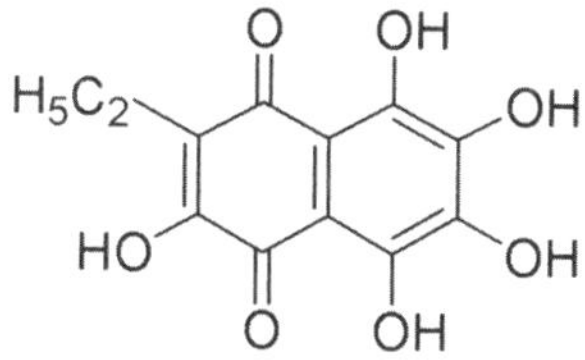

海膽色蛋白（紅色）

另一個化學上與茜素極為相似的衍生物是「胭脂紅酸」（carminic acid），這種從胭脂蟲（*Dactylopius coccus*）取得的染料分子也是自古常用的一種紅色染料，壓碎雌蟲所得的胭脂紅酸含有許多羥基。

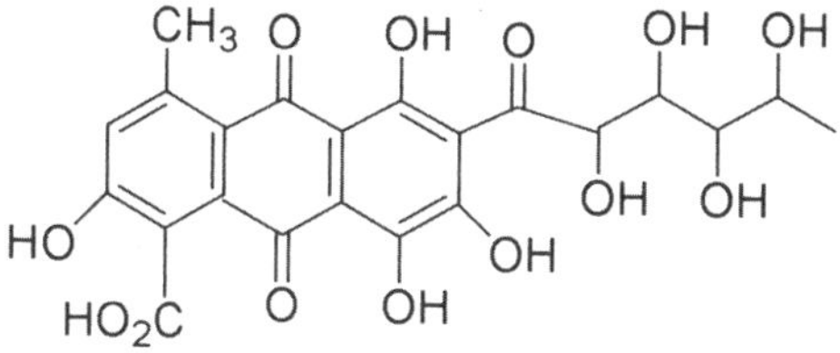

胭脂紅酸（猩紅色）

早在一五一九年西班牙征服者柯特茲抵達美洲之前，胭脂蟲紅就已被墨西哥的阿茲提克人所使用，因此可以說是一種源自新大陸的染料。柯特茲將這種染料帶回歐洲，但他把染料來源列為機密，以維護西班牙在的壟斷地位；這個祕密後來到十八世紀才公諸於世。之後，英軍所穿著的深紅色大衣讓人印象深刻，久而久之，「redcoats」（紅衣軍）也就成為英國軍人的代名詞。到二十世紀初期，製造這種特殊鮮紅色

織品的英國染料工人，仍然受到合約限制；以當時英國在西印度的殖民地是胭脂蟲的主要產地，這也可算是政府支持染料工業的另一個例子，

胭脂蟲紅在當時非常昂貴，七萬隻胭脂蟲體才能製出一磅鮮紅色染料。胭脂蟲乾燥之後看起來就像一粒粒穀物，因此，從墨西哥與中南美洲等熱帶產地運往西班牙加工製造的成袋蟲屍，也被稱為「紅色穀物」。今日胭脂蟲紅的主要地區為祕魯，年產量約四百噸，大概佔了全球總產量的 85%。

阿茲提克並不是世界上唯一知道從蟲體取得染料的民族，古埃及人也曉得用另一種雄性的胭脂蟲 *Coccus ilicis* 取出的紅色汁液，來漂染衣物（以及女性塗抹在唇上的顏料）。這種紅色色素主要是胭脂蟲酸（kermesic acid），與之前提過的胭脂紅酸極為類似，但卻沒有像胭脂紅酸一樣廣為全世界使用。

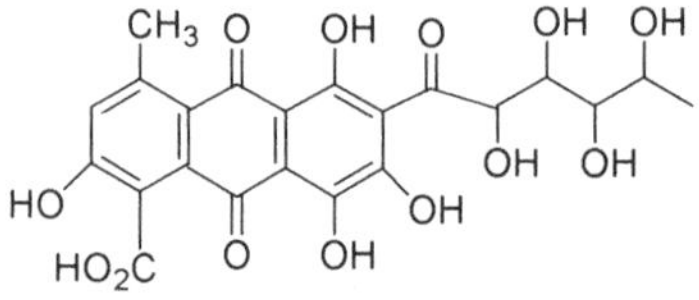

胭脂紅酸（猩紅色） 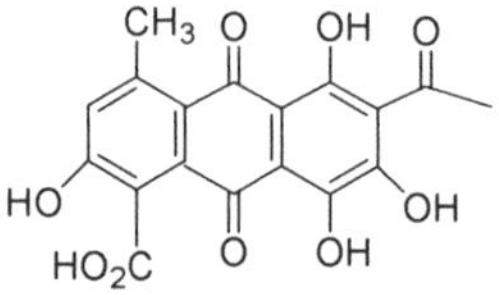　　　　　　　　　胭脂蟲酸（鮮紅色）

儘管胭脂蟲紅和泰爾紫取自於動物，但大多數的染料還是從植物中萃取來的，例如菘藍中的靛青與茜草中富含的茜素。除了藍色與紅色，最後一個色彩三原色的黃色是從**番紅花**（*Crocus sativus*）取得的；它的柱頭（即子房接受花粉處）含有豐富的黃色色素，可供萃取製成染料。番紅花原產於地中海東岸一帶，早在西元前一九○○年克里特島的的邁諾安文明（Minoan）就曾廣泛使用，後來盛行於中東一帶，古羅馬時代也用它作為香料、醫藥、香水，以及染料。

　　原本普及於整個歐洲的番紅花，到工業革命的時候漸漸式微，主要有兩個原因。首先，番紅花的花苞有三個可供萃取色素的柱頭，每個柱頭都必須單獨與花苞分離，以避免色素流失；這個步驟需要大量的人力來操作。然而，工業革命的時候，大部分勞工都隨著工廠遷移到大城市，造成染料工業人力短缺。第二個因素則與化學有關。儘管番紅花能產生美麗鮮豔的色澤（尤其當它被用來漂染毛料衣物時），不過整個過程相當耗時，因此當其他人工染料出現的時候，番紅花也就逐漸被取代了。

　　現在在西班牙仍可見到傳統的番紅花種植區，工人依舊在太陽初升的時候，以傳統的人力方式摘收花苞的柱頭，不過主要用途已不再是染料，而是為著名料理「西班牙海鮮飯」（paella）和「法式馬賽魚湯」（bouillabaise）增色添味。由於番紅花的採收過程相當耗時費力，它也成為現今世界上價格最昂貴的香料之一；大約一萬三千株的番紅花柱頭，才能生產出一磅的香料。

　　番紅花呈現的橘黃色來自於它的**番紅花素**（crocetin），其化學結構與 β 胡蘿蔔素相似，兩者都有一條由七個單、雙鍵交替出現所構成的長鏈，如下圖大括弧所標示的部分。

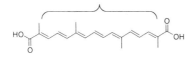

番紅花素（番紅花的橘黃色素）　　　　　　　β 胡蘿蔔素（胡蘿蔔的橘色素）

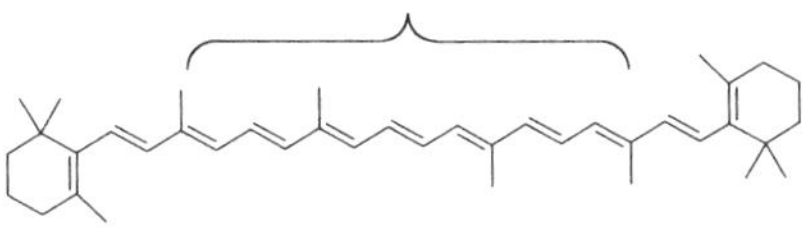

　　染色藝術從一種簡單的工坊技藝演變成今日的規模，這個過程也記錄著幾千年來企業集團的演變歷程。西元前二三六年的古埃及草莎紙記載了漂染工人的工作情形——他們雙手未曾停歇，眼神疲憊，全身發出一股魚腥般的臭味。染業工會在中古世紀就頗具規模，而隨

著北歐的羊毛業與義大利與法國的蠶絲業盛行，染料工業也逐漸昌
盛，由奴工所生產的靛青原料，遂成為十八世紀美國南部最重要的出
口作物。由於棉花是當時英格蘭最重要的生活物資，人們對於染布技
術的需求也愈來愈強烈。

合成染料

從一七〇〇年代晚期開始，人們便致力於合成染料的研發，隨
著這些突破性的合成染料問世，幾個世紀以來的染料技藝也因而改
變。第一個由人工合成的染料是苦味酸，它具有三個硝基，第一次世
界大戰時層被廣泛地使用於軍用品的製造。

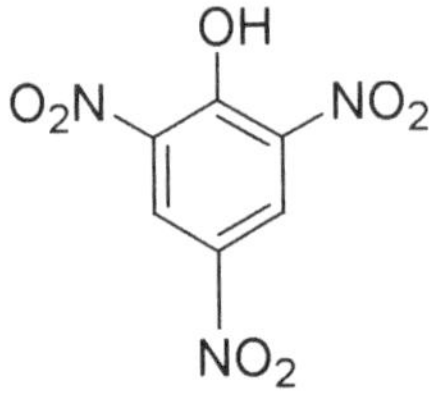

苦味酸（三硝基酚）

苦味酸是一種酚類化合物，在一七七一年時就已被合成出來，並於一七
八八年開始被應用在毛料與絲質的漂染上。雖然苦味酸能產生鮮明的黃
色，不過它也和其他硝基化合物一樣，具有引發爆炸的危險；天然的
黃色染料就沒有這項疑慮。此外，苦味酸也會褪色，而且取得不易。

人工茜素在一八六八年問世，而且質與量都相當令人滿意；合
成靛青則是在一八八〇年出現。至此之後，色彩鮮明、不易褪色且品
質穩定的各種純人工染料紛紛出籠。一八五六年，十八歲的倫敦皇家
學院化學系學生波金（William Henry Perkin）研發出一種新的合成染
料，進而改變了整個染料工業的基礎。波金的父親認為化學並不能讓

人致富，因此選擇以建築師為業；不過波金卻向父親證明了，這種想法大錯特錯。

一八五六年，波金利用復活節的假期，計畫在家裡的小實驗室合成抗瘧疾藥物「奎寧」。倫敦皇家學院的德國籍化學教授霍夫曼（August Hofmann）也認為，奎寧可以從煤焦油中提煉出來；煤焦油即是當年李斯特用以萃取酚的原料。當時人們還不是很了解奎寧的結構，不過由於它具有抗瘧疾的特性，因此十分搶手，尤其當大英帝國與其他歐洲國家在瘧疾肆虐的印度、非洲和東南亞等地擴張勢力版圖時，奎寧更顯得一藥難求。那時候人們只曉得可以從南美洲的金雞納樹（cinchona）的樹皮製得奎寧，其他方面則一無所知。

如果合成奎寧的實驗成功的話，那將是人類史上的偉大成就。波金初期的實驗都失敗了，後來他在一次試驗中製造出一種黑色的物質，溶於酒精後會產生深紫色的溶液。波金把幾塊絲料置入這個溶液中，他發現這些織物會吸收溶液中的顏色。接著，他把染色的樣本放置在陽光下曝曬，這些織品也沒有因此褪色，它們仍然有著如薰衣草般優雅的淡紫色。在當時，可用於棉與絲的染色，且不容易褪色的天然紫色染料不但非常稀有，價格也相當昂貴，因此波金知道，他的新發現勢必具有相當的商業潛力。他將他的染布樣本寄往蘇格蘭一間居領導地位的染料工廠，獲得這樣的回應：「如果這項發明不會使產品變得太昂貴，那麼肯定是長久以來最有價值的研發之一。」

波金獲得相當大的鼓舞，他離開了皇家學院，並在父親的資助之下為這項發明申請專利，還成立了一家小工廠，以合理的開銷大量生產這種紫色染料，同時也繼續研究漂染毛料、絲與棉質等織物可能遭遇的問題。一八五九年，波金的紫色染料「**木槿紫**」（mauve）席捲了整個時尚界，也成為當時法王拿破崙三世的皇后尤金妮（Eugenie）和王室的最愛；英國女王維多利亞在女兒的婚禮和一八

六二年倫敦博覽會的開幕典禮上，更穿著一襲木槿紫的洋裝驚豔全場。有了英法王室的推波助瀾，木槿紫的流行趨勢更是扶搖直上，一八六〇年代也因此被稱為「木槿紫的年代」。而直到一八八〇年代晚期，英國一直使用木槿紫為郵票的主要色調。

　　波金的發現對於後來的染料工業影響甚鉅。他的木槿紫是第一個經過多步驟合成的有機化合物，類似的程序也很快被應用於合成其他顏色的人工染料。這些染料統稱為「煤焦油染料」或者「苯胺染料」。到了十九世紀末，漂染工匠幾乎有兩千種左右的合成染料可選擇。而以合成方式為主的化學染料工廠，也逐漸取代了幾百年來以自然資源為染料原料的傳統企業。

　　波金並沒有因為奎寧而大發利市，不過另一個稱為「苯胺紫」（mauveine）的分子，以及稍後他所發現的其他人工染料，卻為他帶來豐厚的財富；苯胺紫的名稱來自於它所賦予木槿紫的紫色調。波金可以說是因致力於化學研究而致富的第一人，也令他父親改變了原先對化學的悲觀態度。波金的發現突顯了結構有機化學的重要性，這個化學分支的研究領域，著重於化合物中各組成原子的排列關係。不單是新研發的染料，如茜素與靛青這些歷史悠久的染料分子結構，也都必須被透徹研究以了解其中的化學特性與奧祕。

　　波金初始的實驗源自於他對於化學結構的不當假定。當時一般認定奎寧的化學式是 $C_{20}H_{24}N_2O_2$，不過人們對於這個化合物的結構仍是一知半解。波金根據這個化學簡式推測，如果以另一個化學式為 $C_{10}H_{13}N$ 的化合物 allyltoluidine 為原料，輔以重鉻酸鉀為氧化劑，應該能與相同的化學分子結合產生奎寧。

$$2C_{10}H_{13}N \quad + \quad 3O \quad \longrightarrow \quad C_{20}H_{24}N_2O_2 \quad + \quad H_2O$$

allyltoluidine　　　　　氧　　　　　　奎寧　　　　　　水

從化學式來看，波金的理論是合理的，只不過現在我們已知，這樣的反應實際上並不會發生。由於當時並不了解奎寧與 allyltoluidine 真正的化學結構，因此要藉由一連串的化學步驟。來將一個化合物轉換成另一個化合物，簡直就是異想天開。這也是為什麼波金藉由這個反應式所創造出來的苯胺紫，其化學特性會跟原來計畫合成的奎寧截然不同的原因。

　　到了今天，苯胺紫的結構仍是個謎。波金從煤焦油中分離出來以合成苯胺紫的原料，純度並不是很高，因此一般認為他所創造出的深紫色顏料，其實是源自一群化學性質相當類似的化合物混合而成的原料。下圖為苯胺紫的可能結構。

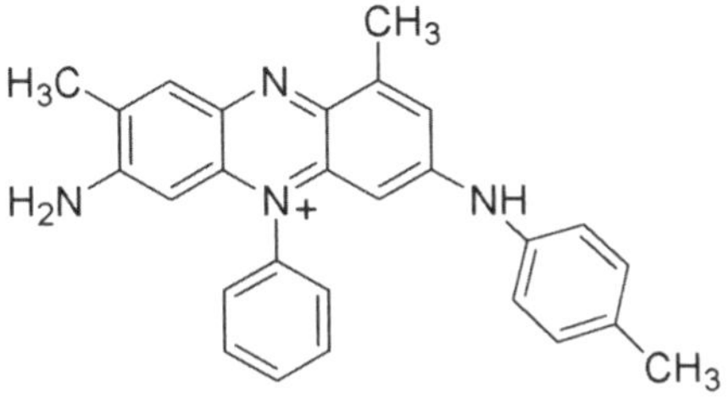

苯胺紫的部分結構，即是波金的木槿紫之主要成分。

　　波金對於商業化生產木槿紫染料的企圖，無疑是一項缺乏深思熟慮的失敗決策。在那個時候，他還只是一個年紀輕輕的化學系學生，並沒有太多染料工業的專業知識，也欠缺大規模化學生產的經驗。此外，他的合成產品產量也非常低，大約只有理論值的 5％。同時，他還面臨了煤焦油原料供應不穩的難題。如果是比較有經驗的化學家，這些問題大概都能迎刃而解。然而，或許波金能成功，有部分也歸因於他不會受到經驗不足的負面打擊而放棄實驗的決心。在沒有任何類似的加工製造程序為指引的情況下，波金必須親自設計和測試各種新的設備與程序。終於，他研發出解決大規模合成反應所引起的

種種問題:他製造大型的玻璃容器以取代會受到酸性腐蝕的鐵製容器;他在實驗步驟中加入冷卻系統以避免反應過熱的現象;他有效地掌控了爆炸性物質與有毒氣體這些危險性副產物的生成與釋放。一八七三年,波金出售了他開業十五個年頭的工廠。退休之後,他抱著萬貫家財,在自家的實驗室中默默地繼續從事他最愛的化學實驗。

染料的衍生價值

抗生素、炸藥、香水、油漆塗料、油墨印刷、殺蟲劑與橡膠等有機化學工業,其實都是從今日主要採用化學方法合成的染料貿易所衍生的。然而,這些有機化學工業的發源地卻不是木槿紫的故鄉——英國,也不是在染料與染料技術上獨步全球的法國,而是德國;他們開創了一個壯觀的有機化學王國,同時研發出許多相關技術作為後續發展與生產的基礎。當時英國的化學工業實力也相當堅強,他們所生產的原料提供了漂印染技術、陶瓷器製造、玻璃與鞣革製作、釀酒和蒸餾等行業所需,不過這些原料多半是由氫氧化鉀、石灰、鹽、蘇打、酸性物質、硫、白堊和黏土等無機物所組成。

德國(以及次之的瑞士)之所以能執全球合成有機化學之牛耳,主要有幾個因素使然。在一八七〇年代,由於一連串的專利紛爭,使得一些英國和法國的染料加工業不得不停工歇業。而當時英國染料業的先驅波金已經退休,暫時也還沒有人像他一樣精通化學知識、熟知織品加工業,同時具有極佳商業手腕,能成為他的接班人。再加上英國人沒有著眼於國家未來的發展利益,他們竟然開始外銷合成染料的各種原料。英國將進口的原料製成成品後輸出,因而成為工業巨擘,不過他們忽略了煤焦油的廣大用途與合成化學工業的重要性,拱手將工業之王的寶座讓給了德國。

　　另一個造成德國染料工業突飛猛進的原因是，德國的工業界與學術機構彼此緊密合作。在其他國家，化學研究似乎是學校機構的特權。而德國大學院校的各研究室，幾乎都與產業界有密切的合作關係；這種合作模式就是德國之所以成功的最重要因素。如果不了解這些有機染料的結構，以及眾多有機合成反應的化學程序，或許到現在，科學家還未能研發出精密的技術來引導現代藥學的發展。

　　德國的化學工業可說是由三家公司逐漸發展出來的。一八六一年，第一家德國化學公司 BASF 在德國西南部萊因河畔的路德維希港（Ludwigshafen）建廠。雖然這家工廠一開始是以生產蘇打灰和苛性鈉這類無機化合物而聞名，不過它很快便在染料工業界活躍起來。到了一八六八年，德國科學家格萊勃（Carl Graebe）與李貝曼（Carl Liebermann）宣稱能以合成的方法得到茜素染料。當時 BASF 的首席化學家海涅‧卡洛（Heinrich Caro）得知這個消息後，馬上與柏林的化學家連繫，合作生產具有商業價值的合成茜素。到了二十世紀初期，BASF 公司已生產出大約兩千噸的茜素染料，同時逐漸邁向今日世界前五大化學工廠的龍頭地位。

　　在 BASF 成立後的隔年，德國第二大化學工廠 Hoechst 也誕生。這間公司原先是以生產紫紅色的苯胺紅（aniline red）染料為主，之後也為這種獲利可觀的茜素合成染料申請專利。至於經過長期研究以及投入可觀的研究成本所開發出來的合成靛青染料，也讓 BASF 和 Hoechst 這兩家公司賺進了大筆鈔票。

　　德國第三大化學公司 Bayer（拜耳）也瓜分了這塊市場大餅。雖然提到拜耳就會讓人聯想到阿斯匹靈，不過這家成立於一八六一年的公司，其實一開始是以生產苯胺類的染料為主。阿斯匹靈早在一八五三年就已問世，不過直到一九○○年左右，這家公司才開始在以茜素為主的合成染料市場上獲利，至此，拜耳公司才有餘力推展多角化經

營，並將觸角深入製藥學領域，開始量產阿斯匹靈。

在一八六〇年代，這三家德國工廠合成染料的產量加總起來，只佔了全世界總產量的一小部分。不過到了一八八一年，它們的產量已佔了全球出口量的一半。在這個時代的轉捩點上，合成染料的全球總產量呈現大幅成長，其中有90％來自德國。由於染料工業蓬勃發展，連帶也引導了德國有機化學業與整個工業界的成長。第一次世界大戰發生的時候，德國政府致力於輔導這些染料工廠轉型生產炸藥、毒氣、藥物、肥料以及其他軍需品，來支援這場戰爭。

不過在第一次世界大戰之後，德國的經濟與整個化學工業界卻面臨了空前的危機。一九二五年，德國幾個主要的化學公司為了緩和市場景氣的停滯與低迷，彼此整合成一個空前的超大聯合企業集團，並命名為「染料工業合作企業聯盟」（Interessengemeinschaft Farbenindustrie Aktiengesellschaft），或稱「IG Farben」，字面上的意義是「以共同興趣為號召的集團」，經營重點主要是化學加工方面。IG Farben 經過重整與革新之後，已經成為現今世界上最大的聯合企業之一，它不但將它的獲利與經濟影響力應用於新產品的研發，更致力於開發各種新技術，以期成為化學工業界的龍頭老大。

在第二次世界大戰期間，IG Farben 為納粹提供各種軍事用品，同時也參與希特勒戰爭機器的研發。當德軍一路挺進歐洲大陸的同時，IG Farben 也沿途佔領了許多國家的化學加工廠。波蘭奧斯威辛（Auschwitz）集中營附近一座生產合成油與橡膠的大型化學工廠被佔領後，許多俘虜不只被迫在工廠裡工作，還成為試驗各種新藥的活體受試者。

大戰過後，IG Farben 有九名行政主管被裁定「侵吞佔領國之財產」，另外四人被以「虐待奴工」以及「不人道對待戰俘」的罪名起訴。人們紛紛開始抵制這個龐大的化學工業集團，終於使之面臨瓦解

的命運，分裂為一開始組成的三間公司：BASF、Hoechst 和 Bayer。
後來這三間公司繼續成長與擴張，跨足塑膠、紡織、藥物與合成油料
等產業，成為今日有機化工業界不容忽視的角色。

＊　＊　＊　＊　＊　＊　＊　＊　＊　＊

　　染料改變了歷史。自幾千年前在自然界中被發掘出來之後，它
為我們創造了許多新興工業。由於人類對於色彩的追求，工會和工
廠、城鎮與貿易也應運而生。然而，人工染料出現之後，世界的樣貌
隨之改變，傳統收集天然染料的方式也逐漸銷聲匿跡。另一方面，就
在波金合成木槿紫後不到一個世紀的時間，大型化學企業集團紛紛出
現，它們不但主導了染料市場的走向，促成有機化工業的發展，進而
穩固了商業發展的根基，更整合了今日的抗生素、止痛劑以及其他藥
物發展所需的化學知識。

　　在改變世界面貌的眾多合成染料中，波金的木槿紫只是其一，
但許多化學家仍將它視為把有機化學從學術研究領域變成全球主要工
業的幕後推手。一個英國青年利用假期所進行的實驗，不只讓木槿紫
染料成為一項獨佔事業，更為我們的世界歷史寫下了多彩繽紛的一
頁。

10

阿斯匹靈與抗生素

　　或許對於波金本人來說，木槿紫促成染料工業的蓬勃發展並不特別讓人意外。除了波金的慧眼獨具和希望藉由研發染料而致富的期待，他父親適時地給予經濟援助，也是他最後之所以能成功而聲名大噪的原因。不過，他可能沒有想到的是，他的貢獻更進而影響了製藥工業的發展。這項新興工業為全世界帶來的影響遠遠超越了染料工業，它不但改良了醫藥的應用，更拯救了無數生命。

　　從一八五六年波金合成木槿紫到十九世紀末，英國人的平均壽命大約為四十五歲。到了一九○○年，美國男性的平均壽命也只不過增加到四十六歲，女性則為四十八歲。不過在短短的一個世紀之後，男性已可活到七十二歲，女性則為七十九歲。

維持了好幾個世紀的人類生存期限得以快速成長，這其中必定有某些特別的事情發生，其中之一就是二十世紀醫學工業的進展，尤其是抗生素的出現。過去的一個世紀裡，數以千計的合成藥物相繼問世，進而改變了許多人的命運。在這裡我們只著重討論兩類藥物的化學結構與發展，那就是具有止痛作用的阿斯匹靈，以及兩種不同的抗生素。阿斯匹靈的龐大商機為化學企業帶來了美好的願景；而最早誕生的抗生素——磺胺劑（sulfa drug）與盤尼西林（penicillin）——直到今天仍廣為使用。

幾千年以來，人們都以藥草來療傷、治病與減輕痛苦，世界上每一個民族都有獨門的傳統療法，而其中有些極具療效的偏方，經過化學改造後，便成為今日常用的醫療藥品。例如奎寧，它取自生長在南美地區的金雞納樹，最早是祕魯的印地安人用以治療發燒症狀的藥材。即使到了今天，這個分子仍被用以治療瘧疾。又例如毛地黃中富含的洋地黃，長久以來是西歐民族治療心臟疾病的良藥，今日的醫學界仍把它當成一種刺激心臟的藥物。至於從罌粟種皮所萃取具有止痛效果的汁液，也曾盛行於歐洲和亞洲，而從中提煉出的嗎啡，也是今日我們常用的止痛劑。

不過，關於治療細菌感染的方法在歷史上卻少有記載。即使到了近代，就算是一個小傷口，都有可能因為感染而威脅到病患的性命。在美國獨立戰爭的期間，將近一半的美國士兵就是因為細菌感染而喪命。所幸，李斯特所發現具有殺菌能力的酚，以及一些消毒程序出現之後，細菌感染所造成的高死亡率才得以在第一次世界大戰期間獲得改善。可惜的是，這些殺菌分子對於已經發生的感染現象並沒有什麼幫助。發生於一九一八至一九一九年間的全球流行性感冒，奪走了超過兩千萬人的性命；這個數字甚至高過第一次世界大戰期間的死亡人數。流行性感冒是由病毒所引起的，不過致人於死的原因，其實

是它所引發的二次肺炎細菌感染。破傷風、肺結核、霍亂、傷寒、麻瘋病、淋病在當時讓人聞之喪膽，只要罹患這些疾病，似乎就代表與死神相去不遠。一七九八年，英國醫生金納（Edward Jenner）[1]利用流傳已久的「藉由接觸病原使人體產生抗體」的概念，首次成功地研發出可讓人產生自體免疫能力的天花疫苗。在十九世紀的最後十年，許多利用類似方法製成的疫苗相繼誕生，預防接種也逐漸成為對抗細菌性疾病的常見方法。在一九四〇年代，那些讓人聞之色變的兒童常見重症，像是猩紅熱與白喉，也因為疫苗的問世而在許多國家消聲匿跡。

阿斯匹靈

　　德國與瑞士在染料工業上的大量投資，促成了二十世紀初期化學工業的突飛猛進，而其中帶來的經濟利益，更有助於其他各個層面的發展。比方說染料工業帶動了化學的進展，人們開始研究量產反應所需的條件，並推出有利於後起的製藥工業所需的純化與分離技術。德國拜耳公司是最早洞悉化學製藥具有龐大商機的先驅之一，其中最著名的例子，就是今日熱銷全世界的阿斯匹靈。

　　一八九三年，拜耳公司的化學家霍夫曼（Felix Hofmann）開始研究水楊酸的特性；這種分子是從一八二七年自柳樹皮中所發現具有鎮痛效果的水楊中取得的。人們知道柳樹和楊樹可以用來治病已有好幾個世紀之久，著名的古希臘醫學之父希波克拉底（Hippocrates）也曾經使用柳樹皮萃取液，來減輕病患發熱與疼痛的症狀。雖然說水楊分子的構造中含有葡萄糖環，不過由於它的其他結構徹底遮蓋了葡萄

1　金納（1749-1823）為牛痘的發現者。一七七二年時，他發現母牛也會得到類似天花的膿皰，但不會致命，因此他把牛痘接種在人身上，使人得以終生免疫。

糖環所具有的甜味，因此水楊嚐起來只剩苦味。

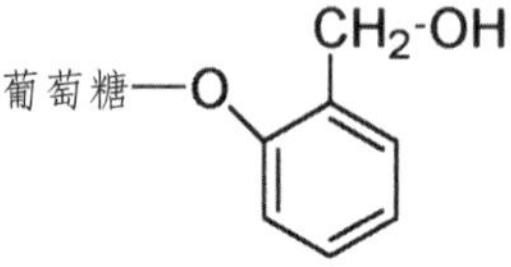

$$CH_2\text{-}OH$$

葡萄糖—O

水楊分子

　　就像能產生靛青色彩且含有葡萄糖結構的尿藍母分子一樣，水楊的化學結構也能簡單地分為兩個部分——葡萄糖環和可以氧化成水楊酸的柳醇（salicyl alcohol）。柳醇和水楊酸都屬於酚類，它們的結構中都有一個直接連接到苯環上的羥基。

$$CH_2\text{-}OH$$

H—O

柳醇

氧化反應

$$C\text{-}OH$$

H—O

水楊酸

　　這兩個分子的構造也與丁香、肉荳蔻、薑所含的異丁香酚、丁香酚、薑油酮等芳香分子類似，因此水楊分子也是一種天然的殺蟲劑，可以保護柳樹免遭蟲害。此外，水楊酸也可以從原生於歐洲與西亞沼澤的多年生繡線菊屬（*Spiraea ulmaria*）的植物上取得。

　　水楊的主要活性成分為水楊酸，不但可以消熱、鎮痛，也具有抑制發炎的功效。純化的水楊酸分子比天然的水楊更具療效，不過會刺激人體的腸胃壁。霍夫曼之所以會對水楊酸分子產生興趣，是因為它能減輕類風濕關節炎為他父親所帶來的疼痛，但其止痛效果卻會隨著時間遞減。有鑑於此，霍夫曼嘗試讓他父親服用另一種從水楊酸衍生而來的化學分子——乙醯水楊酸；其實這個分子早在四十年前就已由另一位德國化學家合成出來。在乙醯水楊酸（簡稱〔ASA〕的結構

中，乙醯基（—CH₃CO）取代了水楊酸結構中酚的羥基上之氫原子。酚類一般具有刺激性，而根據霍夫曼的說法，如果能將酚上的羥基轉化成乙醯基，或許可以降低水楊酸分子的刺激性。

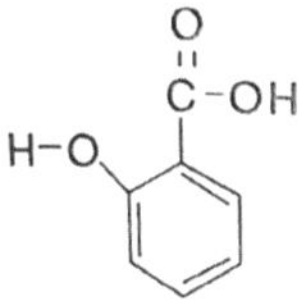

水楊酸

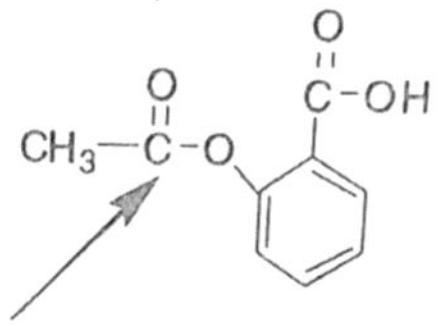

乙醯水楊酸。
箭頭所指為羥基上被乙醯基取代的位置

　　霍夫曼的實驗為他的父親以及拜耳公司帶來極大的幫助與利益。這個具有乙醯基的水楊酸隨後被證實具有高度的療效，而且對人體也較溫和。一八九九年，拜耳公司開始販售小包裝的阿斯匹靈藥粉；我們現在熟知的「aspirin」（阿斯匹靈）這個字，就是結合了 *acetyl*（乙醯）中的「*a-*」，以及 *Spiraea ulmaria*（繡線菊植物）中的「*spir-*」。此後，拜耳公司幾乎等於阿斯匹靈的代名詞，也從此成為全世界製藥工業的第一把交椅。

　　由於阿斯匹靈的需求量與日俱增，從柳樹與繡線菊植物這類天然來源取得的水楊酸於是供不應求，嘗試以酚為原料來合成水楊酸的化學方法也紛紛出現。在第一次世界大戰期間，拜耳的美國分公司大量收購世界各地的酚，為的就是確保有足夠的原料以生產阿斯匹靈。而賣酚給美國拜耳公司的國家，也因此減少了同樣以酚為原料，且具爆炸性的苦味酸的產量（見第五章）。在第一次世界大戰期間，由於人們需要更多的阿斯匹靈而導致苦味酸的產量減少，或許因此減緩了以苦味酸為原料的各種軍需品之發展，但卻加速了 TNT 炸藥的研發；這些或許也算是阿斯匹靈帶給人類的另一種影響吧。

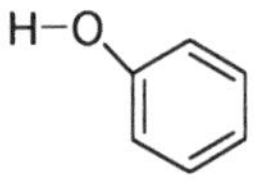

　　　　酚 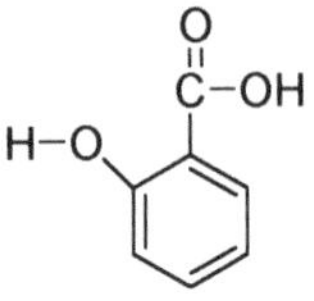　　　　　　　　　水楊酸 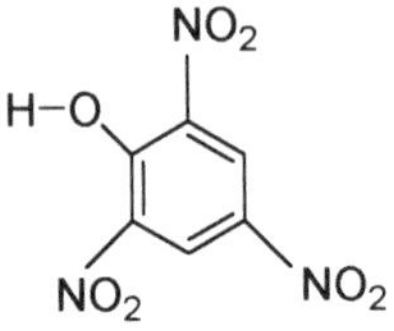　　　　　　三硝基苯酚（苦味酸）

　　直到今天，阿斯匹靈仍然是最普遍的藥物，目前市面上約有超過四百種阿斯匹靈，單單美國來說，阿斯匹靈的年產量就超過四千萬磅。除了可以鎮痛、緩和發燒症狀和抑制發炎之外，阿斯匹靈也具有稀釋血液的效果；醫師指出，攝取微量的阿斯匹靈可以避免中風與靜脈血栓（又叫做「經濟艙症候群」）[2] 等症狀的發生。

磺胺傳奇

　　當霍夫曼以他的父親進行新藥的「人體實驗」時（顯然這並非值得推崇的舉動），另一名德國醫師艾利希（Paul Echrlich）[3] 正著手從事一項新的實驗。有人形容艾利希是個十足的怪人，聽說他一天要抽掉二十五根雪茄，也會花好幾個鐘頭窩在小酒館，跟酒客談論哲學的問題。不過這些稀奇古怪的性格背後，卻有著堅毅的精神與絕佳的洞察力；或許就是因為這些獨特的人格特質，才使艾利希得以在醫學領域大放異彩，並榮獲一九〇八年的諾貝爾醫學獎。儘管從未接受過實驗化學與應用細菌學的正統訓練，艾利希卻具備科學家的敏銳觀察

2　經濟艙症候群是指長途飛行時，容易因久坐不動而造成下肢靜脈血栓形成，若此血凝塊移動到肺部產生肺栓塞，則有可能致命。因常發生在經濟艙，所以叫「經濟艙症候群」，但其實只要是所處空間過於狹窄或坐太久，都有可能發生靜脈血栓的情形。

3　艾利希（1854-1915）是抗微生物療法的先驅者，由於他在免疫學上的貢獻，獲得一九〇八年的諾貝爾生理及醫學獎。

力。他注意到，有些組織或微生物可以吸附煤焦油所提煉出來的染料，有些則否。藉由這種差異性，將可以利用有毒的染料分子來消滅遭到感染的特定組織，而不至於傷害到整個人體。艾利希將這個想法稱為「神奇子彈」（magic bullet）——這顆由毒性的染料分子所構成的子彈，可以精準地瞄準目標組織，並將之一舉殲滅。

艾利希所研發第一個具有抑菌作用的染料是錐紅（trypan red），它可以有效地對抗實驗室白老鼠體內一種錐蟲。不過，這種染劑對於引起非洲睡眠病（African sleeping sickness）的錐蟲，卻令人意外地沒有明顯的效用。

艾利希並未因此中斷研究，最後他還是找到了治癒這種疾病的方法，他相信，只要能找出那顆對症下藥的「神奇子彈」，疾病就能迎刃而解。接下來，他開始著手研究梅毒的治療方法；梅毒是由螺旋狀的梅毒螺旋體所引發的疾病。梅毒傳入歐洲的經過眾說紛紜，比較普遍的說法是，哥倫布的船員在新大陸感染梅毒而將之帶回歐洲。早在哥倫布的年代之前，文獻中就有記錄歐洲存在著一種藉由性行為傳染的痲瘋病。這種痲瘋病和梅毒一樣，會對汞的治療有所反應。當時關於痲瘋病的記載，幾乎沒有一樣符合現代我們所了解的痲瘋病症狀，因此極有可能當時人們所指的痲瘋病，其實就是梅毒。

當艾利希開始尋找治療梅毒的神奇子彈時，以汞為治療方法的歷史已有四百年之久；汞療法並不是艾利希所定義的神奇子彈，因為汞不只會殺死梅毒細菌，同時也危害到病人的健康。病患在汞蒸氣室接受治療的過程中，往往會因為心臟衰竭、脫水與窒息等症狀而喪命，就算僥倖逃過一死，也會逐漸出現牙齒與毛髮脫落、流口水、貧血、躁鬱與肝衰竭等汞中毒的症狀。凡此種種病徵顯現，便如同敲響了患者的死亡喪鐘。

到了一九〇九年，在艾利希測試過六百零五種不同的化學藥品

之後，他終於找到了一種兼具療效與安全性的化合物，並稱之為
「606」。「606」是一種含砷的芳香族分子，而且證實能有效地消滅
梅毒螺旋體。與艾利希合作的 Hoechst 公司將這項新產品命名為「撒
爾佛散」（salvarsan），並於一九一〇年上市。和病人在接受汞治療
時所受的折磨比較起來，這種新藥顯然有長足的改善。儘管這種藥對
於人體仍有毒性，也未能徹底治癒梅毒，不過它確實能顯著地減輕梅
毒的症狀。撒爾佛散讓 Hoechst 公司獲利頗豐，也為日後的製藥研發
工作提供了厚實的經濟基礎。

　　有了撒爾佛散的成功經驗之後，化學家開始對成千上萬不同的
化合物進行一連串的測試，試圖找出對付各種疾病的「神奇子彈」。
他們改變化合物的結構，然後再重複進行測試程序，但總是沒有令人
滿意的結果，似乎也推翻了當初艾利希所謂的「化學療法」
（chemotherapy）。到了一九三〇年代，受雇於德國 IG Farben 集團
的杜馬克（Gerhard Domagk）[4] 使用一種稱為「百浪多息」（prontosil
red）的染劑，來治療他女兒因針刺傷口所引起的鏈球菌感染。他曾
經在 IG Farben 的實驗室中試驗過這種染劑，雖然說這種藥劑對於培
養液中的細菌沒有顯著的殺菌能力，不過在老鼠身上卻有抑制鏈球菌
繁殖的奇效。在病情危急且無計可施的情況下，他的女兒服下仍屬實
驗階段的染劑，竟奇蹟似地迅速復原。

　　起初人們推測，百浪多息的抑菌效果，來自於它能為細菌染色
的特性，不過後來證實這個藥劑的殺菌效果，其實與著色能力沒有關
係，而是在人體內能裂解成具有殺菌效果的胺苯磺胺（sulfanil-
amide）。

4　杜馬克（1895-1964）為德國病理學家兼細菌學家，因發現磺胺類藥物的抗菌作用而
　獲得一九三九年諾貝爾生理及醫學獎。

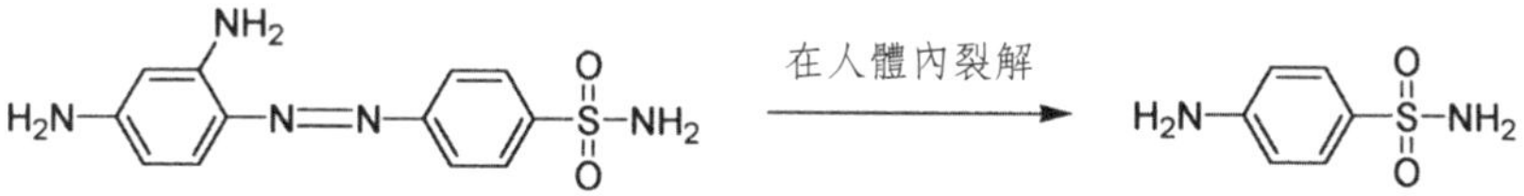

百浪多息　在人體內裂解　胺苯磺胺

這個反應式說明了為什麼百浪多息只在人體內產生效果，在試管內卻毫無反應。另外，我們發現胺苯磺胺也可以治療肺炎、猩紅熱和淋病等其他疾病。由於胺苯磺胺的卓越療效，化學家開始合成與這個分子相似的化合物，希望藉由些微的改造，增強其療效並減低副作用。然而，認清百浪多息並非為活性分子，這一點是非常重要的；百浪多息的結構比胺苯磺胺還要複雜得多，因此更難以被合成與改造。

在一九三五至一九四六年期間，約有超過五千種的苯磺胺類化合物被合成出來，其中有些比原始的苯磺胺分子更具威力，當然，它們對人體所造成的過敏與腎衰竭等副作用也更加顯著。在眾多的苯磺胺衍生結構當中，以 SO_2NH_2 上一個氫原子被其他官能基取代的衍生物，效果最佳。

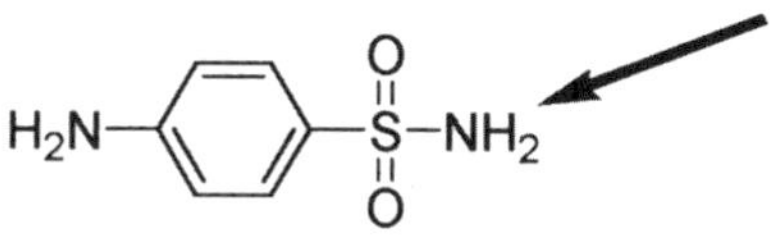

以其他基團取代其中一個氫原子，則能產生效果最好的苯磺胺類分子

這類藉由取代氫原子而產生的眾多化合物所組成的抗藥性分子，統稱為胺苯磺胺或者磺胺劑。下圖列舉出幾個例子。

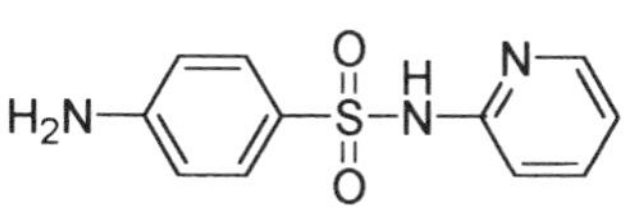

磺胺啶（sulfapyridine）——用以治療肺炎

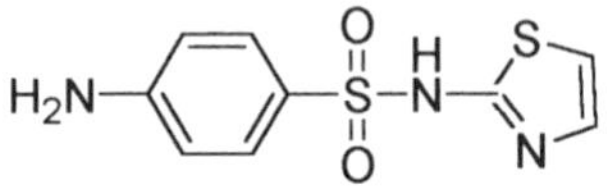

磺胺唑（sulfathiazole）──用以治療腸胃道感染

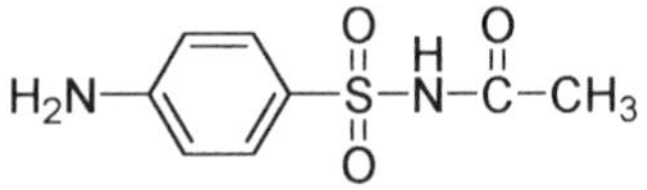

乙醯磺胺（sulfacetamide）──用以治療泌尿系統感染

這些磺胺劑很快地成為人們口中的特效藥，不過這樣的描述在今天看來稍顯不合時宜，因為陸續已出現更多效果更棒的殺菌療法。儘管如此，這些藥品對於二十世紀初期的人們來說，確實功不可沒。比方說，當這些磺胺劑開始被使用之後，美國死於肺炎的人數一年就減少了兩萬五千人左右。

　　第一次世界大戰期間（一九一四到一九一八年間），傷兵多半因為傷口感染而難逃一死。當時不論是在戰場上或是軍醫院中，「氣壞疽病」（gas gangrene）的傳染問題都很嚴重。這種疾病是由一種和引起致命性食物中毒的類桿菌同屬之劇毒性梭狀芽孢桿菌（Clostridium）所引起的。此外，因為攻擊性較強的炸藥和火炮，會在皮膚組織深處造成傷口，通常也是氣壞疽病發作的部位；在缺氧狀態下，這些細菌繁殖得更是迅速。當細菌開始繁殖，會產生一種咖啡色的惡臭膿汁，而且細菌的毒性也會在表皮流竄，散發出一股令人無法忍受的難聞氣味。

　　抗生素問世之前，治療氣壞疽病的唯一方法就只有截肢，若無法完全切除受感染的組織，傷患就只有等死一途。到了第二次世界大戰，磺胺啶與磺胺唑這兩種抗生素已成功研發，戰爭傷患因此免於截肢之苦，也避免了感染致死的命運。

　　我們現在已經知道，胺苯磺胺類的分子大小和形狀可以阻斷細菌繁殖時所需的葉酸（folic acid）；這也是抗生素得以抑制細菌感染的原因。葉酸是維生素 B 的一種，也是人體細胞生長所必須的營養素。它在許多食物中含量豐富，比方說綠葉類蔬菜（「folic acid」〔葉酸〕一詞就是源自於「foliage」〔葉子〕）、動物的肝臟、花椰菜、酵母、小麥和牛肉等。由於人體無法自行合成葉酸，因此我們必須從飲食中攝取這些營養。相反地，有些細菌能自行合成葉酸，因此它們可以在沒有葉酸的環境中生存。

　　葉酸分子的化學結構相當龐大而且構造複雜。如下圖所示。

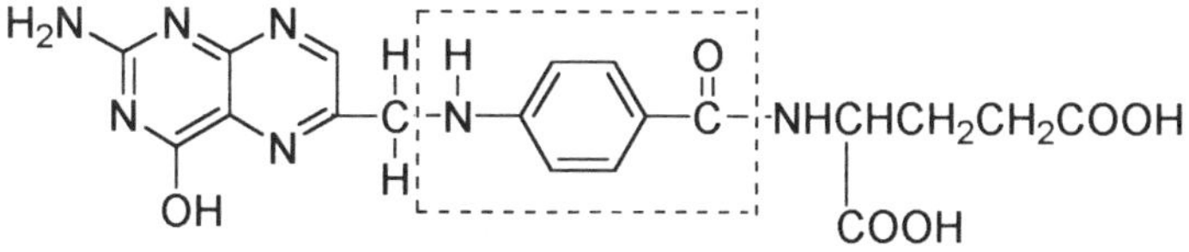

葉酸分子。虛線框內為對胺基苯甲酸的分子結構

如果我們只看圖中虛線框內的結構就可了解，葉酸是從對胺基苯甲酸所衍生出來的，而這個較小的分子（對胺基苯甲酸）也是微生物的營養來源。

　　對胺基苯甲酸和胺苯磺胺的分子大小，甚至於形狀都非常類似，而胺苯磺胺之所以能作為抗生素的原理也在此。這兩個分子從胺基（—NH_2）上氫原子到雙鍵的氧原子間（如下圖中大括弧所涵蓋的範圍）的長度差距不超過 3%，而且寬度也幾乎相等。

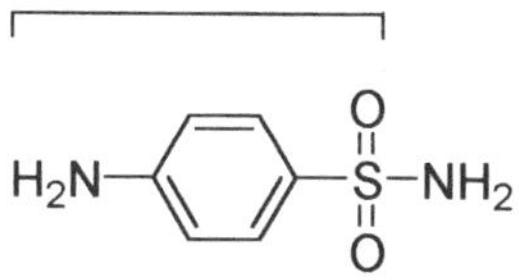

胺苯磺胺 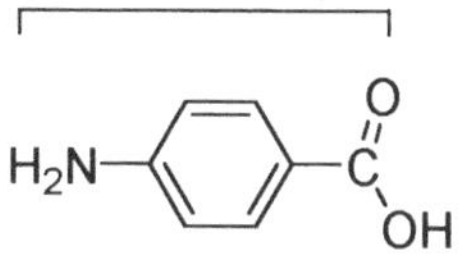　　　　　　　對胺基苯甲酸

細菌體內負責合成葉酸的酵素，對於對胺基苯甲酸和十分相似的胺苯磺胺類分子，似乎沒有鑑別能力。因此，細菌體內的酵素錯用目標來製造葉酸，終因葉酸不足而死亡。所幸人們可以從食物中攝取葉酸，因而胺苯磺胺類分子不會在人體內產生負面效應。

技術上來說，胺苯磺胺衍生出來的眾多磺胺劑分子不屬於抗生素。抗生素的定義為「取自微生物體，且可抵抗微生物活性的微量物質」，而胺苯磺胺類分子並非是從活細胞中取得的化合物，它完全是一個人為合成的分子。因此，把它歸於抗代謝物（antimetabolite）之類可抑制微生物生長的化學藥劑，似乎比較恰當。然而，不論為天然來源或者人工合成，「抗生素」一詞已被廣泛地應用到各種具殺菌能力的物質上。

第一個人工合成的抗生素是艾利希用以治療梅毒的撒爾佛散，但是首先被廣泛用來治療細菌感染的藥劑，其實是磺胺劑。它不但拯救了無數傷兵與肺炎患者，也使得婦女在分娩過程中的高死亡率明顯降低，因為磺胺劑可以抑制導致分娩時發燒的鏈球菌之繁殖。然而，近來磺胺劑的全球使用量卻有逐漸下降的趨勢，主要是因為磺胺劑會造成一些不利於人體的長期副作用，加上有些細菌已出現對磺胺劑免疫的突變形式，而效果更棒的新型抗生素也相繼問世。

盤尼西林

最早開始使用的抗生素是盤尼西林，而且沿用至今。一八七七年，巴斯德首先提出「利用微生物來消滅他種微生物」的觀點；他利用實驗證明，如果在尿液中加入普通的細菌，可以抑制尿液中一種炭疽菌的生長。隨後，李斯特醫生也向醫學界證明了酚的殺菌消毒能力，並對黴菌的特性進行研究；他曾經利用青黴菌屬（*Penicillium*）

的萃取液，成功治癒了一名飽受潰瘍所苦的病患。

　　儘管有這些正面的醫療成果，但關於黴菌療效更進一步的研究通常都是得自偶然的意外發現。到了一九二八年，英國倫敦聖瑪麗醫院（St. Mary's Hospital）的內科醫師弗萊明（Alexander Fleming）[5]發現，他正在研究的葡萄球菌培養液被一種青黴菌汙染，並注意到黴菌菌落會逐漸變得透明終至瓦解；這就是所謂的「**溶菌作用**」（lysis）。在好奇心的驅使下，弗萊明做了進一步的實驗，他推測培養液中的黴菌，能分泌抑制葡萄球菌生長的物質，稍後也以實驗證明了自己的想法。他把青黴菌（*Penicillium notatum*）培養液過濾之後的澄清液，加到培養皿中的葡萄球菌，發現培養液中的某種黴菌分泌物，確實可以抑制葡萄球菌的繁殖；即使稀釋了八百倍，這種青黴菌澄清液抑制葡萄球菌生長的效果仍然驚人。接著弗萊明把這種黴菌分泌物（後來他取名為盤尼西林）注射到老鼠身上進行毒性實驗，也得到令人滿意的結果。和酚比較起來，盤尼西林比較沒有刺激性，而且能直接針對感染部位發生作用。同時，盤尼西林的消毒殺菌效果比酚更強，也能抑制是腦脊髓膜炎、淋病與鏈球菌性喉炎之類的細菌品種。

　　弗萊明在醫學期刊上發表研究成果，不過由於他的盤尼西林溶液過於稀釋，也無法分離出其中的活性成分，因此並沒有得到太多迴響。不過現在我們已經知道，盤尼西林很容易受到一般的化學物質以及溶劑和溫度的影響，而失去活性。

　　由於當時仍以磺胺劑為治療細菌感染的主要方法，因此盤尼西林的臨床測試被擱置了十年以上。到了一九三九年，磺胺劑的成功經驗使得英國牛津大學的化學家、微生物學家與內科醫師開始研究如何分離盤尼西林的活性成分。一九四一年，第一起純化盤尼西林的臨床

5　弗萊明（1881-1955）為盤尼西林的發現者，並因此獲得一九四五年諾貝爾生理及醫學獎。

實驗終於開始進行；不幸的是，結果仍和過去一樣：「治療過程很成功，但還是無法挽回病人的生命。」當時醫師為一名同時遭葡萄球菌與鏈球菌感染的警員注射盤尼西林。病人在二十四小時後開始好轉，五天後完全退燒，而其他因為感染引起的病徵也逐漸消失。不過，由於可供使用的盤尼西林耗盡，病患的症狀又開始加劇。過沒多久，細菌感染的情形逐漸失控，並開始蔓延到身體的其他部位，病患最後還是因為細菌感染而喪命。第二位接受臨床實驗的病人也是在類似的情形下死於細菌感染。直到第三次臨床實驗，一名受到鏈球菌感染的十五歲男孩，因為有足夠的盤尼西林供治療之用，終於成功地康復。當這群研究團隊再次治癒另一名罹患葡萄球菌敗血症的病童時，他們就知道，這個新藥已經成功了。隨後，盤尼西林被證實能有效地抑制多種細菌，也不會對人體造成嚴重的副作用；使用磺胺劑則常常會引起腎中毒的後遺症。之後的研究還指出，一到五千萬倍的盤尼西林稀釋液，仍然可以有效抑制鏈球菌的生長。

然而，當時人們對於盤尼西林的結構還不清楚，更遑論以合成的方法來量產這種新藥。盤尼西林仍然是藉由黴菌培養的方式純化萃取，若要以這個方式來大量生產，對於微生物學家和細菌學家來說將會是一項艱難的挑戰。當時美國農業部位於伊利諾州佩奧利亞（Peoria）的實驗室擁有許多培養微生物的專家，也是負責進行許多研究計劃。一九四三年七月，美國製藥業所生產的新型抗生素超過八十億單位。隔年，盤尼西林的月產量更高達一兆三千億單位。

根據估計，第二次世界大戰期間英、美的三十九個實驗室中，有數以千計的化學家在研究盤尼西林的結構，希望能以合成的方法大量生產這種新藥。到了一九四六年，盤尼西林結構的謎團終於被解開了，不過第一批合成的盤尼西林問世，卻已是一九五七年的事了。

盤尼西林的化學結構其實並不複雜，它具有一個稱為 β 內醯胺

（lactam）的罕見四員環結構，是由四個相異原子所組成的。

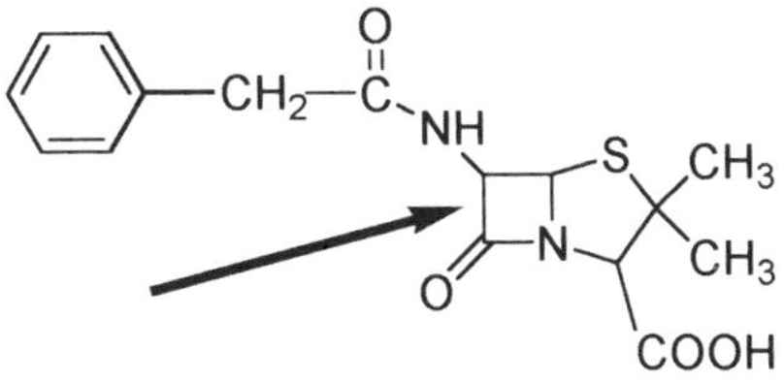

盤尼西林的化學結構，箭頭所指為 β 內醯胺的位置。

自然界中也有這種由四個相異原子所組成的四員環結構，只是並不常見。這種分子雖然可以用合成的方式製造，但是過程相當困難，原因是這個四員環的四個角都接近 90°，但在自然界中，能與碳原子或氮原子形成單鍵的結構多半為 109°，雙鍵的話則約 120° 左右。

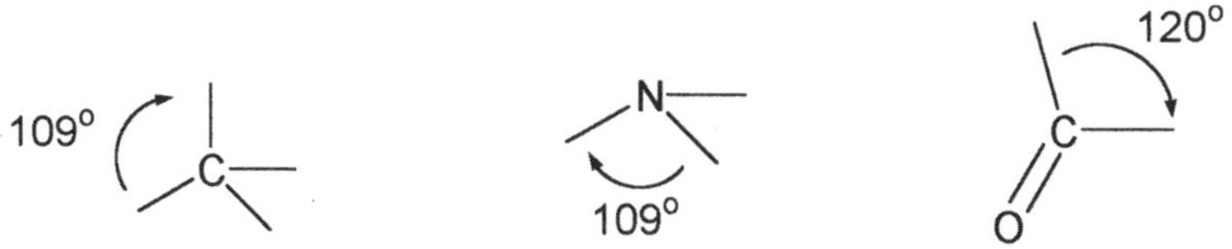

單鍵碳原子（左）或氮原子（中）在三度空間中的排列方式；氧原子與碳原子之間的雙鍵（右）則在同一平面上。

在有機化合物中，由四個原子所組成的環狀構造並非為平面結構；[6] 這種環形結構會因為組成原子間的鍵結角度與自然狀態相距甚遠，而產生某種程度的張力和不穩定性。不過，這個環狀結構的不穩定性，也正是盤尼西林可作為抗生素的特性之一。一般細菌都有細胞壁，也都具有能合成細胞壁的酵素。這種酵素也會作用在 β 內醯胺環上，使盤尼西林中的環狀結構打開而釋放出環狀張力。當這個反應發生時，細菌酵素上的羥基便會產生**醯化作用**（acylation，與水楊酸轉化

6　審註：雖然有些四員環的原子不共平面，但 β 內醯胺四員環的原子卻是共平面的。

成阿斯匹靈的反應相同）。當這個反應發生時，張開的盤尼西林環狀結構會連接到細菌的酵素上。從下圖可以看到，盤尼西林的五原子環形結構仍然保持不變，不過原本的四員環結構卻已經打開了。

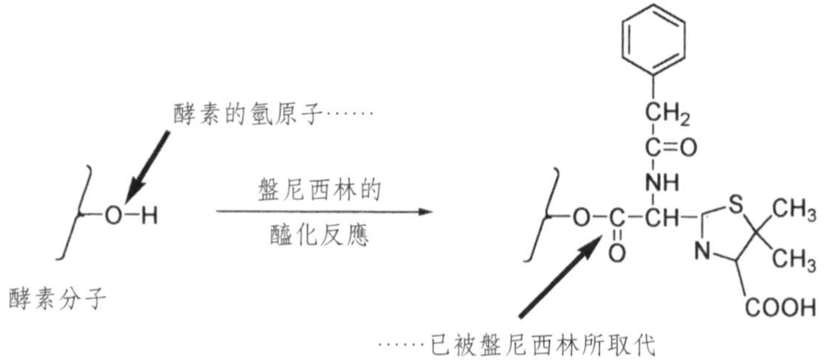

盤尼西林藉由醯化反應使酵素失去活性，抑制了細菌細胞壁的生成，因而控制了細菌的繁殖。動物細胞因為沒有細胞壁，也沒有像細菌一樣的酵素，所以不會受到盤尼西林的醯化作用而影響正常的生理代謝。

　　不過，由於盤尼西林的特殊結構所導致的不穩定性，使得它們必須儲存於比磺胺劑所需的更低溫度中，以防止失去活性。[7] 盤尼西林的環狀結構一旦張開（通常是由於高溫所引起），這個抗生素便會失去活性而不再作用。不幸的是，可抵抗盤尼西林的突變菌種已經陸續出現，它們演化出一種新的酵素，能在盤尼西林進行醯化以連接到負責細胞壁生成的酵素之前，就將盤尼西林分子瓦解。

　　下圖為一九四〇年最早從黴菌分離出來的盤尼西林 G 分子，至今仍廣為使用。除此之外，還有許多不同種類的盤尼西林分子也陸續

7　審註：儲存於低溫的主要原因，其實是為了避免其他物質（包括溶液的水）的親核性之影響。

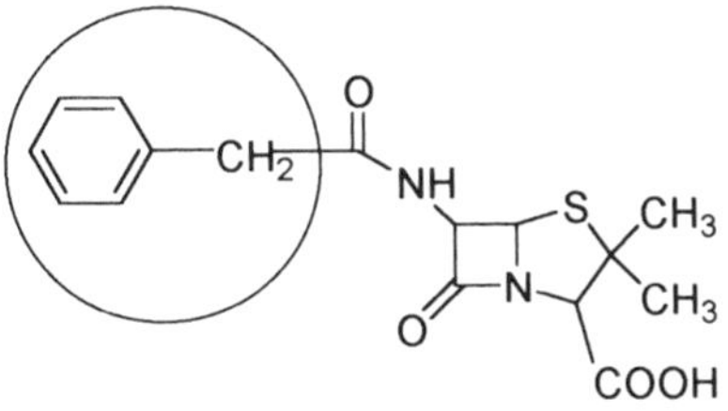

盤尼西林 G 分子。圈出部位為不同衍生物的相異之處

從黴菌中被分離出來，有些是藉由自然形成的抗生素合成出來的。這些盤尼西林衍生物的結構都非常類似，只有在下圖圈出的部位稍有變化而已。以「胺比西林」（ampicillin）為例，這種半合成的分子能有效抑制可抵抗盤尼西林 G 的突變菌種，結構上只比盤尼西林多了一個胺基（—NH_2）。

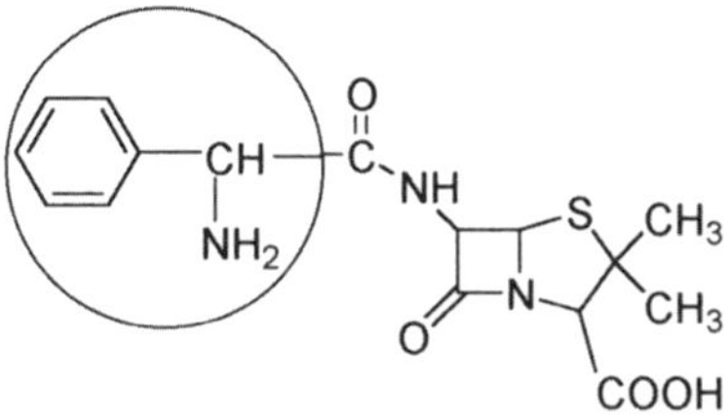

胺比西林

另一個今日常用的抗生素「阿莫西林」（amoxicillin），它的結構與胺比西林非常類似，只是多了一個羥基（—OH）。盤尼西林衍生物的側基團變化多端，可以單純如盤尼西林 O 分子，也可以複雜如「氯唑西林」（cloxacillin）。

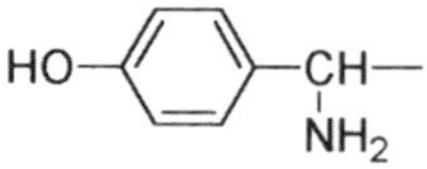

阿莫西林的側基團　　　　盤尼西林 O 分子的側基團　　　氯唑西林的側基團

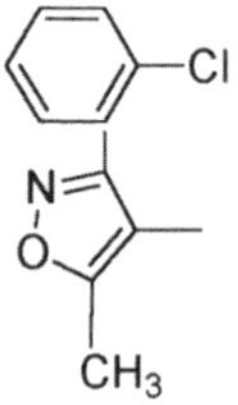

這只是盤尼西林衍生物中的幾個例子（其他許多盤尼西林衍生物已不
再作為臨床醫療之用）。不同的衍生物有不同的側基團（即圈起的部
分），不過它們共通的特點是，都具有由四個原子組成的 β 內醯胺。
如果你曾經使用過盤尼西林，別忘了，救你一命的正是那個不起眼的
環形結構。

＊　＊　＊　＊　＊　＊　＊　＊　＊　＊

　　要精確地計算出過去的死亡率是不可能的事，不過人類學家確
實曾對某些人類社群的平均壽命進行推估。西元前三千五百年到西元
一七五〇年之間，歐洲人的平均壽命大約在三十到四十歲之間；在西
元前六八〇年的古希臘，人類的平均壽命最多也不過四十一歲；在西
元一四〇〇年的土耳其地區，平均壽命則是三十一歲；這些數字相當
於今日一些未開發國家人民的平均壽命。死亡率之所以這麼高，主要
是由於食物短缺、衛生條件差和流行病肆虐這三個條件交互影響的結
果。營養不良使得人體對疾病沒有抵抗力，而髒亂的衛生條件更是疾
病滋生的溫床。

　　由於農耕技術的進步與交通系統的開發，食物補給問題已逐漸
獲得解決。而像是水源淨化、汙水處理、廢物回收、消滅病蟲害和大
規模的預防接種等個人與公共衛生的改善，不僅減少了傳染病的流

行，也增強了人類的抵抗力。自一八六○年代開始，世界上已開發地區的死亡率已逐年降低，然而真正居功厥偉的，就是抗生素這個幕後功臣——它改變了長久以來因細菌感染造成死因不明的宿命。

從一九三○年代開始，抗生素更能有效降低細菌感染所造成的高死亡率。磺胺劑被用來治療因痲疹病毒併發的肺炎，使得痲疹造成的高死亡率漸漸降低。而一九○○年在美國造成許多人喪命的肺炎、結核病、胃炎和白喉，在今日也不再深具威脅性。至於腺鼠疫、霍亂、斑疹傷寒和炭疽病之類由細菌引起的疾病，也都可以藉由抗生素而得到良好的控制。而今日我們也不必因恐怖主義企圖進行生化攻擊而太過恐慌，因為抗生素將為我們升起一道安全的防護罩。

真正值得我們防範的「生化恐怖活動」（bioterrorism），其實是細菌本身——濫用抗生素導致細菌突變產生抗藥性，將會導致日後無藥可醫的窘況。世界上一些常見的致命性細菌已開始出現能抵抗抗生素的變異品種，不過，隨著生化學家對於人類與細菌的代謝作用以及抗生素的反應模式了解愈多，我們將能合成出更新的抗生素，以遏阻突變細菌。總而言之，了解化合物的結構以及它們如何與生物進行交互作用，才是戰勝致病細菌的不二法門。

11

避孕藥

二十世紀中葉，由於抗生素與殺菌劑日漸普及，使得長久以來居高不下的死亡率終於降低，尤其在婦女與孩童身上更為顯著。一般家庭不必再藉由多生子女來確保香火的綿延。隨著時代的進步，人們不再擔憂害怕因傳染病盛行而失去孩子，反而開始尋求節育的方法以期控制家庭的規模。到了一九六〇年代，第一個避孕分子問世，也改變了當時的社會型態。

第一個避孕分子是口服避孕藥**炔諾酮**（norethindrone），也就是英語中通稱的「the pill」。這個神奇分子甚至推動了幾個重要的社會運動及現象，例如一九六〇年代興起的兩性革命、女性解放運動、女性主義，以及職場女性的增加，甚至是傳統家庭觀念的瓦解等等。姑且不論人們對避孕

藥的兩極評價,在它問世之後的四十年間,確實劇烈地震盪了我們固有的社會型態。

對於今天的我們來說,像是美國的桑格(Margaret Sanger)[1] 與英國的斯特普(Marie Stopes)[2] 那些上個世紀的改革運動家,他們為了節育的合法化而奮鬥抗爭的豐功偉業,似乎都只是過去的一頁歷史罷了。二十世紀初期有些國家將節育避孕視為犯罪行為,隨著時代的進步與更迭,這種現象讓今日的年輕一代大感不可思議。在一些比較貧窮落後的地區,大家庭中初生兒與婦女難產的死亡率都明顯偏高,因此推廣節育措施確實有其必要性。中產階級的家庭藉由各種可獲得的避孕方式來達到節育的目的,職業婦女也是如此,至於那些身處大家庭的婦女,她們只能以書信向倡導節育的機構,表達自己意外懷孕時的無助與絕望。到了一九三〇年代,節育(或者更恰當地稱之為「家庭計畫」)的觀念已獲得普遍認同;至少某些地方的衛生單位與醫療從業人員,他們為開立節育處方或修改法律條文所作的努力,已經使得節育概念形成一股風潮。由於仍受限於法律條文,人們在處理這方面的議題時也更加謹慎,因此因節育而引發的法律爭端也愈來愈少見。

早期的口服避孕藥

好幾個世紀以來,不論身處的文化背景為何,婦女總是為了避孕而服食各種藥物。可悲的是,這其中並沒有一項可以真正達到避孕

---

[1] 桑格(1883-1966)是美國節育運動的創始人,也是國際節育運動的領袖。

[2] 斯特普(1880-1958)為英國醫生,她非常注重生殖健康與性教育的觀念,並於一九二一年成立了「瑪麗斯特普國際組織」,目前在全球三十八個國家(主要為發展中國家)提供生育醫療的協助。

的效果。就算有效，多半也只是因為長期服藥而傷身，才導致無法懷孕。有些藥物是直接取自於自然界中，例如飲用以巴西利葉和薄荷、山楂樹葉或樹皮、長春藤、柳樹、桂竹香、香桃木，或白楊木等植物煮沸的茶水；或者是以花、水果、四季豆、杏仁與各種藥草製成的偏方；還有以蜘蛛卵或蛇為成分的特殊藥方。騾曾經被視為避孕的象徵，或許是因為由母馬與公驢交配生下的騾不具有生殖能力。當時甚至有傳言說，只要吃了這種沒有繁殖能力的動物腎臟或子宮，便能達到避孕效果。對於想要避孕的男性來說，這種「動物性」偏方更是讓人不敢領教——他們必須吃下燒烤過的騾子睪丸。相傳在七世紀的中國，婦女藉由吞食油炸過的水銀來降低生育力——如果她們吃下汞毒之後還活著的話。在一八〇〇年代的部分歐洲地區與古希臘，有人飲用各種銅鹽溶液來避孕。更妙的是，中古世紀的人們還相信，如果婦女能在青蛙嘴裡吐三次口水，就能達到避孕的效果。

類固醇

　　上述眾多可能傷身的避孕方法中，確實有一些具有殺精的效果，而真正堪稱史上第一個安全而有效的化學避孕方法，就是二十世紀中葉以後出現的口服避孕藥炔諾酮；炔諾酮是**類固醇**（steroid）的一種。類固醇由於常被運動員濫用而聲名大噪，但還有許多類固醇家族的成員，卻與體能的爆發力一點關係也沒有。因此，我們應該以更寬廣的化學眼界，來看待「類固醇」的概念。

　　我們已經知道，「分子結構的微小變化，可以造就截然不同的化學特性」。這點尤其可以在雄性激素（androgen）、雌性激素（estrogen）與黃體激素（progestin）[3] 等性荷爾蒙上得到最佳驗證。

　　所有屬於類固醇的化合物基本上都含有由四個環相接而成的構

造,其中有三個環是由六個碳原子所組成,另外一個環則含有五個碳原子。我們通常以 A、B、C、D 來稱這四個環,而 D 環固定用來指稱只含五個碳原子的環。

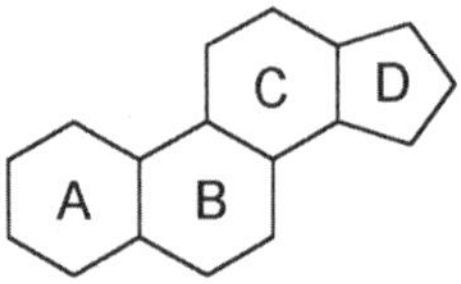

類固醇的基本四環構造,分別以 A,B,C 和 D 命名之;除了 D 環含有五個碳外,其餘皆含六個碳。

膽固醇(cholesterol)可以說是動物體內最常見的類固醇化合物,尤其在蛋黃與人類的膽結石中含量極高。一般人多半因為誤解而對類固醇家族形成不公平的負面印象,其實膽固醇對我們的身體很重要,它構成了人體內許多先驅物質,像是幫助我們消化脂肪和油類的膽汁酸(bile acid)以及性荷爾蒙等等。由於人體能自行合成膽固醇,因此我們不需要攝取過量。而膽固醇的結構除了四個環環相接的基本構造以外,還包含許多甲基的支鏈。

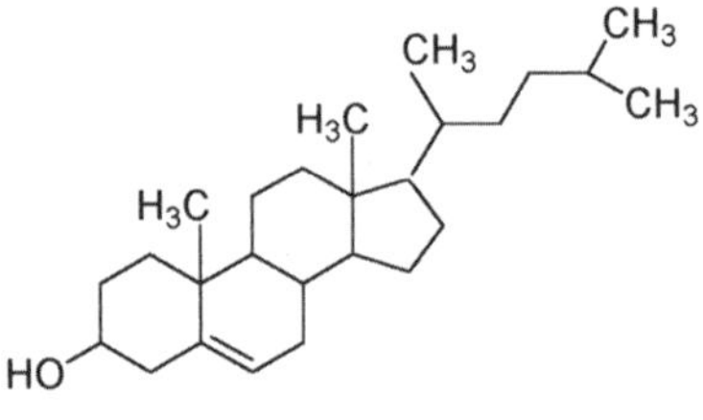

膽固醇,動物體內最常見的類固醇。

雄性激素的主要成分睪固酮(testosterone),最早是在一九三五年從磨碎的公牛睪丸中被分離出來。不過第一個被分離出來的雄性激

---

3 黃體激素又叫「助孕素」。

素並不是睪固酮，而是雄酮（androsterone）；雄酮是萃取自尿液中且與睪固酮相似的代謝衍生物。從下圖中可以看出睪固酮與雄酮的結構非常類似，只不過雄酮上有一個以雙鍵連結的氧原子取代了睪固酮中羥基的位置。

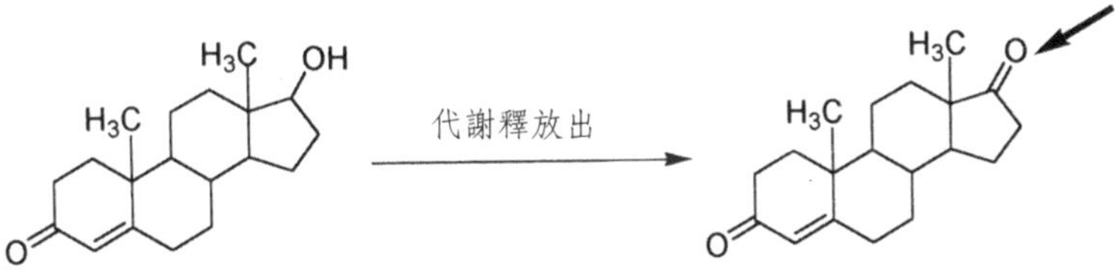

睪固酮　　　　雄酮

兩者之間的差別，在於睪固酮中的羥基（—OH）被一個雙鍵的氧原子（=O）所取代。（箭頭標示處）

雄酮是第一個被純化出來的男性荷爾蒙；一九三一年，從比利時男警員提供的 1 萬 5 千公升尿液中，提煉出 15 毫克的雄酮。

而所有性荷爾蒙中最早被純化出來的是雌酮（estrone），一九二九年時從孕婦的尿液中分離出來的。就像睪固酮和雄酮的關係一樣，雌酮也是另一種較強效的女性荷爾蒙——雌二醇（estradiol）[4]——的生化代謝衍生物，它們之間的生化反應過程也與雄性激素的例子極為相似，都有一個將羥基置換成雙鍵氧原子的氧化過程。

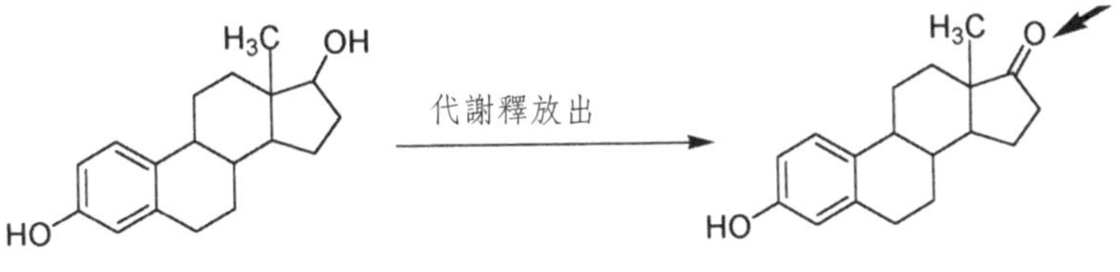

雌二酮　　　　雌酮

兩者之間的差別，在於雌二酮中的羥基（—OH）被一個雙鍵的氧原子（=O）所取代。（箭頭標示處）

4　雌二醇又叫「求偶素」。

　　這些分子在人體中的含量極微;最初被分離出來的雌二酮僅有
12毫克,但卻是萃取自重達四噸的豬卵巢。

　　有趣的是,雖然睪固酮與雌二酮之間的化學結構非常類似,但
是由於構造上的微小差異,卻也導致了它們天南地北的生理活性。

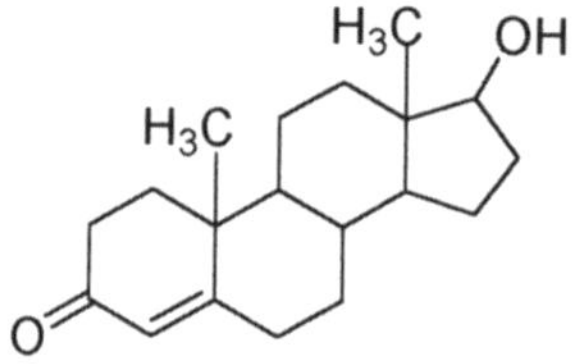

睪固酮 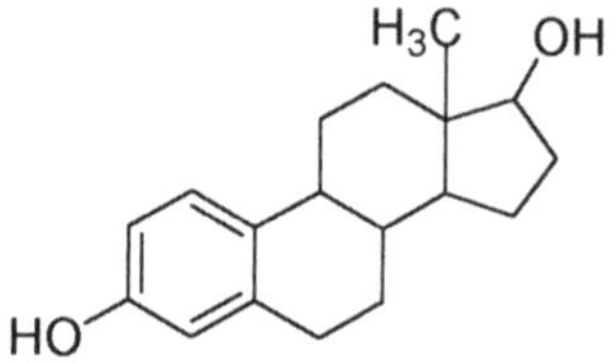　　　　　　　　　　　　　　　雌二酮

睪固酮可以刺激男性第二性徵的發育,像是濃密的毛髮、低沉的嗓
音,以及強健的肌肉等等。如果我們把它的甲基(—CH₃)去掉,並以
羥基(—OH)取代它的雙鍵氧原子(=O),然後在最左邊的環上增加
一些碳原子間的雙鍵(C=C);那麼你可以想像得到,原本英挺的男
子漢將慢慢長出胸部,臀部愈來愈渾圓,並開始需要衛生棉了。

　　睪固酮是一種促進蛋白質合成的類固醇,可以強化肌肉。與天
然睪固酮結構相似的人工合成物也具有類似功能,通常用來治療肌肉
萎縮或退化。像是「司坦唑醇」(Stanozolol)和「大力補」(Dianabol)
這些處方藥物,確實具有雄性化的功能以促進肌肉的修復,但如果像
一些運動員為求好表現而濫用這些類固醇的話,將會帶來難以彌補的
副作用。

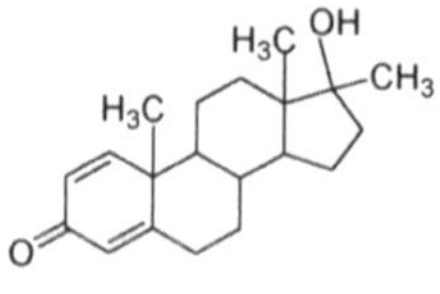

大力補 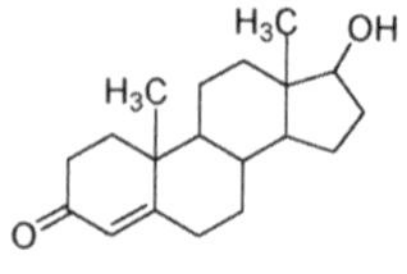　　　　　　　　　睪固酮 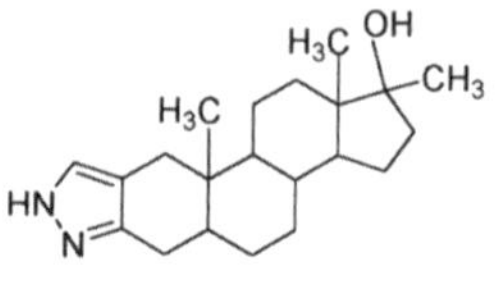　　　　　　　　　司坦唑醇

人工類固醇與天然睪固酮的比較

誤用類固醇是很危險的，可能會提高罹患肝癌與心臟病的機率、侵略性增強、嚴重痤瘡、不孕，與男性生殖器萎縮等等。這聽起來或許有些奇怪；原本是促進男性第二性徵發育的合成激素，竟然會導致男性生殖器官的萎縮？可能的解釋是，由於有外來的雄性激素可供人體運用，使得睪丸漸漸失去功能而退化。

不過，儘管有些分子的結構與睪固酮非常相似，卻也不一定具有雄性激素的功能。像是女性懷孕期間分泌量會增加的黃體酮（progesterone）[5]，不但構造上比其他雄性合成激素更接近睪固酮與雄酮，而且也與雌性激素相去甚遠。只要把睪固酮結構中最右邊的羥基以—CH_3CO 取代，就會產生黃體酮。

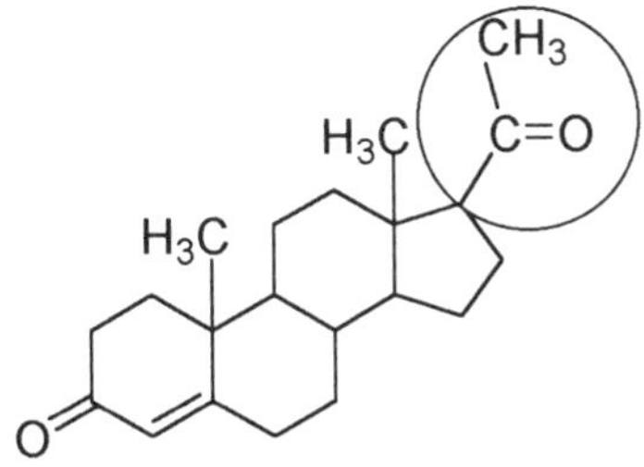

黃體酮

這又是一個很好的例子，再次證明分子結構的微小變化，可以造就截然不同的化學特性。黃體酮會刺激子宮內膜增厚，以利受精卵著床。它也會抑制排卵，使得孕婦在妊娠期間不至於二次懷孕；這也是合成黃體酮或類黃體酮這些化學避孕藥的生物基礎。

不過，把黃體酮當成避孕劑其實還有一些問題存在。黃體酮必須以注射方式施打入體內，因為口服的效果非常差，可能是因為會受到胃酸或其他消化分子的影響所致。此外，天然類固醇在動物體內的

5 黃體酮又叫「孕酮」。

含量微乎其微，所以萃取分離的方式並不實際。（如先前提到，4噸的豬卵巢僅能萃取出12毫克的雌二酮。）

解決這些問題的最好方法，就是合成出即使經由口服也不會失去活性的人造黃體酮，而首先需要的原料必須是具有帶一個甲基的四環類固醇結構；換句話說，只要找到一種含量豐富且可以在實驗室中置換成黃體酮結構的類固醇，那麼口服避孕藥的問世就指日可待了。

馬克的重大發現

其實我們對於合成避孕藥可能面臨的問題，都是在避孕藥出現之後才提出的。世界上第一個控制生育的人造藥物，說穿了也是另一個陰錯陽差的結果。當時美國化學家馬克（Russell Marker）試圖製造出與生殖毫不相關的平價可體松（cortisone）[6]，沒想到最後他得到的卻是促進社會變遷、婦女生育得以自主，顛覆傳統性別角色的避孕分子。

馬克終其一生都在對抗傳統和權威，而他所製造出的避孕藥，似乎也在挑戰禁止避孕墮胎的傳統權威。馬克不顧身為佃農的父親反對，完成了高中與學院的課程，並於一九二三年取得了馬里蘭大學（University of Maryland）的化學學士學位。雖然他說他藉由讀書來逃避和父親一樣的農耕生活，但他對化學的興趣與熱忱，才是他決定繼續攻讀碩士的真正原因。

當他在《美國化學學會期刊》（*Journal of the American Chemical Society*）發表博士論文之後，只要再修過一門物理化學的課程，就能順利取得博士學位。不過馬克卻認為，與其枯坐著聽課，不如把寶貴

6 可體松為一種腎上腺皮質素，也是類固醇的一種，常用於治療風濕病、關節炎。

的時間拿去做實驗還比較符合經濟效益。他不顧教授的勸告，就這樣放棄了唾手可得的博士學位，離開了學校。三年之後，他加入曼哈頓著名的洛克斐勒研究機構（Rockefeller Institute in Manhattan），而他卓越的化學長才，也讓人無所謂他是不是個博士了。

到了洛克斐勒之後，馬克開始對類固醇的研究產生興趣，特別是研發量產類固醇的方法，以提供化學家進行置換側基團的實驗所需。在當時，從懷孕母馬的尿液中萃取出一克黃體酮就要花費一千美元，一般化學家根本負擔不起，相關的研究實驗也因此停滯不前。而這些高成本的微量黃體酮，主要都是富有的賽馬主人在培育血統純正的優良品種時，用以預防馬兒流產。

除了一般的動物性來源之外，馬克知道有些植物也含有類固醇，例如毛地黃、鈴蘭百合、洋菝契和夾竹桃，而且含量遠遠超過動物；然而在那個時候，我們還無法從類固醇中單獨分離出四環結構。這對馬克來說不啻是個很好的研究方向，不過他也因此再度挑戰了傳統權威。在洛克斐勒研究機構裡，植物化學被歸在藥理學研究所的領域，而不在馬克所屬的部門，因此馬克被禁止從事植物類固醇的研究。

馬克為此離開了洛克斐勒，隨後加入了賓州州立學院（Pennsylvania State College）的研究團隊，繼續從事有關於類固醇的研究，後來並與派克戴維斯藥廠（Parke—Davis drug company）合作。最後，馬克終於從植物中大量萃取出研究所需的類固醇。一開始他以富含**皂素**（saponins）的洋菝契來進行實驗；洋菝契常被作為非酒精性飲料的加味劑，而皂素名稱的由來，是因為它溶於水後會產生泡沫。皂素分子雖然沒有纖維素或木質素這些聚合物龐大，但其結構相當複雜。從洋菝契萃取出來的皂素稱為洋菝契皂苷（sarsasaponin），其類固醇環形構造上接有三個單位的醣，並以 D 環和其他兩個類固醇環相接。

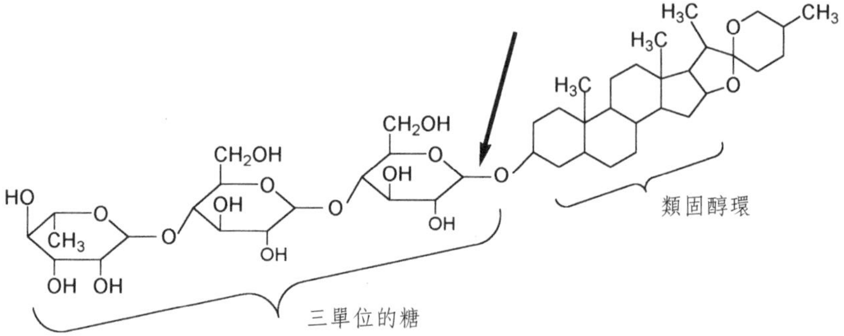

從洋菝契萃取出的皂素——洋菝契皂苷

　　要移除三單位的糖 —— 兩個葡萄糖分子與一個稱為鼠李糖
（rhamnose）的醣類——很簡單，只要加入酸性物質，洋菝契皂的結
構就會從圖中箭頭處斷裂。

$$洋菝契皂苷 \xrightarrow{\text{酸或酵素反應}} 薩爾薩皂元 + 2 個葡萄糖 + 鼠李糖$$

　　比較難處理的是反應後得到的**皂苷素**（sapogenin）——薩爾薩
皂元（sarsasapogenin）。要從薩爾薩皂元得到類固醇環，必須移除
下圖圈出的部分結構，但是當時的化學技術還無法在不破壞類固醇其
他結構的情形下，達成這項任務。

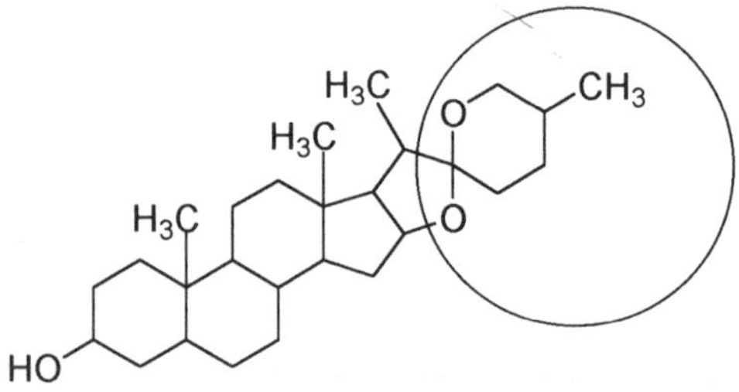

從洋菝契萃取出的皂苷素——薩爾薩皂元

但馬克做到了這點！他發展出分離類固醇四環構造的方法，加上幾個步驟之後，便得到純合成的黃體酮，其化學性質與女性體內自然分泌的黃體酮完全相同。而移除側基團的問題解決之後，其他類固醇的合成技術都可能實現。這個從類固醇移除皂苷素側基團的方法，至今仍被龐大的荷爾蒙合成工業所使用，也就是我們現在所謂的「馬克降解法」（Marker degradation）。

　　馬克接下來的挑戰是，找出比洋菝契含有更多黃體酮原料的植物種類。類固醇皂素存在於許多不同的植物中，像是延齡草、絲蘭、毛地黃、龍舌蘭仙人掌和簾筍等等。馬克在試驗了數百種熱帶與副熱帶植物之後，終於找到了一種生長在墨西哥維拉克魯斯省山區的薯蕷屬（Dioscorea）野生山藥。那時候是一九四二年初，美國參與第二次世界大戰期間，墨西哥政府不核發入山採集植物的許可，許多人也勸馬克不要冒險行事。但他一意孤行，風塵僕僕地乘著當地巴士前往目的地，並從當地人稱為「黑頭」（cabeza de negro）的山藥上，摘回了兩大袋黑色的植物根。

　　回到賓州之後，馬克從帶回的植物中萃取出一種與薩爾薩皂元十分相似的皂苷素——**薯蕷皂元**（diosgenin），兩者唯一的差異在於薯蕷皂元多了一個雙鍵。

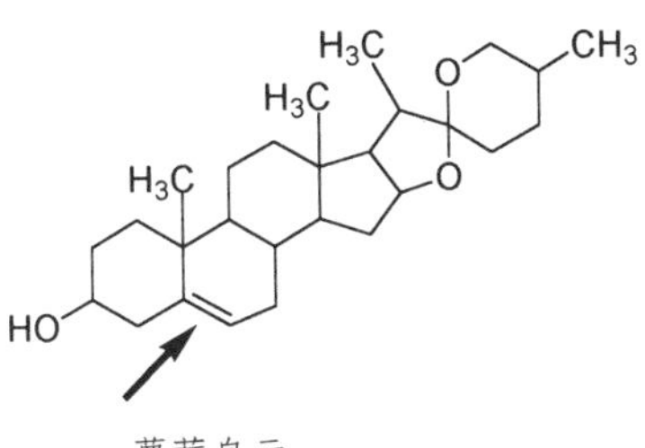

薯蕷皂元 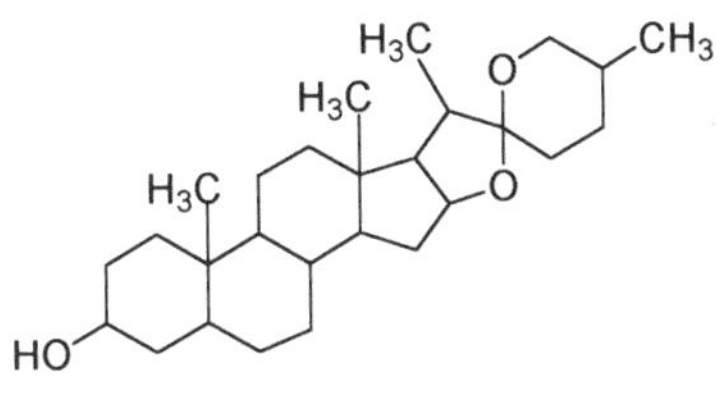　　　　　　　　　　　薩爾薩皂元

從墨西哥山藥萃取出的薯蕷皂元，比薩爾薩皂元多了一個雙鍵（箭頭所指處）。

馬克降解法可以移除這些皂苷素結構上不被需要的側基團，經過進一步的化學反應就可產生大量的黃體酮。馬克認為，如果要以合理的價格大量生產這種類固醇荷爾蒙，就必須在墨西哥設立一座實驗室，以便就近取得當地豐富的山藥原料。

對馬克來說，這是個可行性很高的理想方案，但卻無法說服他希望與之合作的製藥公司；藥廠高層認為此法不可行，因為墨西哥對於複雜度這麼高的合成實驗毫無經驗。傳統與權威又再度阻礙了馬克的夢想。既然無法從現有的藥廠得到經濟援助，馬克決定自己來打造荷爾蒙事業。他辭去賓州州立學院的職位，遷往墨西哥市，並於一九四四年與人合夥成立了 Syntex 藥廠（名稱取自於「Synthesis」〔合成〕與「Mexico」〔墨西哥〕兩個字的合併），後來也成為全世界數一數二的類固醇產品公司。

然而，馬克與 Syntex 的關係並未維持很久。由於營運開支、產品收益與技術專利等方面的爭執，馬克離開 Syntex，另外成立了 Botanica-Mex 公司；最後也被歐洲的藥廠給併購了。那時馬克又發現另一種含更多薯蕷皂元的薯蕷屬植物，合成黃體酮的成本也因此下降。這些薯蕷植物的根曾被當地人民用來毒魚（魚會因中毒而暈眩，但仍可食用），現在已成為墨西哥的一項經濟作物。

馬克不願意為這些技術申請專利，他覺得應該與世人分享。到了一九四九年，他實在看不慣共事的化學家汲汲營利的心態，於是摧毀所有的研究筆記與實驗紀錄，想要從此與化學界畫清界線。儘管如此，馬克率先進行的那些化學反應實驗，仍被後世認為是避孕藥問世的重要關鍵。

其他類固醇的合成

　　一九四九年，一位年輕的奧地利裔美籍科學家加入了 Syntex。
這位名為翟若適（Carl Djerassi）的年輕人剛從威斯康辛大學
（University of Wisconsin）取得博士學位，他的論文是有關睪固酮轉
化成雌二醇的研究。當時 Syntex 公司希望能把野生山藥中大量取得
的黃體酮轉化成可體松。可體松是從腎上腺皮質所分離出二十八種荷
爾蒙的其中一種，具有抑制發炎的特性，治療類風濕性關節炎特別有
效。就像所有的類固醇一樣，可體松在動物體內的含量很少，雖然能
在實驗室中合成，卻所費不貲。而且合成可體松需要經過三十二個步
驟的繁複程序，原料還是公牛膽汁中含量不豐的去氧膽酸
（desoxycholic acid）。

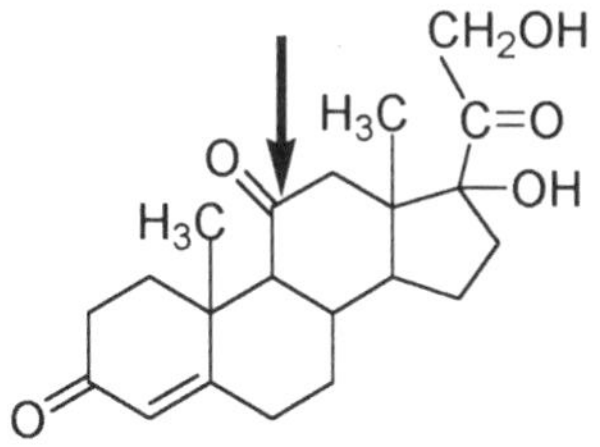

可體松。箭頭所指為 C 環 11 號碳原子上的 C=O 鍵結。

有了馬克降解法，翟若適得以用低成本自薯蕷皂元製造出可體松，而
過程中比較困難的是，如何讓氧原子以雙鍵連結到 C 環的 11 號碳原
子上；在膽鹽或性荷爾蒙的分子中，這個位置未被取代。
　　之後，科學家利用黑根黴（*Rhizopus nigricans*）成功地研發出將
氧原子連接到特定位置的新技術。藉由黴菌的作用與化學家的努力，
黃體酮轉化成可體松的程序簡化為八個步驟（一個微生物反應與七個
化學反應）。

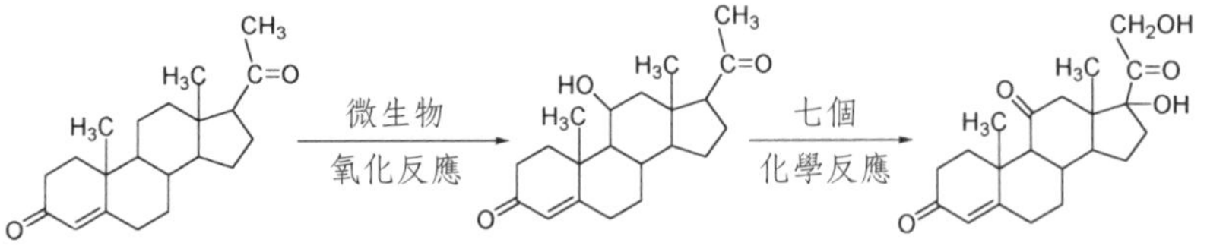

黃體酮 　微生物　　　　　　　　　七個　　　　　可體松
　　　 氧化反應　　　　　　　 化學反應

　　製造出可體松之後，翟若適又成功利用薯蕷皂元合成雌酮和雌二醇，Syntex 因此成為世界上首要的荷爾蒙與類固醇供應商。接下來，翟若適計畫製造出可以口服的人造黃體激素，目的並非是為了避孕，而是用來治療婦女的習慣性流產；在當時，孕婦為了安胎必須注射大量的黃體激素。翟若適在閱讀了一些科學文獻之後得到靈感：如果能讓類固醇結構 D 環上的碳原子以三鍵結合，或許就可以使這個分子不致受到消化作用的影響，口服之後仍然有效。另一篇文獻則提到，其他類似黃體酮的分子在移除了第 19 號碳原子上的甲基之後，效果變得更強。一九五一年十一月，翟若適和他的研究團隊製造出比黃體酮強效八倍的口服黃體激素——炔諾酮——並為之申請專利；原文「norethindrone」的 nor，代表其結構少了一個甲基。

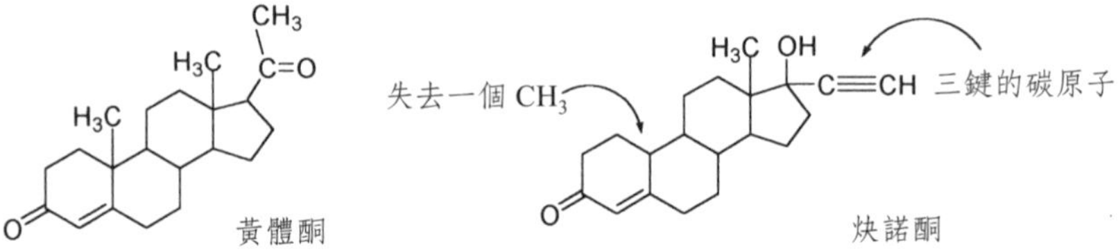

黃體酮　　　　失去一個 CH₃　　　　　　　　　炔諾酮　　C≡CH 三鍵的碳原子

天然黃體酮與人造炔諾酮的比較

　　有人批評，男人發明了避孕藥，卻要由女人來承受。的確，與發明避孕藥有關的化學家都是男性，但是，被尊為「避孕藥之父」的翟若適之後也表示：「我們怎麼也沒想到，這個物質後來竟會成為全

球半數以上口服避孕藥的主要成分！」炔諾酮最早是一種用來安胎與減輕月經不規則症狀的荷爾蒙治療，尤其是婦女經期的大量出血。到了一九五〇年代早期，兩名女性先驅將這些分子從原本用來治療不孕的有限用途，拓展成影響全世界婦女生活的重要因子。

避孕藥之母

國際計劃生育聯盟（International Planned Parenthood）創始人桑格，曾在一九一七年因在布魯克林區的診所內讓移民婦女服用避孕藥而坐牢。終其一生，她致力於推動女性身體與生育的自主權。而繼承了丈夫龐大遺產的麥考米克（Katherine McCormick）是第一位獲得麻省理工學院生物學位的女性，她和桑格擁有超過三十年的交情，曾暗助桑格從國外非法把避孕用的子宮頸帽運進美國，並提供生育控制計畫所需的經費。她們七十多歲時一同到英國的什魯斯伯里（Shrewsbury）去拜訪專精女性生育的平克斯（Gregory Pincus）醫師；平克斯也是一個小型非營利性機構「伍切斯特實驗生物基金會」（Worcester Foundation for Experimental Biology）的創辦人之一。桑格女士建議平克斯製造一種安全、便宜、有效的「完美避孕藥」，而且能像吞一顆阿斯匹靈一樣方便。麥考米克也再次慷慨地伸出經濟援手，在往後的十五年間提供了超過三百萬美元的研究經費。

對於桑格所提出的建議，平克斯首先與他在基金會的同事著手研究黃體酮是否確實可抑制排卵，並以兔子為實驗對象。稍後當平克斯遇見了哈佛大學的生育研究專家洛克（John Rock）之後，他才知道人體也會產生類似實驗的結果。身為婦產科醫師的洛克以黃體酮來治療不孕，他的理由是：婦女藉由注射黃體酮來抑制排卵，一段時間之後停止注射，將可達到一種「反彈回饋」的自然生理現象，進而提

高受孕的機率。

　　西元一九五二年，麻薩諸塞州可以說是當時全美對於生育控制法規制定最為嚴格的一州，節育雖不違法，但是展示、販售、開藥方，提供避孕藥甚至是相關訊息，都屬重罪；這樣的法律直到一九七二年三月才廢止。因此洛克在為病人進行黃體酮注射治療時都會先詳加說明，以免觸法，且這種療法尚屬實驗階段，因此必須得到病患的同意。洛克向病患解釋注射黃體酮會造成抑制排卵的現象，不過強調這只是提高受孕機率的暫時性副作用。

　　洛克與平克斯都沒有想到，施打大量的黃體酮竟能長期避孕。平克斯開始與各大藥廠接洽，想了解是否有任何可以作為低劑量口服藥的人造黃體酮。結果有兩種合成的黃體激素符合他的條件。芝加哥的 G. D. Searle 製藥公司生產並擁有專利的「異炔諾酮」（norethynodrel），與翟若適在 Syntex 公司所合成的炔諾酮在結構上極為相似，只有雙鍵的位置不同。然而主要發揮效用的還是炔諾酮，因為人體的胃酸會改變異炔諾酮的雙鍵位置，使之轉化成同分異構物——炔諾酮。

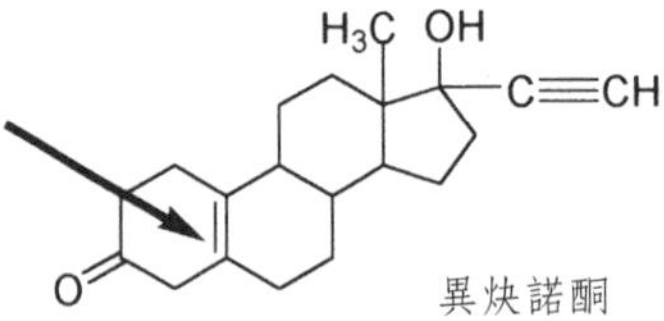

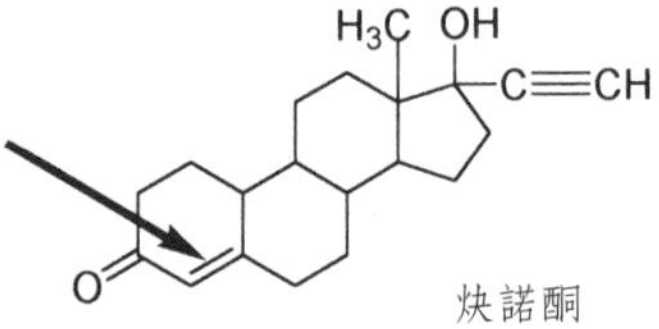

箭頭所指為 Searle 的異炔諾酮與 Syntex 的炔諾酮兩者唯一不同的雙鍵位置。

　　這兩種產品的專利分屬於不同的藥廠；然而，一種專利分子能在人體中自動轉化成另一種專利分子，這是否涉及侵權的，卻從未被討論過。

　　平克斯開始在實驗室中以這兩種抑制排卵的藥物為兔子進行實

驗，得到的結果是兔子無法生育。接著他小心翼翼地在病患身上進行異炔諾酮（現又稱為「Enovid」）的人體測試。表面上他仍以研究不孕與經期不適的治療方法為目的，然而並非全然事實。病患同樣為這兩個問題上門求助，而他也和以前一樣，利用抑制排卵方法來達到生理回饋，以增加受孕的機會；對某些婦女來說，這種方法的確奏效。當他以低劑量的口服人造黃體激素取代合成的黃體酮時，則無法產生任何回饋效果。仔細評估這些病患得到的結果顯示，異炔諾酮百分之百抑制了排卵現象。

　　接下來平克斯在波多黎各進行田野實驗，以驗證他的發現。不過這項「波多黎各實驗」近來卻招致不少批評，指責不該利用貧困地區未受過教育的婦女。然而，波多黎各在節育觀念的啟蒙卻遠早於美國麻州。雖然波多黎各主要信奉天主教，但當地在一九三七年就已修法不再限制節育的行為，整整比美國麻州早了三十五年！家庭計畫診所（或稱為準媽媽診所）紛紛成立，醫學院以及公共衛生機關的官員和醫護人員多半也相當支持口服避孕藥的實驗。

　　受試婦女都是經過審慎的評估而遴選出來的，雖然這些人可能出身貧困或教育水準不高，但都是自願參與。她們或許不了解複雜的荷爾蒙調控機制，但是她們知道，生育太多孩子會對家族生計造成嚴重威脅。一個有十三個孩子的三十六歲婦女，一家人生活在僅有兩個房間的簡陋屋子裡；對她而言，避孕藥可能造成的副作用，似乎比在這種環境之下多一條不被期待的新生命來得安全。因此一九五六年當口服避孕藥的田野計畫在波多黎各進行時，志願者相當踴躍，而同樣的情形也發生在之後海地與墨西哥所進行的相關實驗。

　　在這三個國家總共超過兩千名的受試婦女中，服藥後仍然懷孕的比例為 1%，而其他避孕方法的失敗率則介於 30 ～ 40%。口服避孕藥的臨床測試結果相當成功，也證明這個由兩名關切生育自主權的

年長女性所提出的構想，確實是可行的。諷刺的是，如果這項計畫在麻州進行的話，光是告知受試者這項實驗的目的，就已經構成犯罪行為。

一九五七年，美國食品及藥物管理局（Food and Drug Administration，簡稱 FDA）仍然限制「Enovid」的用途為女性月經不規則的治療藥物；傳統與權威的勢力再度佔了上風。雖然口服避孕藥的效果已經獲得證實，但是一般人仍認為天天服藥的可能性不高，而稍嫌昂貴的藥價（一個月份的藥約為十美元）也不易為大眾所接受。因此在「Enovid」獲得 FDA 核可的兩年之後，許多婦女仍然只是用它來改善經期不順的症狀。

一九六〇年五月，G. D. Searle 藥廠終於正式取得「Enovid」為口服避孕藥的政府核可。到了一九六五年，美國使用口服避孕藥的女性大約有四百萬人；二十年之後，馬克的墨西哥薯蕷植物實驗已使全球八百萬婦女受惠。

最初在波多黎各進行田野實驗時所用的避孕藥劑量為 10 毫克，之後減半為 5 毫克，最後再減為 2 毫克以下；這也是當今對波多黎各實驗所提出的批評之一。而相關研究也發現，如果在這些合成的黃體激素中添加少量的雌性激素，將可減輕體重增加、噁心、突發性出血以及情緒化等服藥所引起的副作用。到了一九六五年，Syntex 公司授權嬌生集團（Johnson & Johnson）旗下 Parke-Davis 和 Ortho 兩大藥廠生產的炔諾酮，已經成為避孕藥市場的主流。

為什麼沒有針對男性設計的避孕藥呢？桑格（她的母親流產多次，並在五十歲第十一次分娩時死於難產）和麥考米克是避孕藥發展的關鍵人物，她們相信避孕是女人的責任，所以大概也沒有想過要發展男性的避孕藥物吧。如果當初研發的是由男性服用的避孕藥，那麼今日的批評會不會變成：「男性科學家研發避孕藥的目的，是為了讓

男人來主宰生育」？

　　事實上，男性口服避孕藥的研發有生物學上的困難。炔諾酮和其他人造黃體激素主要是模仿天然黃體酮在人體內抑制排卵的作用，然而，男性體內卻沒有這種荷爾蒙調節機制。如果要抑制每天幾百萬隻精子的製造，難度遠遠超過一個月一次的排卵現象。

　　不過，仍有許多人試圖利用各種分子來研發男性避孕藥，以達到兩性在生育權上的平等。其中一種無關荷爾蒙的方法與第七章提過的棉子酚——萃取自棉花籽油的有毒多酚化合物——有關。

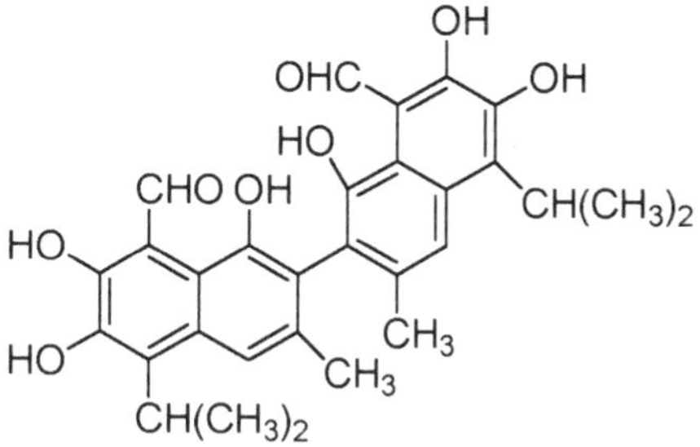

棉子酚

　　一九七〇年代，中國曾就此進行人體測試，結果證實棉子酚確實可以抑制精子的製造，但這個抑制反應是否可逆，以及服藥導致鉀離子流失所引起的心律不整，都是尚待解決的問題。近來在中國與巴西所進行的人體測試降低了棉子酚的劑量（每天 10 ～ 12.5 毫克），副作用也因此獲得改善。而以棉子酚作為男性避孕藥的實驗，仍持續進行中。

　　　　＊　＊　＊　＊　＊　＊　＊　＊　＊　＊

　　不論未來是否會有更新、更好的節育方法出現，我們可以確定的是，都不會再有一個分子能像口服避孕藥一樣，如此劇烈地改變我們社會的面貌。口服避孕藥問世之初並未廣受全世界的接受，不管是道德倫理、家庭價值、健康問題、長期效果等，都難逃惹人非議的命運。不過有一點倒是獲得普遍認同，那就是女性因此享有身體與生育的自主權，進而促成社會改革運動。最近四十年來，由於炔諾酮與其他避孕方法的普及，使得生育率逐年下降，婦女也因此享有更多受教育的機會，她們開始在職場上嶄露頭角，史無前例地在社會中活躍起來；不論在政界、商界或各種行業之中，女性再也不是稀有動物。

　　炔諾酮其實不單單是避孕藥而已，它不只引起世人對於生育與避孕的重視，也開啟了一個機會，讓女性可以暢談乳癌、家庭暴力與亂倫等等幾個世紀以來的禁忌話題，使得這些價值觀在近四十年內產生劇烈的改變。除了生育與照顧家庭的傳統使命外，企業家、政府官員、馬拉松選手、航海家、噴射機駕駛、太空人等形形色色的角色，對女性來說再也不是遙不可及的夢想。

12

巫術與迷幻藥

　　從十四世紀中葉到十八世紀晚期，有一群分子掌控著大多數人的生殺大權。在當時的歐洲各國，被以巫師的罪名架上火刑柱活活燒死、絞死，甚至虐待致死的人不計其數，只能約略地估計為四萬到百萬人之間。雖然這些受害者不分男女老少和貴賤尊卑，最常見的還是又老又貧的婦女。至於女性為何成為數百年來殘害社會的歇斯底里現象與迷信浪潮下的主要犧牲者？理由眾說紛紜。我們猜想，當時某些特殊分子，或許不需要為這幾世紀來的迫害負起全部的責任，但它們確實扮演著關鍵的角色。

　　早在中古世紀末「獵殺巫師」的行動開始之前，巫術和魔法就存在於人類的社會中。洞穴裡的女體壁畫似乎是在崇拜女性所具備的神奇生殖能

力。古文化對於超自然現象的傳說更是不勝枚舉，像是化身為各種動物形體或奇珍異獸的神祇、法力無邊的女神、魔法師、精靈、鬼怪、令人驚懼的半人半獸生物、妖精，以及存在於天際、森林、湖泊、海洋和地底的各種神靈。基督教盛行之前的歐洲大陸，是一個充斥著各種幻想和迷信的世界。

當基督教傳入歐洲後，許多古早的異教象徵與慶典也潛移默化地融入了教堂的儀式之中。就像今天我們所慶祝的「萬聖節」（Halloween），原本是塞爾特人祭祀死亡的節日，也是象徵冬季來臨的十月三十一日；而十一月一日的「萬聖日」（All Saints's Day）[1] 則是教會為了和異教徒抗衡而產生的節日。耶誕夜也是源自於古羅馬人的「農神節」（Saturnalia），至於我們現在用來點綴節日的耶誕樹和其他藤蔓、蠟燭等裝飾品，則是源自於其他異教的節慶習俗。

苦難遭遇

西元一三五〇年以前，魔法被認為是普遍的巫術，也是人類企圖操控自然的方法。在那個年代裡，人們普遍相信，經由施咒以後的活人甚至屍體都可以獲得保護；而藉由施展魔法來擾亂別人的心智、使靈魂附體，或者單純地為人祈福，更是屢見不鮮。在當時大部分的歐洲地區，魔法完全融入人們的生活，而只有當災難發生時，才會被視為極為邪惡的妖術。如果人們因為這些魔咒或者神祕力量受到傷

1　由於教會無法消除民眾的異教風俗，只有把部份風俗聖化，特別是十月三十一日的「死節」。西元八世紀，羅馬教皇定十一月一日為萬聖日（All Saints' Day）來紀念過去所有殉道的聖徒，教會也容許民眾在十月卅一日守節。後來 All Saint's Day 變成 All Hallows Day（hallows 為「神聖」的意思），因此十月三十一日便是萬聖夜（All Hallows Evening），後來再縮減為今天的 Halloween，代表「萬聖日的前夕」。中文譯之為萬聖節，其實該譯作「萬靈節」。

害，可以和施法的巫師理論，如果巫師無法證實自己的能力或清白，頂多被要求金錢的補償，或者私下和解，少有控訴發生，而巫師因此被處死的例子更是少之又少。對當時的人們來說，巫術既不是一種宗教組織，更不是一與宗教對立的邪惡集團，充其量，只能算是民俗風情的一部分。

但是大約在十四世紀中葉，人們對於巫師的態度開始轉變。基督教並不反對魔法，就像教會也承認神蹟現象的真實性，這都是一種神奇魔力的體現。但是教堂外的魔法行為卻被視為撒旦的舉動，巫師則是邪惡勢力的同路人。主要分布在法國南部的異端裁判所（the Inquisition），是羅馬天主教教會（Roman Catholic Church）為了審判異教徒而在一二三三年設立的，後來也擴展為審理巫術活動的場所。有些歷史權威推測，當異教徒都被驅逐之後，異端裁判所需要新的犯罪來源，於是將矛頭對準了巫術活動。當時全歐洲的巫師很多，他們被監禁之後，遭到沒收的資產就被裁決者和地方官員瓜分得一乾二淨。後來，巫師遭到起訴的原因不再是實際的巫術行為，而是被冠以「女和魔鬼打交道」的莫須有罪名。

這些罪行被認為是極其恐怖的，因此到了十五世紀中葉，原先的刑罰已不適用於這些被控為巫師的犯人身上。只要遭到檢舉幾乎就等於罪名成立，刑求凌虐也已成慣例，而沒有施以酷刑就取得的犯罪自白更被認為是不可靠的──這點在今天看來實在是荒謬至極。

一般認為的巫術行為，像是縱慾狂歡的宗教儀式、與魔鬼性交、騎乘掃把飛行，殺嬰祭祀、吃小孩等駭人聽聞的舉動，聽起來都十分不合理，但人們卻深信不疑。大約百分之九十被起訴的巫師都是女性，而指控者則有男有女。至於當時大規模的「獵捕女巫」行動，是否為針對特定性別的偏執行為，至今仍爭論不休。每當洪水、乾旱或者農作物歉收等自然災害降臨時，總是不乏目擊者跳出來控訴一些可

憐的婦女,指證這些「女巫」與群魔亂舞,或是和惡靈一起飛過田野。

這股撲殺巫師的狂熱在天主教或清教徒國家都極為類似。大約在一五○○到一六五○年的巔峰時期,瑞士一些村莊的婦女幾乎無一倖免,而德國更曾發生整村村民被活活燒死於火刑柱上的悲劇。和整個歐洲相比,英格蘭和荷蘭的情形似乎緩和許多。英格蘭的法律禁止刑求逼供的行為,通常以水來測試被告是否為真的巫師。他們綑綁被告的手腳後投入水池中,浮於水面上者為真正的巫師,沉入水中溺斃的人則表示無罪。對於溺斃者的家人來說,或許可因為罪嫌洗清而稍獲寬慰,但是對於被害人本身,仍無法改變她們枉死的可悲命運。

獵殺女巫的行動持續了很久才逐漸退燒。由於有太多人被指控入獄,整個大環境的經濟發展也受到嚴重威脅。當封建制度漸趨式微,「啟蒙時代」(Age of Enlightenment)萌芽之際,人們開始無懼於絞刑和火刑柱,勇於對瘋狂的滅巫行動發出不滿之聲,橫掃歐洲幾個世紀的病態狂潮終於退去。荷蘭最後一次處決女巫是在一六一○年,英格蘭為一六八五年,北歐則是在一六九九年,由於一群幼童胡謅曾經被帶往一個魔鬼的晚會,使得八十五名老婦被活活燒死於火刑柱上。

到了十八世紀,各地紛紛明令禁止處決巫師,包括蘇格蘭(一七二七年)、法國(一七四五年)、德國(一七七五年)、瑞士(一七八二年)以及波蘭(一七九三年)。不過,儘管教會和地方政府不再審刑女巫的案件,但民間的公開審判卻還沒有放下長久以來對女巫的嫌惡與偏見。尤其在窮鄉僻壤,人們的觀念仍十分封閉,因此被認定為女巫者,仍難逃私刑處罰的悲慘命運。

許多被起訴的婦女,其實都是熟知植物特性的藥草專家,她們善用各種藥草來治癒疾病,民間也相信她們會製造愛的春藥,並具有施咒與驅魔的能力。由於她們確實能調配出具有神奇療效的草藥,因

此更增添了她們給人的魔幻形象。

　　就算到了現代，使用藥草或者處方其實都有潛在的危險。植物各部位的療效不一，從不同地區取得的植物也具有不同的療效，植物年齡也會影響有效成分的含量。所謂萬靈丹中的某些植物成分可能沒有什麼作用，而其他成分雖極具療效，卻也有致死的毒性。這些植物中的神奇分子可以使藥草專家獲得女巫的敬稱，卻也會將她們帶往死亡的邊緣。而最懂得運用藥草療效的專家，通常也是最可能被冠上女巫之名的受難者。

毒草？良藥？

　　在拜耳公司於一八九九年開始生產阿斯匹靈之前的好幾個世紀（請參閱第十章），歐洲人就已經知道如何從柳樹或繡線菊植物取得水楊酸，坊間也流傳著各種植物偏方與療法。比方說野生芹菜的根可以預防肌肉痙攣，巴西利葉可引導流產，長春藤具有緩解氣喘的奇效，而毛地黃所含的**強心糖苷**對心臟有顯著的療效，它不僅能降低心跳速率、重整心律，也具有強化心搏的功能。這些分子都屬於皂素，與植物中用來合成炔諾酮避孕藥的分子十分類似。（請參閱第十一章）此外，同樣含有強心糖苷的**地高辛**是今日美國最常使用的處方藥物之一，也是民俗療法常使用的基本藥物。

　　西元一七九五年，英國醫師魏瑟寧（William Withering）在聽說了毛地黃的神奇療效之後，就利用其萃取物來治療充血性心臟衰竭。[2]不過等到一個世紀以後，化學家才成功地從植物中萃取出具有療效的分子。

2　審註：這種說法有誤。魏瑟寧醫師也是植物學家，他從治療水腫的偏方中辨識出只有毛地黃為有效成分，因此他在治療時僅用乾葉，並未使用萃取物。

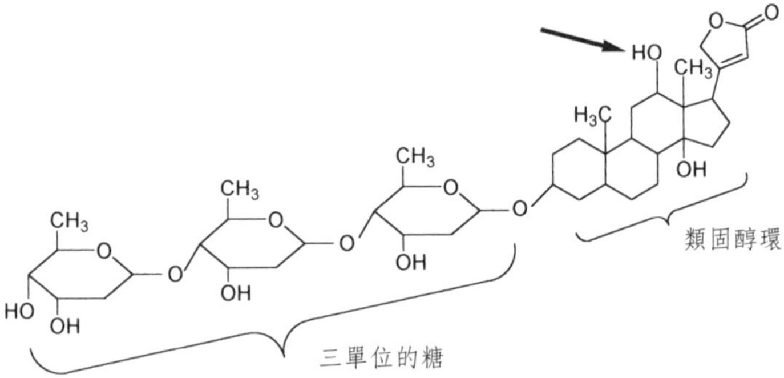

地高辛的分子結構。其中三個糖分子與洋菝契和墨西哥薯蕷植物中所含的糖分子不同。毛地黃分子則缺少了類固醇環上箭頭所指的羥基。

毛地黃萃取物的結構與地高辛十分相似，只是少了一個羥基（如圖所示），而同樣具有類似結構的強心糖苷，也存在於百合和毛茛屬的植物中，只不過今日仍以毛地黃為藥物萃取的主要來源。藥草學家很容易從當地植物或自己培育的花圃中，找到具有強心效果的植物。古埃及人與羅馬人則使用一種海蔥的萃取物，作為強心劑或者滅鼠藥；現在我們知道，這種海蔥中含有另一種不同的強心糖苷。

　　上述的各種分子都具有相同的結構特徵，而這個特徵正是強心效果的來源。它們都具有一個連接於類固醇環上的五碳內酯結構，同時也含有一個連接於類固醇 C 環和 D 環之間的羥基，如下圖所示：

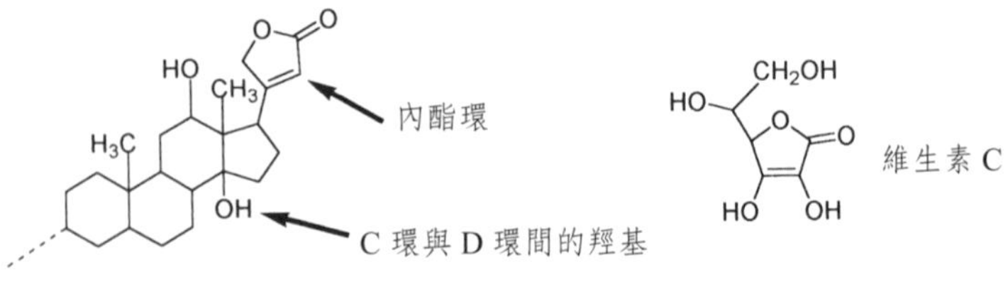

地高辛中不含糖的結構，箭頭標示出具有強心功效的羥基與內酯結構。維生素 C 分子同樣也含有內酯環。

　　當然，能影響心臟功能的分子並不只限於植物中，與強心糖結構相似但卻具有毒性的化合物則存在於動物體中；這些分子結構並不含糖，也不具有刺激心臟的效用。相反地，它們會導致心臟痙攣，因此醫學價值並不高。這些毒性分子主要來自於兩棲類動物，例如從青蛙或蟾蜍皮膚中萃取出的毒液，經常被塗抹於弓箭上作為毒藥使用。有趣的是，蟾蜍和貓一樣，都被坊間視為與巫師有關的邪惡動物。一般認為，巫師所調配的藥品或多或少都含有蟾蜍萃取物。歐洲常見的 *Bufo vulgaris* 蟾蜍所分泌的毒液含有蟾毒素（bufotoxin），是毒性最強的已知分子之一；其結構也含有一個和毛地黃毒素十分相近的類固醇環，C和D環中也同樣具有一個羥基，與一個含有六碳（而非五碳）的內酯環。

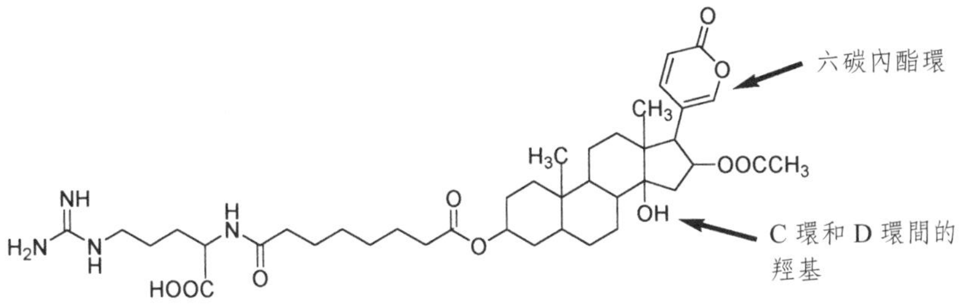

蟾蜍毒液中的蟾毒素，與毛地黃植物中的毒性分子具有類似的類固醇結構。

　　不過，蟾毒素並不能作為強心劑，反而對心臟有害。或許對於巫師來說，從富含強心糖苷的毛地黃到含有毒液的蟾蜍，都是他們煉製毒物的豐富來源。

　　另一個迷思則是人們認為巫師具有飛行能力，會在午夜時分騎著掃帚趕赴魔鬼的盛宴。許多巫師無法忍受折磨，只好招供；這樣的結果一點也不讓人意外，一般人在飽受嚴求逼供之後，大概也會作出符合「期待」的自白。比較令人驚訝的是，有些巫師在遭受刑求之前，

就自己說出飛天趕赴魔宴的經驗。這樣的自白並不能使她們免於牢獄虐待，但這些女巫很可能確實認為自己能夠騎著掃帚飛躍煙囪，並沉溺於這種性別倒錯的幻想困境之中。關於她們這些乖悖逆行的古怪信念，可以用「生物鹼」的化學概念來加以解釋。

生物鹼是植物性化合物，含有一個或多個氮原子的環狀化合物。我們已經介紹過幾種生物鹼，像是胡椒中的胡椒鹼、辣椒裡的辣椒素[3]、靛藍、盤尼西林和葉酸等等。我們也能肯定生物鹼家族要比其他族類的化學分子，對人類歷史具有更深遠的影響。一般來說，生物鹼在人體內具有活性，特別是針對中樞神經系統，而且此族類的分子幾乎都含有毒性。不過，其中有些數千年以來也一直被當成藥物使用，就連現代醫學也會採用生物鹼的衍生物，例如可減輕疼痛的可待因（codeine）、局部麻醉劑苯唑卡因（benzocaine），以及可以抗瘧疾的氯奎寧（chloroquine）等。

我們曾經提過，植物體內有一些化學分子具有保護作用，因為植物無法逃離危險或是躲避掠食者的搜尋，其他像是尖刺之類的具體防護構造，對草食動物來說根本不具威脅。植物中的化學成分雖然看似被動的防禦，卻能有效抵擋動物、黴菌、細菌甚或病毒的攻擊。因此，生物鹼可以說是一種天然的殺黴劑或殺蟲劑。根據估計，我們每天的飲食中含有約 1.5 克的天然殺蟲劑，而合成殺蟲劑每天的殘餘量約為 0.15 毫克——幾乎是天然毒性的一千分之一。

人體可接受微量生物鹼所產生的生理效應，其中有許多分子一直被當成藥物使用。比方說檳榔（*Areca catechu*）果實所含的生物鹼「acrecaidine」，長久以來是非洲和東方世界所使用的一種興奮劑。而人們也會把磨碎的檳榔包於棕櫚葉中嚼食，這些人的特徵就是一嘴

---

3 審註：辣椒素不含氮環。

漬黑的牙齒和一口口吐出的紅色檳榔汁。另外，從麻黃植物 *Ephedra sinica* 萃取出來的麻黃素（ephedrine），也是一種古老的中國藥草，現在更是流傳於西方的解充血藥和支氣管擴張劑。至於維生素 B_1（硫胺素）、B_2（核黃素）和 B_4（菸鹼酸）等維生素 B 群，也都被歸類於生物鹼家族。另外，從印度蛇根草（*Rauwolfia serpentina*）分離純化出來的利血平（reserpine），則具有降低血壓與鎮定神經的功效。

　　有些生物鹼分子因其毒性而聲名大噪。鐵杉屬植物 *Conium maculatum* 所含的毒芹鹼（coniine），即是西元前三九九年毒死蘇格拉底的元兇；蘇格拉底因為鼓動雅典青年反宗教而導致社會風氣敗壞的罪名，被迫飲用毒芹毒汁而結束生命。毒芹鹼是所有生物鹼化合物中結構最簡單的分子之一，不過它的致命毒性卻一點也不輸給馬錢子植物（*Strychnos nux-vomica*）中結構較為複雜的番木鱉鹼（strychnine）。

毒芹鹼　　　　　　　　　　　　　番木鱉鹼

　　巫師經常會煉製一些宣稱有助於提升飛行能力的軟膏或油脂類化合物，而這些似乎具有神奇魔力的分子通常取材自曼德拉草（mandrake）、顛茄（belladonna）或莨菪（henbane）；這些植物都屬於茄科（*Solanaceae*）。其中，原產於地中海地區的曼德拉草（*Mandragora officinarum*）樹根呈分支狀，因此被形容為「人形」植物。自古以來，它便常被當成安眠藥或者用來提升性能力。而有關曼德拉草的傳說更是千方百種。據說當它被拉離地面時，會發出淒厲尖

銳的哀嚎之聲，週遭所有生物將會因此陷入毒氣與怪異鳴聲的險境之中。這樣的傳言也出現在莎士比亞的劇作《羅密歐與茱麗葉》中。茱麗葉說：「……那是多麼令人作嘔的氣味，淒涼的哀嚎就像曼德拉草被人拔離地面，所有見聞過那般景象的生靈，將無一不遭受瘋狂毀滅的慘烈命運。」另外，更令人毛骨悚然的說法是，曼德拉草生長於絞刑台下，藉由吸取吊死者流下的精液而生。

至於顛茄類植物（如 *Atropa belladonna*）的原文名稱則源於義大利女性的裝扮習慣——將顛茄類植物果實擠出的汁液滴入眼睛，使瞳孔擴大以添豔麗；「belladonna」（顛茄）這個字就是由義大利文的「bella donna」（美女）合併而來的。不過，服用大量顛茄植物可能假死狀態，就像莎士比亞劇作中茱麗葉飲用毒藥的橋段。莎士比亞寫道：「那毒性流竄於全身血管之中，冰冷且令人昏睡的氣息隨即而來，而脈搏呼吸不再……」不過這種假死狀態只會持續二至四個小時。

同樣屬於茄科的莨菪，也是巫師的神祕配方之一，其中以 *Huoscyamus niger* 最常被使用。長久以來這種植物被作為安眠藥、止痛劑（特別是牙疼）、麻醉劑，甚至是毒藥。莨菪的特性也是大家所熟悉的，就像莎士比亞《哈姆雷特》中，主角被父親亡靈告知的那一段：「……你的叔叔偷了那瓶裝填了被詛咒的 Hebona 毒液，將它傾倒入我的耳朵，那是怎樣一種劇毒而精製的蒸餾毒液啊……」「Hebona」統稱紫杉、黑檀與莨菪一類植物，不過以化學特性來看，這裡所指的應該是具有毒性的莨菪。

曼德拉草、劇毒的茄科植物與莨菪都含有類似的生物鹼成分，主要為曼陀羅鹼（hyoscyamine）和莨菪鹼（hyoscine），且在這三種植物中的含量不一。阿托品（atropine）是一種曼陀羅鹼，在今日仍有利用價值，稀釋後常被用於放大瞳孔以便眼科檢查。值得注意的是，劑量過高時會導致視力模糊、情緒激動，甚至精神錯亂。阿托品

中毒的第一個症狀是體液消失，不過醫療上常利用這個特性來抑制手術中黏膜體液分泌過多。至於莨菪鹼，又稱為東莨菪鹼（scopo-lamine），則被不恰當地冠上「老實藥」（truth serum）[4]的名稱。

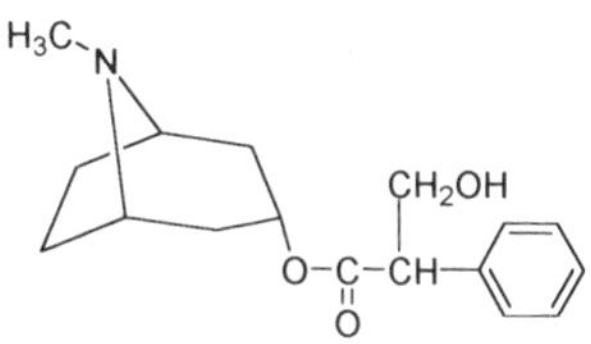

曼陀羅鹼中的阿托品 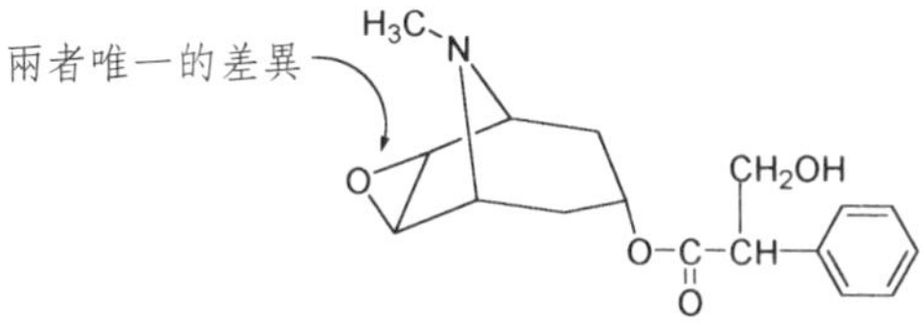　　　　　　　　東莨菪鹼（或莨菪鹼）

東莨菪鹼與嗎啡常常合併作為麻醉劑使用，不過病人是因為產生麻木感覺而語焉不詳，或是刻意隱藏事實而言語吞吐，則不得而知。然而，偵探小說家似乎特別偏愛「老實藥」的神奇概念。東莨菪鹼和阿托品一樣，也具有抑制體液分泌與使人精神亢奮等特性。此外，低劑量的東莨菪鹼有助於消除旅途勞累，因此美國太空人常使用東莨菪鹼來舒緩長程太空旅途的勞累。

　　不過令人費解的是，像阿托品這種毒性分子，竟然能當作其他毒性更強的神經性毒氣之解毒劑。一九九五年四月恐怖分子在東京地鐵施放的沙林毒氣（sarin），以及有機磷酯類殺蟲劑巴拉松，都會妨礙神經元接合處訊息傳導分子的正常移除現象，進而擾亂神經傳導作用。如果這些訊息傳導分子無法被移除，神經末稍就會一直處於刺激狀態，因而產生痙攣或抽搐等症狀。如果這些情況發生在心臟或肺等重要器官，後果便不堪設想。而阿托品能有效地抑制這些訊息傳導分子的產生，如果劑量適當，則能成為沙林毒氣與巴拉松的有效解藥。

　　當時歐洲的巫師知道阿托品與東莨菪鹼這兩種生物鹼不溶於水

---

4 莨菪鹼會使人產生類似嗎啡效果的半麻醉狀態。

的特性，也知道這些化合物確實能致人於死，而非單單讓人達到亢奮或陶醉的狀態。他們將曼德拉草、顛茄或者莨菪中萃取得來的成分與脂肪或油脂混合，然後塗抹於皮膚。這種經由皮膚吸收的方式也是現今醫學界常使用的醫療方式之一。尼古丁戒菸貼片、長途旅行的舒緩貼藥，以及荷爾蒙替代療法，都是採取此法的醫療例證。

　　就巫師配置飛行膏藥的記載來看，敷料的使用技術已有幾百年的歷史。今天我們知道，皮膚層最薄且血管正位於表皮下方的部位，吸收效果最佳；肛門或陰道栓劑就是為了讓人體更有效地吸收藥物而設計的。巫師顯然也了解人體的構造，據說他們會將特製的飛行魔藥塗抹於全身、腋下，甚至是其他毛髮濃密之處。更有記載指出，他們會將這些魔法軟膏塗抹於掃把的長柄，如此一來，他們的生殖器便可在騎乘時摩擦到含有阿托品與東莨菪鹼的混合物。這些傳聞隱含著強烈的性暗示，而從早期騎乘掃把的巫師雕刻多為裸身，或只穿著部分衣物，也可看出端倪。

　　當然，巫師不可能騎乘掃把趕赴魔宴。關於飛行，恐怕只是生物鹼引起的幻想而已。現在看來，當時巫師的午夜冒險，諸如飛翔或墜落的感覺、渙散扭曲的視覺、亢奮、歇斯底里、靈魂出竅、天旋地轉，以及遇見妖獸等光怪陸離的情境，很可能是因為東莨菪鹼和阿托品的藥效作祟。當藥效發揮至極時，便以沉睡落幕。

　　其實不難想像，當整個社會瀰漫在一股崇拜魔法的迷信時，那些使用所謂飛行魔藥的巫師，真的會將飛躍星空與參與饗宴的虛幻意象誤以為真。醫學史上也有因服用阿托品和東莨菪鹼而產生幻覺的鮮明描述。然而，女巫對於飛行魔藥毫無根據的奇效仍深信不疑。可以想見的是，當傳言開始蔓延之時，人們就會更加相信這種魔藥的效力。其實，那些年代的女人活得非常艱辛；工作永遠做不完，貧窮與疾病總是縈繞不去，對於自己生存的權利更是沒有指望。如果能偷得

幾個鐘頭的閒暇，幻想一場性解放派對，然後再不著痕跡地從自己床上醒來，似乎也是一種滿足心靈綺想的方法。只是，藉助這些瘋狂分子（如阿托品和東莨菪鹼）逃離現實，終究招致了一條毀滅性道路。就像那些被指為女巫的可憐女子，將面臨活活燒死在火刑柱上的悲慘命運。

　　除了曼德拉草、劇毒性茄科植物和莨菪之外，還有其他植物也被當成飛行魔藥的原料，例如毛地黃、巴西利葉、烏頭（monkshood）、毒芹和曼陀羅等。烏頭和毒芹是有毒的生物鹼，毛地黃則含有毒糖的成分，巴西利葉含有能引起幻覺的肉荳蔻醚，而曼陀羅中則含有阿托品與東莨菪鹼。曼陀羅屬（*Datura*）的植物還包括魔鬼草、大花曼陀羅、臭味草、茄科毒草，它們廣布於溫暖地區，是歐洲巫師常用的生物鹼原料，也是亞洲和美洲等地成年禮或慶典不可或缺的植物。部分亞洲和非洲地區的人，也會吸食曼陀羅植物的種子。經由肺部進入血液的吸收方式，是最快能感受到生物鹼「衝擊」的方法；始於十六世紀的歐洲吸菸族對於這點應該也能有所體會。有些人藉由曼陀羅植物的花、葉和種子來獲得感官刺激，因此到了今天，阿托品的中毒事件仍然層出不窮。

　　自從哥倫布發現新大陸之後，許多茄科植物也因此被帶入歐洲，像是含有生物鹼的菸草屬（*Nicotiana*）和辣椒屬（*Capsicum*）就大受歡迎。令人驚訝的是，屬於同一植物家族的番茄和馬鈴薯一開始卻不受青睞。

　　另外，原產於南美的紅木屬（*Erythroxylon*）古柯樹的樹葉也含有化學結構與阿托品相似的生物鹼。一般而言，相近的物種才會具有相似的結構。奇怪的是，古柯樹並不屬於茄科植物；這是因為過去是依照植物的形態特徵來進行分類，現在則是以化學成分與 DNA 組態為依據。

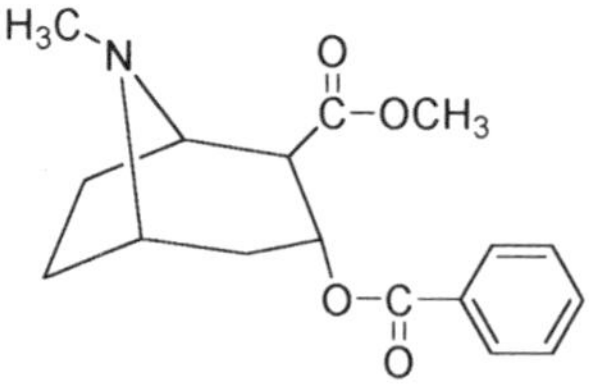

古柯鹼 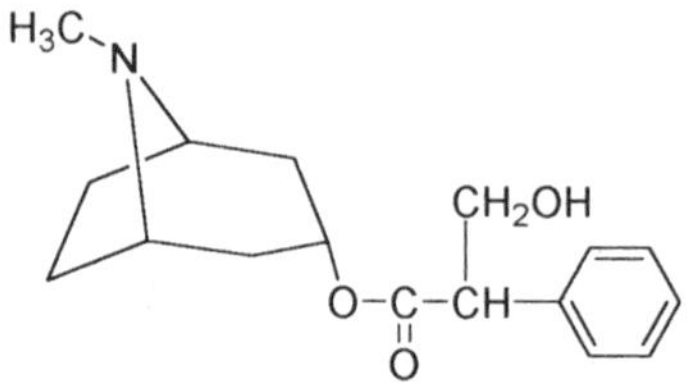   阿托品

　　古柯樹的主要生物鹼是古柯鹼（cocaine）。在祕魯、厄瓜多和
玻利維亞的高地，古柯樹的葉子一直被當成興奮劑使用。將葉子與石
灰混合後塞入牙齦和臉頰間，逐漸釋出的生物鹼可以消除疲勞，並減
低飢餓、口渴的感覺。人體藉由這個方式吸收的古柯鹼低於 0.5 克，
因此不會上癮，不過如果是純化萃取的古柯鹼，則另當別論。

　　在一八八〇年代被分離出來的古柯鹼具有麻醉效果，因此被視
為一種神藥。心理學家佛洛伊德（Sigmund Freud）將古柯鹼當成一
種刺激藥物，用來治療嗎啡上癮者。不過，古柯鹼很容易使人上癮，
而且效果遠比所有已知物質來得強烈。它能迅速地使人產生極度的陶
醉感，並伴隨出現極度的憂鬱，讓使用者渴望下一波的高峰而成癮。
濫用古柯鹼對人體健康與現代社會造成許多災難，大家也耳熟能詳。
不過，對我們來說相當重要的局部麻醉劑，卻是以古柯鹼的結構為發
展雛型。苯唑卡因、奴佛卡因（novocaine）和利多卡因（lidocaine）
也像古柯鹼一樣，具有阻斷神經傳導作用而減輕疼痛的效果，不過這
些分子卻沒有古柯鹼會刺激神經系統和擾亂心律的副作用。我們得感
謝這些分子，有了它們，當躺在牙醫師的治療椅或急診室的手術台上
時，我們再也感覺不到疼痛。

麥角鹼

　　至於另一些結構懸殊的生物鹼，則與歐洲女巫所承受的火刑脫不了關係。這些分子的毀滅性威力癱瘓了社會的運作，人們也將災難歸咎於巫師的邪惡魔咒。這些生物鹼存在於一種稱為 *Claviceps pur-purea* 的麥角黴菌中，會對許多穀類植物造成危害，特別是裸麥類植物。麥角鹼毒的影響持續到近代，威脅性僅次於細菌和病毒這兩種微生物。這些生物鹼中，麥角胺（ergotamine）能使血管收縮，麥角新鹼（ergonovine）則被作為人類或家畜的催生劑，還有一些分子則具有擾亂神經系統的作用。麥角鹼的中毒症狀會隨生物鹼的種類、成分與含量而有所不同，大致上包括痙攣、心悸、腹瀉、嗜睡、躁狂、幻覺、四肢扭曲變形、嘔吐、抽搐、皮膚有爬蟲的不適感、手腳麻木，以及因為血液循環不良，造成組織壞死而產生的燒灼感。在中世紀時，這些病徵有不同的名稱，像是「聖火」（holy fire）、「聖安東尼之火」（Saint Anthony's fire）、「神祕之火」（occult fire）以及「聖維多士之舞」（Saint Vitus' dance）等；這些名稱是由於組織壞死時，患者會有如遭地獄之火焚身一般，產生難以忍受的痛苦與四肢變黑的現象。聖安東尼在當時人們的心目中被認為擁有抵抗烈火、感染以及癲癇的特殊能力，能解救人們於麥角鹼中毒的苦痛，因此被賦予「聖」的稱號。「聖維多士之舞」則是由於某些麥角鹼中毒會引發神經系統病變，因而導致類似舞蹈動作的肢體扭曲與痙攣而得名。

　　我們可以想見大批村民或鎮民麥角鹼中毒的情景。如果收割的季節適逢豐沛的降雨，濕氣有助於黴菌附著於裸麥，而不甚講究的收割儲藏，更有利於黴菌滋生。更糟的是，麵粉只要受到少量的麥角鹼污染，便能引起嚴重的麥角鹼中毒。當城鎮裡愈來愈多的居民顯現病徵時，人們開始不解，為什麼疾病在城中肆虐的同時，與他們相鄰的

地區卻安然無恙？就像許多天災一樣，村裡無辜的老婦往往成為眾矢之的。她們通常居住在村落的邊緣，可能僅靠採集藥草維生，或許連磨坊的麵粉也買不起。大概也是因為極其窮困，所以才免遭麥角鹼毒的侵害，不過卻諷刺地因此成為眾人髮指的女巫。

麥角鹼毒在歷史上已存在一段時間，最早的記載可以追溯至西元前六百年，亞述人所提及的「穀穗上的有毒膿包」。西元前四百年也有關於麥角鹼引起牛隻流產的紀錄。在中古時代的歐洲，人們似乎遺忘了穀類黴菌是許多問題的癥結所在。潮濕的冬季加上保存不當，黴菌因此更形猖獗。當飢荒發生時，誰也顧不了這些疑慮，劣質麵粉也都被拿來充飢了。

歐洲第一宗麥角鹼中毒事件，發生於西元八五七年德國萊茵河岸的小鎮。之後的紀錄也顯示，法國於西元九九四年和一一二九年都有發生嚴重的中毒事件，分別造成超過四萬人以及大約一萬兩千人的死亡。諸如此類的災難層出不窮，並且一直延續到二十世紀。在西元一九二六年到一九二七年間，俄羅斯靠近烏拉山脈的地區，估計也有超過一萬一千人垂死。一九二七年的英格蘭也出現過兩百個死亡個案。一九五一年，法國的普羅旺斯也有四百人因為誤食遭到麥角鹼感染的裸麥而中毒身亡，罹難者還包括了負責麵粉生產、理當知情的農民、磨坊工人和麵包師傅等等。

麥角鹼至少在歷史上扮演過四次重要的角色。西元一世紀發生於高盧（Gaul）的一場戰役中，由麥角鹼引起的大規模流行病狠狠擊潰了凱撒大帝的軍隊，也許還因此削弱了羅馬帝國擴張版圖的計畫。另外，西元一七二二年夏天，哥薩克人的首領彼得率領沙皇大軍於裏海與窩瓦河口的阿斯特拉罕（Astrakhan）紮營時，士兵與馬匹都誤食了遭到麥角鹼毒污染的裸麥，造成兩萬人死傷，重挫了攻打土耳其的計畫。

一七八九年的法國，數千名農民與地主之間發生激烈的抗爭事件。這項稱為「大恐怖」（La Grande Peur）的事件，其實並不單是因為法國大革命而起的。歷史紀錄中，那些農民的瘋狂舉動與無節制行為，都被認為是誤食被污染的麵粉所致。在一七八九年夏天，法國北方出現罕見的潮濕與溫熱氣候，正好符合麥角鹼黴菌滋長的條件；時常在貧民階層造成流行的麥角鹼毒，是否因此意外地成為開啟法國大革命的關鍵？而一八一二年秋天，橫越俄羅斯平原的拿破崙大軍同樣也受到麥角鹼的荼毒；或許麥角鹼毒與當時軍人身上的錫質鈕釦，都是造成拿破崙大軍潰敗的主要因素。

一九六二年，美國麻州沙連（Salem）發生著名的審判巫師事件，有兩百五十名無辜人民受到牽連（其中多半為女性）。許多專家指出，那次事件的真正禍首是麥角毒。十七世紀晚期開始，該區就以裸麥為主要作物；一六九一年的春夏，那裡的氣候既溫暖又潮濕；沙連正好位於沼澤附近。各種事實似乎都指出穀物受到黴菌感染的可能性，而且受害者出現腹瀉、嘔吐、痙攣、幻想、口齒不清、四肢怪異地扭曲、刺麻感與嚴重的感覺錯亂等症狀，也都符合麥角鹼中毒的現象，尤其是痙攣性的麥角鹼毒。

這次獵捕巫師的行動很有可能是由麥角鹼毒引起的；宣稱受到巫術侵害的三十名受害者都是年輕女性，而我們也知道年輕人比較容易受到麥角鹼毒的影響。隨著事件愈演愈烈，居住在城外者也受到波及，獵巫行動似乎已演變為歇斯底里的潮流，甚至是私人恩怨的清算。

麥角鹼中毒的症狀很難控制，然而，每當「受害者」在審判中看見那些被指控為巫師的人，就會抽搐或昏厥，這並不符合麥角鹼中毒的症狀。或許那些所謂的受害者只是喜歡出風頭，以及享受操控支配的權力，所以才有誣告的情事發生。沙連的巫師審判事件最後導致

十九人被吊死，一人被亂石砸死，其他遭到誣告者，也免不了監禁與遭受各種凌虐的命運。麥角鹼挑起了這次悲劇，但需要負大部分責任的，還是薄弱的人性意志。

和古柯鹼一樣，麥角鹼雖然有毒而危險，但它也長期被應用於治療疾病，許多麥角鹼衍生物也在醫療上扮演著重要的角色。幾個世紀以來，藥草專家、助產士和醫生都曾使用麥角萃取物來催生或引導流產。到了今天，麥角鹼與其衍生物則被當成治療偏頭痛的血管收縮劑、產後止血劑，以及生產時刺激子宮收縮的藥物。

所有的麥角鹼分子都具有相同的**麥角酸**（lysergic acid）衍生結構。下圖中，麥角酸結構中箭號所指的羥基可以被不同的側基團所取代，形成**麥角胺**（ergotamine）或者是一種稱為 ergovine 的分子。下圖圈出的部分是兩個分子內的麥角酸結構。

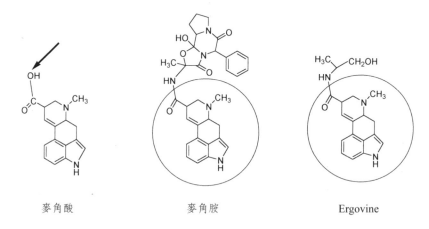

麥角酸　　　　　　　麥角胺　　　　　　　Ergovine

一九三八年，瑞士巴塞爾 Sandoz 藥廠的化學家霍夫曼（Albert Hofmann）從麥角酸衍生出第二十五種新的化合物，稱為 LSD-25（lysergic acid diethylamide-25，二乙基麥角酸醯胺），也就是現在常常聽到的 LSD，[5] 只不過當時對此化合物的特性一無所知。

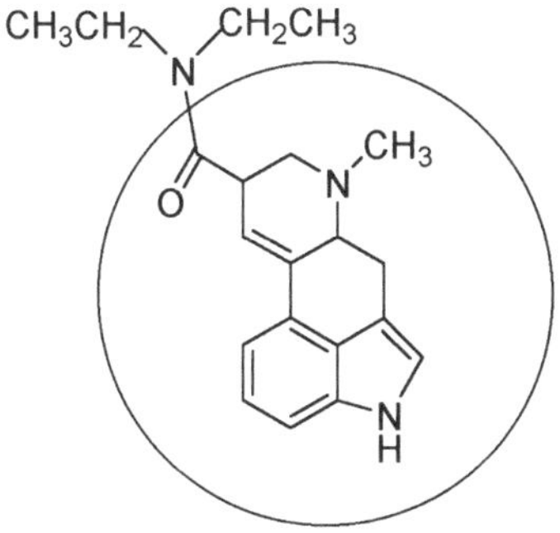

二乙基麥角酸醯胺（LSD-25 或簡稱為 LSD），圈出的部分為麥角酸的構造。

直到一九四三年霍夫曼才再次合成這個化合物，當時他意外地體驗到一九六〇年代所謂的「迷幻之遊」（acid trip）[6]。LSD 不為皮膚所吸收，所以霍夫曼可能是不小心吃下手指沾到的這些分子。沒想到，非常微量的 LSD 就能引起後來他所描述的景象：連續不斷的奇幻畫面出現在眼前，就像萬花筒一樣，展現出各種奇異的顏色和形狀。

為了解開心裡的疑惑，霍夫曼開始研究 LSD 是否能使人產生幻覺。醫療上所使用的麥角鹼衍生物劑量通常只有幾毫克，所以霍夫曼謹慎地取了 0.25 毫克的 LSD 吞食，但這個量卻是日後所知能使人產生幻覺的五倍。經過後來的實驗證實，LSD 的強烈藥性，是自然界中具有迷幻效果的麥斯卡靈（mescaline）的一萬倍以上。

當霍夫曼吞下 LSD 之後，快速顯現的昏眩感使他需要助理的陪同下才能騎車返家。之後的幾個小時，他經歷了後來用藥者常常描述的「惡性幻覺」（bad trip）。除了幻視之外，他開始出現出類似偏

5 LSD 在台灣俗稱「搖腳丸」或「一粒砂」，是極強的迷幻藥。吸食後會發生瞳孔擴大、體溫升高、心跳加速、血壓升高、沒有食慾、失眠、流汗、口乾、震顫、麻木、虛弱、噁心等狀況；長期使用會出現持續性精神病和幻覺。
6 「迷幻之旅」指服用 LSD 後所引起的幻覺體驗。

執狂患者的症狀，時而焦躁不安，時而癱瘓無力，時而語無倫次，時而覺得窒息，感覺像是靈魂出竅一樣，連聲音似乎都在他眼前顯現具體的形狀。霍夫曼一度擔心大腦受到永久性的損害，所幸這些症狀逐漸退去，只有視幻仍持續了一段時間。翌日霍夫曼醒來之後，他不但覺得一切正常，還完全記得昨日發生的種種，似乎沒有什麼副作用。

西元一九四七年，Sandoz 藥廠將 LSD 當成一種心理治療藥物上市，特別是用來治療酒精中毒型的精神分裂症。一九六〇年代，LSD 成為相當受全球年輕族群歡迎的迷幻藥劑。哈佛大學人格研究中心的心理學專家利瑞（Timothy Leary）大力鼓吹 LSD 為二十一世紀的一種宗教，也是心靈滿足與創造力的泉源。數以千計的人追隨他的信念，呼起了「打開心扉、同流體驗、脫離現實」（turn on, turn in, drop out）的口號。二十世紀這種利用生物鹼來逃避現實生活的行徑，與數百年前獵殺女巫的所作所為，似乎沒什麼不同。儘管相隔好幾個世紀，這種迷幻體驗仍然無益於人類。LSD 為一九六〇年代的「花之童」（flower children）[7] 帶來了迷幻忘我的超脫感、永久性的精神病，以及無數的自殺悲劇；對於歐洲的女巫來說，魔法軟膏中的阿托品和東莨菪鹼，將她們帶往了火刑柱上的死亡道路。

＊　＊　＊　＊　＊　＊　＊　＊　＊　＊

阿托品和麥角鹼沒有魔法，然而它們引起的效果卻成為荼毒無辜老婦以及弱勢族群的藉口。一些化學現象遭指控者捏造為女巫的魔法，用來佐證所提出的控訴：「她說她會飛，所以她肯定是女巫！」

7　一九六六年，最早的七個嬉皮團體在美國舊金山成立。同年的十月，三萬多名頭戴鮮花的「Flower Children」集結在金門公園的草坪上，這正是嬉皮運動的最早開端。於是「Flower Children」的稱謂就此產生，也就是所謂的「嬉皮」。

「她有罪！因為整個村落都被她施了魔咒！」這種態度使得迫害女性的行為蔓延了四個世紀之久，火刑柱上的火焰一旦升起，似乎就難以熄滅。而我們對於生物鹼造成婦女受難的偏見，似乎也延續到今天。

　　中世紀歐洲那些從迫害中倖存的婦女，以及世界其他地區的原住民，為我們傳承了藥草的知識。沒有了這些傳統藥草，或許也沒有今日如此蓬勃發達的醫藥成就。但在今天，人類摒棄了植物的神奇療效，把它們從醫學界中慢慢剔除。地球上的熱帶雨林正在萎縮，以每年減少兩百萬公頃的速度逐漸消失，而我們可能也將因此失去發現其他可治病的生物鹼之機會。我們將無法知道哪些植物可能具有抗癌和抗愛滋病毒的特性，或是可以治療精神分裂症、阿茲海默症和帕金森氏病，因為此刻它們正隨著雨林一同面臨滅絕的危機。從分子的角度來看，或許過去的民俗療法，才能為我們指引一條通往未來的生路。

13

嗎啡、尼古丁和咖啡因

人類喜歡追求感官的刺激，數百年來，罌粟中的嗎啡、菸草中的尼古丁，以及茶、咖啡和可可中的咖啡因，三種不同的生物鹼分子也因此大受歡迎。它們不只為人類帶來歡娛，同時也帶來危險。或許因為這些分子都會使人上癮，因而對人類社會的發展造成各種影響。巧合的是，這三個分子不約而同地在歷史的同一個交叉點上相遇了。

鴉片戰爭

今日主要產於泰國、寮國和緬甸之間「金三角」（Golden Triangle）地區的**罌粟**，最早起源於地中海東岸一帶。人類早在史前時代就開始採集罌粟的果實，五千年以前幼發拉底河

流域（也是人類文明最早的發源地）的人們已經知道罌粟的特性。考古也發現，三千年前的塞普勒斯文明也有使用罌粟鴉片的證據。而在其他著名的古文明中，如希臘、腓尼基、邁諾安、埃及和巴比倫等，鴉片更是草藥典籍和各種治療祕方中不可或缺的重要元素。大約在西元前三三〇年左右，鴉片隨著亞歷山大大帝的東征傳入印度和波斯一帶，隨後更往東方流傳，並在十七世紀傳入了中國。

幾百年來，鴉片被視為具有療效的藥草，通常以帶有苦味的藥水或藥丸的形式服用。到了十八世紀和十九世紀早期，許多歐美的藝術家、作家和詩人，藉著服用鴉片所產生的迷幻經驗，來刺激創作靈感。另一方面，當時鴉片比酒精便宜許多，因此也被當成較廉價的麻醉劑。只是在那些歲月中，鴉片上癮的現象尚未獲得重視。當時鴉片使用之普及，連嬰兒和牙牙學語的幼童，也常服用相當於 10％嗎啡含量的鎮靜糖漿或興奮劑。至於婦女愛用的鴉片酊（laudanum）[1]更是隨處可買的時髦飲品，這種飲料風行到二十世紀初才被禁止。

鴉片在中國一直被視為珍貴藥材，直到同樣含有生物鹼的菸草引進之後，才劇烈地改變了鴉片在中國社會的地位。一四九六年哥倫布從新大陸返回歐洲，不但帶回菸草，也開啟了吸菸的風氣。隨後，即使必須負擔沉重的關稅，菸草仍以驚人的速度向亞洲和中東流傳。十七世紀中葉，明朝最後一個皇帝下令禁止吸菸，中國人或許就以鴉片來替代無法吸菸的缺憾。另一些史學家則指出，當時葡萄牙人在福爾摩莎（台灣）和廈門的商業驛站，向中國商人介紹了混合菸草與鴉片吸食的新方法。

肺部吸入了尼古丁和嗎啡之後，這些生物鹼很快就會進入血液並發揮效用，因此吸食鴉片很容易上癮。到了十八世紀初期，鴉片風

1　鴉片酊是一種將鴉片溶解於酒精後製成的飲品。

潮席捲了全中國。一七二九年，皇帝下令禁止鴉片的輸入與販賣，不過為時已晚，因為鴉片文化與流通管道早已經建立，短時間內很難根除。

另一個生物鹼——咖啡因——也在此刻步入了歷史。來自歐洲的商賈無法從中國市場獲得令人滿意的利益，只有少數中國商家願意購買荷蘭、英國、法國和其他歐洲國家的商品。相反地，中國對歐洲的出口貿易卻供不應求，尤以茶葉為最。或許就是茶葉中能使人輕微上癮的咖啡因，自古以來讓歐洲人深陷於茶的甘甜滋味。

中國人準備展開茶葉貿易，要求以金幣或銀幣作為買賣貨幣，但是英國人並不想以珍貴的銀幣來換取像茶葉這樣的商品。他們發現鴉片這種非法商品，是中國需要但卻沒有的。於是，英國人將種植於孟加拉與其他英屬殖民地的罌粟鴉片，由英國東印度公司賣給各個貿易商，再在受賄的中國官員保護之下，轉賣給中國的進口商。一八三九年，中國政府試圖阻止日益猖獗的鴉片交易，將儲存於廣州一間倉庫和港口貨船上的鴉片，全數沒收銷毀。幾天之後，一群酒醉的英國海軍因為殺害一名農夫遭到起訴，英國正以此為由中國宣戰。英國贏了第一次鴉片戰爭（一八三九至一八四二年），從此開啟兩國之間的不平等交易。中國除了付出巨額賠款，還為英國開設五個通商口岸，香港也因此淪為英國的殖民地。

二十年之後，第二次鴉片戰爭爆發。這次法國也加入英國的陣線，一起對中國進行剝削。許多中國港口被迫對外開放，歐洲人也從此獲得在中國居住遷徙的權利，傳教士可以自由行動，而鴉片交易也再次成為中國境內合法的貿易活動。從另一個角度來看，或許鴉片、菸草和茶葉，都算是開啟中國鎖國政策的重要元素。中國社會自此進入了變動的年代，終於在一九一一年的中國革命達到巔峰。

嗎啡與希臘睡神莫菲斯

　　鴉片含有二十四種不同的生物鹼，其中含量最豐的是嗎啡。鴉片是罌粟花苞的黏稠狀分泌物，大約佔了總萃取物的 10%。一八〇三年，德國藥師塞特納（Friedrich Serturner）首先從罌粟花膠質分泌物中，分離出純化的嗎啡。嗎啡能舒緩各種疼痛，使人昏沉想睡，因此塞特納以希臘睡神「莫菲斯」（Morpheus）為這個新化合物命名。

　　塞特納成功分離出嗎啡之後，科學界即積極探討這個神奇分子的化學結構，但是卻一直努力到一九二五年左右，才得以破解。儘管如此，我們也不能忽視中間那段一百二十二年的研究過程。有機化學家認為，投注在破解嗎啡結構上的精力所獲得的相關資料，都是十分珍貴而值得。嗎啡分子的解構過程包含了應用現有知識與新方法的研發，舉凡古典結構學、新的實驗步驟、有機碳化合物的立體結構與新的化學合成方法等，都可謂解開嗎啡之謎的附加價值。一些其他分子的結構，也經由類似嗎啡研究的演譯與推導而獲得定論。

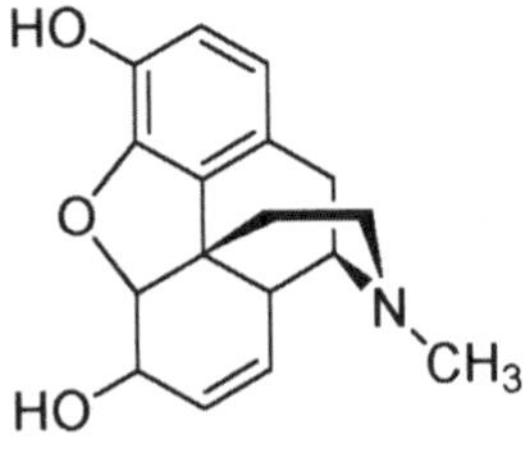

嗎啡的分子結構。粗體表示突出於平面的氮原子。

　　即便到了現代，嗎啡及其衍生物仍是最有效的鎮痛劑。不幸的是，這些效果都容易使人上癮。可待因（codeine）是另一個也存在鴉片中的少量成分（約佔 0.3 ～ 2%），雖然鎮痛效果較弱，但也較不易使人上癮。這兩種分子之間的差異非常小；可待因含有一個取代

了嗎啡結構中羥基的 CH_3O 功能基團（如下圖所示）。

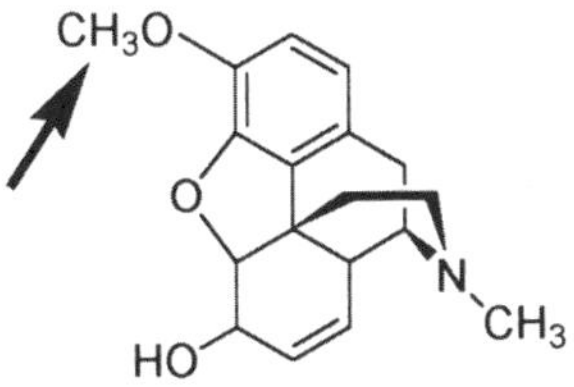

可待因 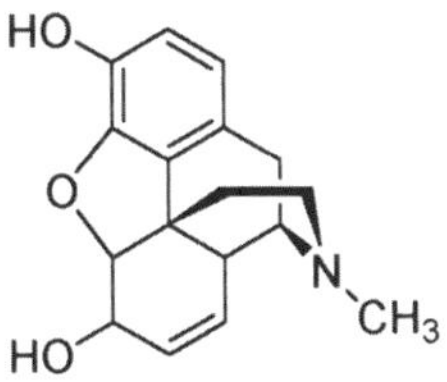　　　　　　　　　　　嗎啡

可待因的化學結構。箭頭所指為兩者唯一的差異。

在嗎啡結構被完全破解之前，有許多化學家企圖研發出可止痛、卻不易使人上癮的改造嗎啡。西元一八九八年，也就是化學家霍夫曼用乙醯化水楊酸治療他父親的前五年，德國拜耳實驗室的化學家，將水楊酸轉化為阿斯匹靈的乙醯化反應運用到嗎啡分子上。這個想法是合理的，因為阿斯匹靈確實是一種極佳的止痛劑，而且毒性也沒有水楊酸來得強。

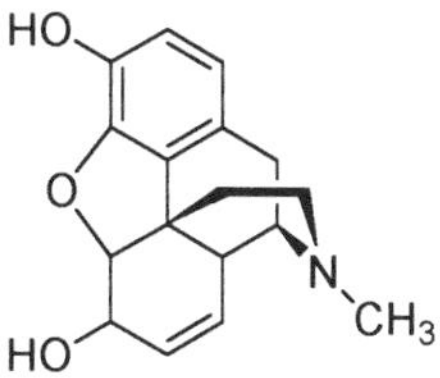

嗎啡 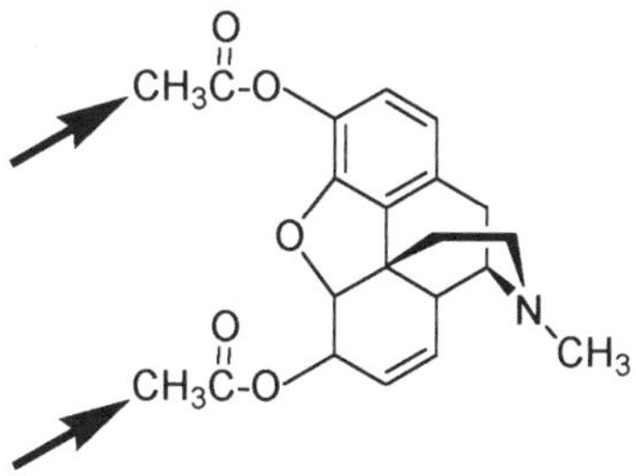　　　　　　　　　　二乙醯嗎啡（海洛英）

嗎啡的二乙醯化衍生物。箭頭所指為二乙醯嗎啡的 CH_3CO 基團取代了嗎啡羥基上的氫原子。

　　以 CH_3CO 基團取代嗎啡兩個羥基（—OH）上的氫原子，結果則會大大不同；二乙醯嗎啡的效果比嗎啡更強，些微用量便能顯現極

佳的止痛效果。不過它的缺點卻因此被忽略，若聽到它的別名「海洛英」（Heroin），便可想見這個分子的危險性。最初以類似「英雄」（hero）的海洛英名稱上市的二乙醯嗎啡，是最容易使人上癮的物質之一。海洛英和嗎啡所引起的生理現象非常類似；在人類大腦中，海洛英的二乙醯基團會被還原成嗎啡結構中的羥基。不過海洛英比嗎啡更容易經由血腦屏障（blood-brain barrier）[2]進入腦中，因此對於已經成癮的人來說，海洛英可以在更短時間內引起興奮的感覺。

　　起初，拜耳公司所生產的海洛英，被作為抑制咳嗽以及治療頭疼、氣喘，肺氣腫和結核病的藥物，由於它沒有嗎啡引起的反胃、便祕等副作用，因此也被認為不具成癮性。直到海洛英顯現出「超級阿斯匹靈」的副作用時，拜耳公司才驚覺到事情的嚴重性，停止推廣海洛英。當拜耳公司的乙醯水楊酸專利在一九一七年終止時，其他公司開始競相生產阿斯匹靈，拜耳公司為了捍衛「阿斯匹靈」這塊響亮的招牌而頻頻興訟。可想而知的是，海洛英的專利名稱是否遭到侵犯，拜耳公司一點也不在乎。

　　現在世界各國明令禁止海洛英的輸入、製造與持有，但這對於檯面下的交易多半沒有遏阻作用。以嗎啡來生產海洛英的實驗室，都有廢棄乙酸的處理問題。乙酸具有醋（為含有4%乙酸的溶液）一般的刺鼻氣味，非法製造海洛英的工廠很容易因此引起注意。犬隻的嗅覺遠比人類靈敏，因此經過特殊訓練的警犬，常是偵辦製毒案件的得力助手。

　　嗎啡和相關生物鹼可以舒緩疼痛，卻不會影響傳送到腦部的神經訊息。充其量，它只是改變腦對痛覺訊息的接收。嗎啡分子似乎能阻斷痛覺訊息的傳遞；這個假設與「形狀特殊的化學分子，能與痛覺

2　血腦屏障簡稱 BBB，是腦和脊髓內的毛細血管與神經組織之間存在的一個調節性界面，可以選擇性地阻止一些大分子進入腦中。

受器結合，阻斷神經傳導」的理論不謀而合。

　　嗎啡的作用和腦內啡相似。腦內啡是人體內的自然鎮痛劑，在大腦內的含量低，只有在遭遇壓力時才會提高分泌濃度。它是一種以多個胺基酸相連而成的多肽分子；多肽聚合也就是構成絲的組成模式（請參見第六章）。不同的是，絲分子的組成能涵蓋成千上百個胺基酸，而腦內啡通常只含有五個胺基酸。腦內啡與嗎啡都具有一個苯乙胺（s-phenylethylamine）的構造，而這個分子結構也是 LSD、麥斯卡靈與其他迷幻藥物會對大腦產生影響的原因。

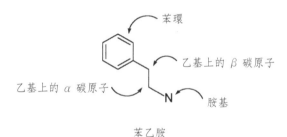

苯乙胺

儘管腦內啡與嗎啡的結構不盡相同，但其結構上的相似處也是它們能與大腦內感覺受器結合的原因。

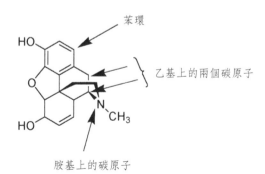

嗎啡內的苯乙胺單位結構

　　嗎啡等化合物和迷幻藥在人體生理作用上的不同，在於它們都具有鎮痛、安眠，成癮的麻醉效果。而這些特性則是基於它們結構中，其他化學單位之間的交互作用，比方說：（1）苯環或芳香環；（2）和其他四個碳原子鍵結的四價碳原子；（3）和其他三個碳原子鍵結的三價氮原子；（4）連接於前述氮原子之上的 CH_2CH_2 官能基。

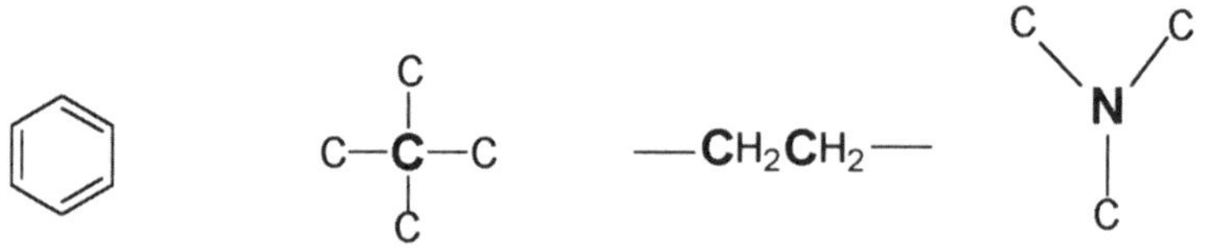

(1)	(2)	(3)	(4)
苯環	四價碳原子	CH_2CH_2 功能基	三價氮原子

綜合以上各種元素即構成所謂的「嗎啡法則」（morphine rule），如下圖所示：

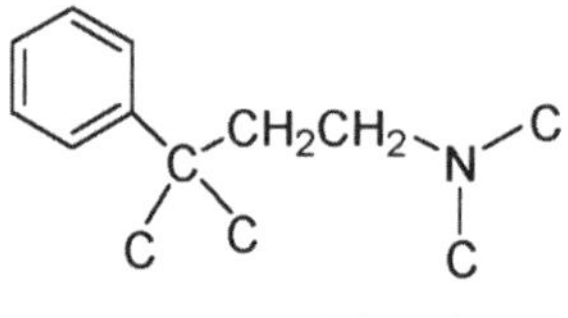

嗎啡法則的基本元素

從圖中可以看出，嗎啡具備這四個基本的組成元素，而可待因和海洛英亦然。

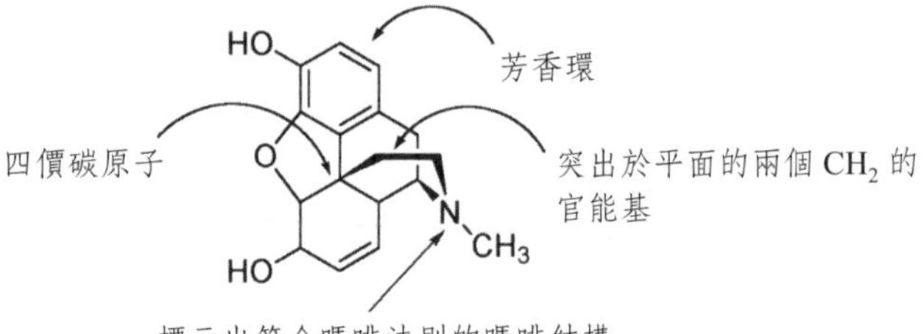

標示出符合嗎啡法則的嗎啡結構

我們之所以會發現嗎啡法則可能與麻醉效果有關，其實又是一次化學上的意外成就。研究人員將一種稱為嘜啶（meperidine）的人造化合物施打到老鼠身上，發現老鼠會像被注射嗎啡一樣，尾巴翹成一個特殊的角度。

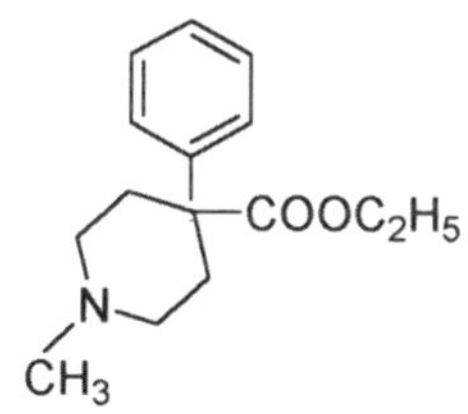

嘜啶

嘜啶和嗎啡的結構並非十分相似，但兩者都有：（1）一個苯環或芳香環；（2）一個與三價氮原子相連結的 CH_2—CH_2。這些都符合所謂的嗎啡法則。

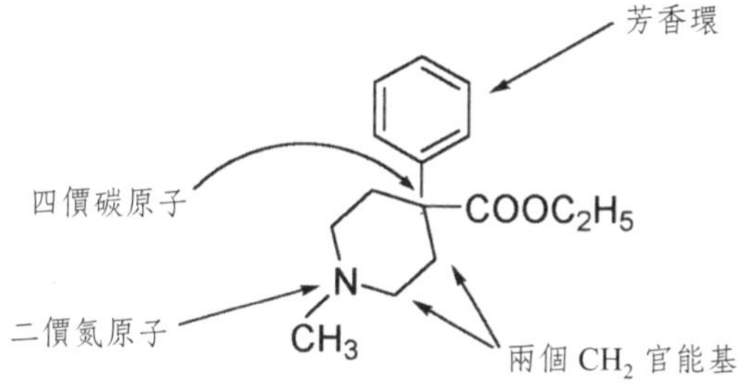

圖中標示出嘜啶或德美羅結構中的嗎啡法則

經過測試，嘜啶確實有止痛效果，它比較廣為人知的名稱為「德美羅」（Demerol）。由於它比較不會引起噁心，因此常被用來代替嗎啡，只是它也會使人上癮。另一種和海洛英及嗎啡一樣的強效止痛劑是美沙酮（methadone），服用後不會使人昏昏欲睡或感覺亢奮。然而美沙酮的結構並不符合嗎啡法則，原本應該是 CH_2-CH_2 的結構，

第二個碳上少了一個氫原子卻多了一個甲基（—CH₃）。而這個結構上的些微差異，可能就是造成它們生物活性不同的原因。

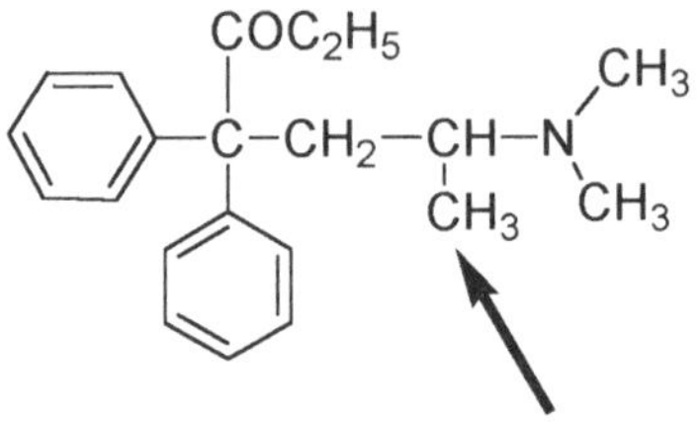

美沙酮的結構。箭頭所指為甲基的位置，是唯一不符合嗎啡法則的部分，也是造成它與其他分子生物活性不同的原因。

然而，美沙酮仍是一種會使人成癮的化合物。我們可以用美沙酮來轉移人們對於海洛英的依賴，但這樣是否就能解決海洛英所帶來的問題，仍備受爭議。

吸菸文化

在哥倫布從新大陸返回歐洲之前，第二種涉及鴉片戰爭的生物鹼尼古丁，對當時的歐洲人來說還是一種前所未聞的新玩意。哥倫布在旅途中見識到，新大陸的男女流行把燃燒菸草捲所產生的煙霧吸入鼻孔。南美、墨西哥與加勒比海一帶的印地安人也很盛行嚼食或吸食（磨成粉末狀以鼻子吸入）菸草植物的葉子。他們多半只在重要儀式時才會使用菸草；不論是捲起的菸葉、塞在菸斗中的菸絲，或是直接加熱菸葉，都能使吸食者產生恍惚的感受。這可能是因為他們所使用的菸草比被帶入歐洲和世界其他地區的 *Nicotiana tabacum* 種類，含有更多使人興奮的成分。而哥倫布所看見的，應該是馬雅文明中的 *Nicotiana rustica* 品種。

　　菸草與菸草種植業很快地就在歐洲盛行起來。菸草的活性成分尼古丁，是根據當時一名出使葡萄牙的法國外交官尼高（Jean Nicot）而命名的。尼高和十六世紀的英國著名詩人兼政治家雷拉爵士（Sir Walter Raleigh）以及法國皇后麥迪西（Catherine de Medicis）一樣，都是菸草愛好者。然而，吸菸在當時卻不是普遍為大眾接受。羅馬教宗明令禁止在教堂中吸菸，而據說英王詹姆士一世（King James I）更在一六〇四年公告：「吸菸使人眼睛疲累，鼻子不適，有損人腦，損害肺部」。

　　一六三四年，蘇俄立法禁菸，違者將遭受割唇、鞭刑、閹割或流放異地的嚴厲懲罰。五十年之後，這些法條才被菸草愛好者沙皇彼得（Tsar Peter）解除，於是吸菸又成為一項流行。西班牙和葡萄牙船員，就像早先推銷含辣椒素的紅番椒一般，也將含有尼古丁的菸草帶往造訪的海港。到了十七世紀，東方世界也開始流行吸菸，嚴刑峻法都無法遏止這股潮流。當時的土耳其、印度與波斯等國都曾以死罪來嚴懲吸菸者，但似乎也沒有什麼效果。

　　歐洲種植的菸草顯然無法應付當地的大量需求，於是西班牙人和英國人開始在新大陸的殖民地種植菸草。栽種菸草十分麻煩，雜草必須剷除乾淨、菸草必須修剪整齊、所有害蟲和微生物必須徹底消滅、菸葉須以手工採收烘乾。這個繁雜的程序必須仰賴大量的勞工；也就是說，尼古丁和葡萄糖、纖維素與靛青染料一樣，都與新大陸的奴隸貿易有關。

　　菸草中含有十種以上的生物鹼，其中以尼古丁的含量最高。隨種植環境、氣溫、土壤與採收程序的不同，一般菸葉的尼古丁含量約為 2 ～ 8%。微量的尼古丁可以作為刺激中樞神經系統和心臟的興奮劑，但是長期服用或者大量攝入，則會產生類似鎮靜劑的作用。我們可用尼古丁類似神經傳導物質的功能，來解釋它的雙面效果。

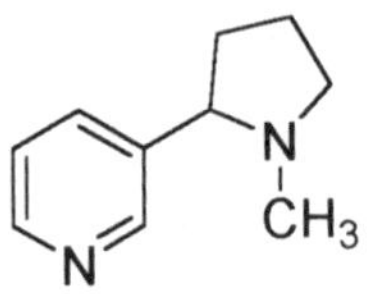

尼古丁的結構

　　尼古丁分子在神經細胞的接合處扮演溝通的角色，它能加強神經脈衝的傳遞。不過，尼古丁不會立即在脈衝之間移除，因此導致神經傳導產生障礙。當尼古丁的刺激作用失效時，人體肌肉的活動，尤其是心肌，便會受到干擾而減緩。血液循環因此變慢，血液供氧的速度也減緩，繼而整個身體都緩和下來。有人說吸菸可以提神，殊不知尼古丁帶來的作用正好完全相反。其實我們應該注意吸菸的害處；長期吸菸者的抵抗力較差，例如含氧量過低造成血液循環不良的人，很容易受到壞疽感染。

　　大量的尼古丁足以致命，只要吸入大約 50 毫克的尼古丁，便可在數分鐘之內讓人斃命。尼古丁的毒性與其劑量成正比，也和人體吸收的方式有關。藉由皮膚吸收的方式要比口服毒上千倍，這是因為人體中的胃酸可以瓦解尼古丁。而吸菸的高溫燃燒，也能將有毒的生物鹼物質氧化成毒性較低的產物；不過這並不代表吸菸是無害的。若沒有吸菸時的高溫氧化反應，只要幾根菸就可以讓吸菸者一命嗚呼。然而，吸菸的氧化反應殘餘的尼古丁仍然有害，因為它們仍可經由肺部進入體內的血液循環。

　　尼古丁是一種強效的天然殺蟲劑。在合成殺蟲劑尚未問世的一九四〇到一九五〇年代，數百萬磅的尼古丁被當成殺蟲劑使用。至於與尼古丁結構相似的菸鹼酸（nicotinic acid）與比多醇（pyridoxine），則不具毒性。相反地，這兩種分子都屬於有益健康的維生素 B 群，是人體所必需的基本營養素。從這三個分子的結構中，我們又再次印

證了，「化學結構的細微差異，足以造就截然不同的分子特性」。

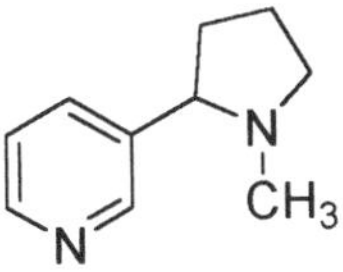

尼古丁 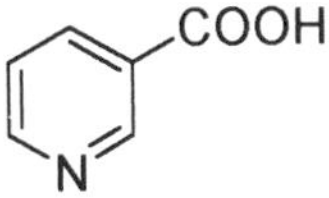　　　　　　　　菸鹼酸 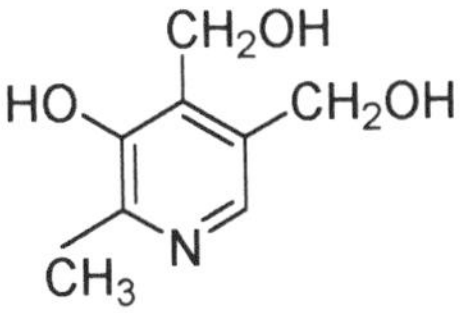　　　　　　比多醇（維生素 B$_6$）

　　人體缺乏菸鹼酸會引起糙皮症，典型症狀為皮膚起紅斑、腹瀉和癡呆。這種疾病曾在以玉米為主食的地區廣為流行，開始的時候一度被錯認為某種類似痲瘋病的傳染病。在人們尚未了解糙皮症是由於缺乏菸鹼酸引起的時候，許多糙皮病患者都被當成瘋子送入精神病院中療養。二十世紀初期，糙皮症盛行於美國南部，所幸美國公共衛生機構的高柏格（Joseph Goldberger）醫生向醫學界證實，此病是由於營養不良所造成，才解除了人們對於糙皮病的恐懼。為了避免消費者將含有豐富維他命的菸鹼酸與尼古丁（nicotine）混淆，廠商於是將菸鹼酸的原文「nicotinic acid」改用差異較大的「niacin」。

咖啡因的刺激性

　　第三個參與鴉片戰爭的生物鹼——咖啡因——比嗎啡和尼古丁更普遍，各種含咖啡因的飲料充斥市面。咖啡因的結構和茶鹼（theophylline）與可可鹼（theobromine）很相似，如下圖所示。

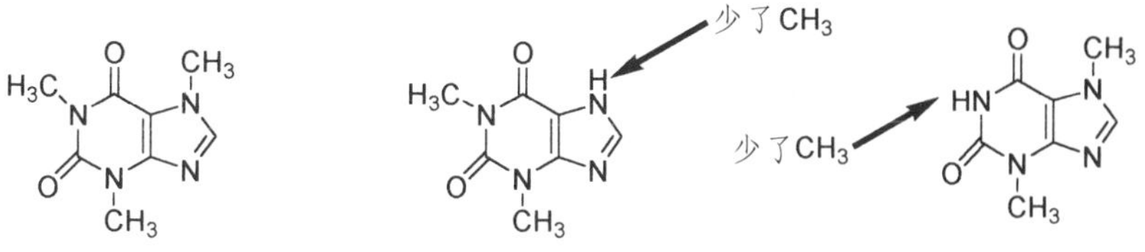

咖啡因　　　　　　　　茶鹼　　　　　　　　　可可鹼

茶葉中的茶鹼、可可飲料中的可可鹼，與咖啡因分子之間結構上的差別，僅在於連接在環狀結構上的甲基數目；咖啡因有三個甲基，茶鹼和可可鹼則分別具有兩個連接於不同位置的甲基。在這裡，我們又再次見識到，「化學結構的細微差異，足以造就截然不同的分子特性」。天然的咖啡豆和茶葉都含有咖啡因，可可豆以及其他主要產於南美的植物也有含有微量。

　　能刺激中樞神經系統的咖啡因，是世界上最常被研究的物質之一。近年來，關於咖啡因對於人體生理的影響，大部分的理論都指出，它能阻斷腺苷酸（adenosine）在大腦與身體其他部位的作用。腺酸是一種神經調節物質，能減低神經傳導的速度，因而減少神經傳導物質的釋放，所以也能幫助睡眠。雖然喝咖啡好像可以提神，但咖啡因並不能使我們清醒，因為它真正的作用，是阻礙腺酸的正常功能而使我們昏昏欲睡。當咖啡因和身體其他部位的腺酸受器結合時，我們會感到心跳加快、不一致的血管收縮與擴張，以及某些肌肉容易緊繃。

　　咖啡因的醫療用途有緩解氣喘、治療偏頭痛、增高血壓、利尿劑，以及治療其他症狀，它不僅隨處可買，也是一種處方藥物。許多專家都在研究咖啡因可能造成的副作用，像是與癌症、心臟疾病、肝臟疾病、腎臟疾病、經前症候群、精子活動力、不孕、胎兒發育、過動、體能表現、心理功能障礙、骨質疏鬆、潰瘍之間的關聯性。不過截至目前為止，醫界仍沒有任何確切的證據，能指出咖啡因的消耗量與上述疾病之間的關聯性。

　　不過，咖啡因含有毒性，正常體型的成人只要吃下 10 克的咖啡因便足以致命。按照不同的調製方式，一杯咖啡通常含有 80 ～ 180 毫克不等的咖啡因，所以除非一口氣喝下五十五至一百二十五杯的咖啡，才有可能致命。所以，我們顯然不會因為飲用過量的咖啡而中毒。以純含量來看，茶葉所含的咖啡因是咖啡豆的兩倍，不過由於製茶過

程中所萃取的咖啡因較少，以及泡茶時不需要很多茶葉，因此一杯茶所含的咖啡因通常只有一杯咖啡的一半。

　　茶葉中也含有少量的茶鹼。茶鹼的作用和咖啡因類似，都可以用來治療氣喘，不過由於茶鹼對中樞神經系統的影響較小，因此比咖啡因更適合作為支氣管擴張劑。至於可用來生產可可和巧克力的可可豆含有 1 ～ 2% 的可可鹼，雖然可可鹼對於中樞神經系的影響比茶鹼小，不過由於可可鹼在產品中的含量通常是咖啡因的七、八倍，因此它所產生的效果仍相當顯著。就像嗎啡與尼古丁一樣，咖啡因（以及茶鹼和可可鹼）會使人上癮，想要戒除這些癮頭，就會出現頭痛、疲倦、昏昏欲睡等戒斷症狀，對於高度依賴咖啡因的人，甚至會出現噁心與嘔吐現象。所幸，咖啡因戒斷症候群的情形，最多只會維持一個星期；不過，大概很少人會放棄這種風靡全世界的入迷滋味吧。

　　人類在史前時代就已經知道哪些植物含有咖啡因，但是我們無法得知最先被使用的是茶？咖啡？還是可可？相傳神農氏曾經向朝臣宣導，飲用煮沸過的水可以抵禦疾病。某天，一片葉子隨風飄落他的沸水杯中，而這可能就是有史以來的第一杯「茶」。雖然飲茶文化似乎很早就存在了，但是在西元前二世紀之前，茶以及它能使人感覺愉悅的特性，都沒有出現在中國的文字紀錄中。另外有些中國民間故事說，茶是從印度北部或東南亞一帶傳入中國的。不論茶起源於何處，它確實為中國人日常生活的一部分。而在許多亞洲國家中，尤其是日本，茶也已經融入當地的傳統文化。

　　澳門的葡萄牙商人是最早與中國人進行茶葉貿易的歐洲人，不過最早把茶葉帶入歐洲的，卻是十七世紀初期的荷蘭人。對當時的歐洲人來說，茶是相當昂貴的物資，只有權貴才享用得起。隨著進口量增加與關稅漸減，茶葉的價格也逐漸下滑。到了十八世紀初，茶葉已經逐漸取代麥酒，成為英國人最喜愛的飲料；這也奠定了茶在日後的

鴉片戰爭與廣開中國通商貿易時，所扮演的角色。

　　茶也被認為是促成美國獨立革命的推手——即使它的象徵意義大於實質意意。一七六三年，大英帝國將法軍驅逐出北美，並掌控了新大陸的移民與貿易。由於大英帝國的剝削壓制，民怨的聲浪漸漸演變為暴動事件，其中最讓人不滿的，就是英國的高關稅政策。雖然在一七六四至六五年間制定的「印花稅法」（Stamp Act）已經取消，也免去了糖、紙張、漆料與玻璃等稅項，但是茶葉的貿易稅還是相當沉重。終於，一七七三年十二月六日，憤怒的波士頓居民走上英國商船，把所有茶葉扔入港口中，主要是為了抗議「有繳稅、無權利」，而非茶葉本身。這個事件史稱「波士頓茶葉黨事件」（Boston Tea Party），也導致了後來的美國獨立革命。

　　考古發現，可可豆是新大陸最早的咖啡因原料。早在西元前一千五百年就已被墨西哥人使用，之後的瑪雅文明與托爾特克文明（Toltec）也有栽種這種植物。哥倫布在一五〇二年返回歐洲時，曾向當時的西班牙國王費迪南獻上可可豆。直到一五二八年，西班牙征服者柯特茲嚐了阿茲提克皇帝蒙特祖馬二世（Montezuma II）[3] 給他的苦味飲料後，歐洲人才真正見識到這種生物鹼的刺激特性。柯特茲引用阿茲提克人的說法，稱這種飲料為「天神的飲料」；而其中所含的可可鹼（theobromine），名稱取自於希臘文的「theos」（神的）和「broma」（食物）。

　　之後的十六世紀，巧克力飲品成為西班牙權貴專享的奢侈品，風氣也漸漸蔓延到義大利、法國、荷蘭，終至整個歐洲。雖然可可豆的咖啡因含量較少，卻比茶和咖啡更早被歐洲人所飲用。

3　蒙特祖馬二世（1475-1520）是阿茲特克帝國最後一位皇帝，性喜屠殺戰俘獻祭。因誤以為入侵的西班牙征服者柯特茲是傳說中的白皮膚神明，因此未加以抵抗就被佔領，蒙特祖馬也被處死。

巧克力還含有另一個有趣的化合物，就是安南得邁（anan-damide），它與大麻的活性成分四氫大麻酚（THC）作用相似，能與大腦內同一種受器結合，但兩者的結構卻大不相同。如果安南得邁是巧克力中能使人產生愉悅感受的成分，那麼我們不禁要問：是否該立法禁止 THC 分子？還是禁止它能改變情緒的效果？如果是後者，那巧克力不就也是一種違禁品？

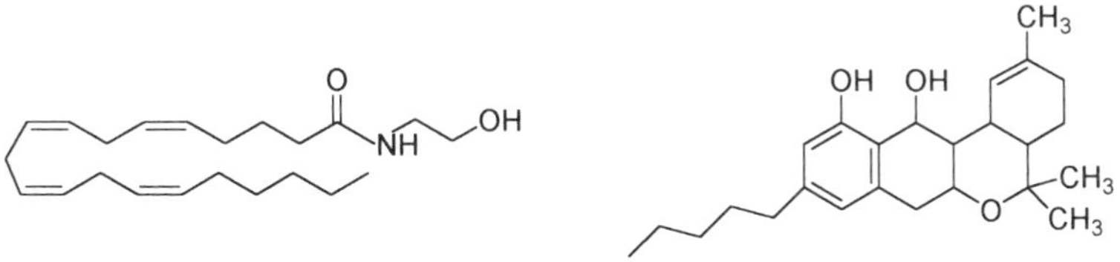

巧克力中的安南得邁（左）與大麻中的 THC（右），兩者結構極為不同。

咖啡因最早隨著巧克力被引進歐洲，一個世紀之後，才以含量更高的咖啡形式傳入歐洲，不過當時咖啡已經在中東地區流行了數百年之久。現存有關咖啡的最早紀錄，是西元十世紀的阿拉伯名醫拉茲斯（Rhazes）所留下的。但是年代更早的衣索比亞傳說曾提及，牧羊人卡拉迪（Kaldi）的羊在吃了從未見過的樹葉和豆子後，便興奮地蹦蹦跳跳。卡拉迪親自嚐了這些豆子之後，也和羊一樣激動起舞。於是他將這種豆子獻給一位伊斯蘭教的聖者，卻被拋入火堆銷毀。在火中烘烤的咖啡豆飄出香氣，就這樣，他們從餘燼中挖出燃燒過的咖啡豆，並沖泡了史上的第一杯咖啡。這個故事雖然精采，但似乎沒有證據能證明，咖啡因是被羊群所發現的。不過我們推測，咖啡可能是起源於衣索比亞高原，並傳入東北非和阿拉伯一帶。起初咖啡並未受到普遍接受，有時甚至被禁止。儘管如此，十五世紀末伊斯蘭教的朝聖者將它引入了整個伊斯蘭世界。

咖啡在十七世紀傳入歐洲，濃郁的咖啡香也化解了教會長老、政府官員和醫師原先的疑慮。隨後咖啡在義大利、威尼斯、維也納、巴黎、阿姆斯特丹、德國、斯堪地那維亞等地廣受好評，甚至被讚譽有提神之用。曾有一段時間，咖啡取代了南歐人的葡萄酒與北歐人的啤酒，工人早餐時也不喝麥酒。到了一七〇〇年，倫敦已經有兩千家左右的咖啡專賣店。而勞德（Edward Llyod）位於泰晤士河畔的咖啡店裡，來來往往的船員與商人，不只造就了繁盛的遠洋貿易，也是著名的勞德保險業（Lloyd's of London）的源起。[4] 人們喜歡聚集在倫敦街頭的咖啡館裡交流資訊，因此銀行、報紙、報章雜誌和期貨證券等新興行業，也逐漸成型。

咖啡種植業對於新大陸的發展功不可沒，尤其是巴西與中美洲國家。海地首先在一七三四年時開始種植咖啡樹，五十年後，全世界有一半的咖啡都是產自海地。從一七九一年開始，生產咖啡和糖等經濟作物的工人，因不滿苦役及虐待，掀起了一場又一場的血淚抗爭，這些社會衝突至今仍深深影響海地的局勢。當西印度的咖啡貿易逐漸衰退，就由巴西、哥倫比亞、中美各州、印度、錫蘭、爪哇和蘇門答臘等地取而代之。

巴西的咖啡種植一度是農業之最，為了獲得更豐厚的利潤，原本用來栽種蔗糖的大片土地，全都變成咖啡園。咖啡業者為了有廉價勞工可用，設法延後廢止奴隸制度。一八五〇年，巴西政府才明令禁止輸入外國奴隸。而從一八七一年開始，法律才保障奴隸的兒女為自由之身。在西方國家廢除奴隸制度之後，巴西也於一八八八年跟上世界的腳步。

---

4 每天有許多富商、船主和航海家在勞德的咖啡店進出，當時的航海探險正漸漸轉型為遠洋貿易。為分擔商船的風險，合資者聚集在勞德的咖啡店裡，把船隻價值和運送的貨物分別議定合約，這就是現代保險業的前身。

咖啡種植業帶動了巴西經濟的成長。為了運送貨物，從咖啡產地到各主要港口築起了一條條鐵道。奴隸制度廢止之後，許多來自歐洲的新移民接手了咖啡種植的工作，主要都是貧困的義大利人，而巴西的種族與文化樣貌，也隨之改變。

咖啡也影響著巴西的自然環境。為了種植咖啡，森林被夷平、被焚毀，野生動物也因此遭到嚴重的生存威脅。咖啡成為巴西的單一作物，而由於種植咖啡的緣故，沃土很快就變得貧瘠，耕地也因此常常需要更新。熱帶雨林通常需要幾個世紀才能長成，而沒有植被覆蓋的咖啡耕地，土壤很容易流失，也嚴重破壞了森林的更新循環。此外，過分依賴單一作物也是很危險的，不只基本農產品的價格容易隨著市場波動，而且單一作物面也很容易遭受蟲害。例如咖啡鏽葉病，短短幾天內就能摧毀一整個莊園。

中美洲種植咖啡的國家也面臨相同的問題。十九世紀的最後幾十年，原居於適合咖啡生長的瓜地馬拉、薩爾瓦多、尼加拉瓜、墨西哥的瑪雅人被迫遷出，咖啡工人接著進駐。不論男女老幼都必須超時工作以換取些微糧食，而且無法享有任何權利保障。那些所謂精英階級的咖啡園主，掌控著地方財富和政府施政，造成社會不平等。這些國家的政治動盪與暴力革命，可以說都是因咖啡而起。

＊　＊　＊　＊　＊　＊　＊　＊　＊　＊

鴉片原本是地中海東岸的珍貴草藥，隨後流傳到歐洲與亞洲。而今日罌粟的非法獲利，也是許多犯罪集團和國際恐怖組織的經濟來源。不論是直接或間接的方式，全世界數百萬人的健康與快樂，都遭到罌粟生物鹼的破壞。然而，也有許多人因為罌粟的止痛效果而受益。

尼古丁也和罌粟一樣，同時承受了讚賞和批評。過去菸草曾被認為有益健康，並用以治療慢性疾病；今日則認為吸菸有害健康，是應該戒除的不良習慣。二十世紀中以前，菸草似乎頗受認同，吸菸甚至被鼓吹為新女性與成熟男士的象徵。到了二十一世紀初期，各種針對尼古丁的法規、稅法與禁令紛紛出現，人們對於菸草的態度就像鐘擺一樣，從高點盪向了與罌粟相同的極端。

相反地，咖啡因卻是一個相當普及的生物鹼，即使它也曾因為宗教因素遭到禁止，不過現今並沒有明文禁止兒童或青少年攝取含咖啡因的物質。事實上，父母甚至會主動提供孩童含咖啡因成分的飲品。政府雖然明令罌粟僅限用於醫療方面，不過咖啡因和尼古丁的產品卻可帶來一筆可觀的稅收，因此，若要真正禁止這兩種生物鹼的使用，恐怕也是不可能的事。

人類對於嗎啡、尼古丁與咖啡因這三種生物鹼的欲求，引爆了一八○○年代中期的鴉片戰爭，使得好幾個世紀以來的中國傳統社會型態發生轉變。除此之外，這些生物鹼也對歷史產生許多重大影響。鴉片、菸草、茶和咖啡的種植，劇烈影響了種植地的居民與勞工的生活型態；自然環境的野生花叢變成罌粟植物和菸草，山坡地植物也被茶樹與咖啡樹取代。人們為了一嚐這些生物鹼所帶來的化學刺激，雖然促進了貿易繁榮、創造了財富，卻也造成了破壞、引爆了紛爭。

14

橄欖油

　　以化學的角度來解釋人類從事貿易活動的理由，不外乎「人類意欲追求的物資在地球上分布不均」。許多我們先前提過的分子也都符合這項敘述，諸如香料、茶葉、咖啡、鴉片、菸草、橡膠和染料等。而富含於橄欖樹翠綠果實中的油酸（oleic acid），也因為激起人類的欲求而成為貿易交換的重要物資。有好幾千年貿易史的橄欖油，也被稱為地中海沿岸地區的活血。歷盡滄桑，看盡文明起落，橄欖樹和它金黃色的油，仍然牽動著這些地區的繁華與文化發展。

橄欖樹的傳說

　　橄欖樹的傳說和起源多到數也數不清。傳說古埃及女神愛西斯（Isis）

將橄欖樹與它豐盛的果實帶給她的人類子民；羅馬神話中，赫丘勒斯將橄欖樹從北非引入羅馬，而女神敏娜娃（Minerva）曾教育人類子民種植橄欖樹和萃取橄欖油的技術。傳說第一個人類就已經知道橄欖油，甚至也有一種說法是，史上第一棵橄欖樹是從亞當的墓前生長出來的。

　　古希臘神話提到，海神波塞頓（Poseidon）和掌管智慧與和平的女神雅典娜（Athena）之間有一場比賽，誰能創造出對阿提卡（Attica）地區的新興城市最有價值的禮物，誰就是優勝者。波塞頓將手中的三叉戟刺向一塊巨石，一縷泉水從裂縫中湧出，水流經之處生出一匹匹優美的駿馬，代表了力量和戰鬥力。接著輪到雅典娜展現她的神蹟，她拋出的矛落在地面之後，長出一棵象徵和平、食物與能源的橄欖樹。雅典娜的禮物獲得較多禮讚，因此這個新興城市就以她的名字「雅典」（Athens）為名。至今，橄欖仍是人們心目中天賜的最佳禮物，而雅典古城的遺址上，仍有一棵象徵神聖的橄欖樹。

　　關於橄欖樹的地理起源眾說紛紜，希臘與義大利都曾發現可能是橄欖樹始祖的化石。最早種植橄欖樹的地區為地中海周圍的土耳其、希臘、敘利亞、伊朗和伊拉克等地。而木犀欖屬（*Olea*）植物中唯一產油的油橄欖樹（*Olea europaea*），存在地球上的歷史少則五千年，多則可能長達七千年之久。

　　橄欖樹從地中海東岸繁衍到巴勒斯坦與埃及。一些專家認為，橄欖植物的種植應該是始於希臘的克里特島；西元前兩千年，克里特島將它們的產油輸出到希臘、北非以及亞洲各地。隨著殖民擴張，希臘也將橄欖樹帶進義大利、法國、西班牙和突尼西亞。羅馬帝國擴張版圖之際，橄欖樹更遍及了整個地中海沿岸。幾個世紀以來，橄欖油一直是這個地區最重要的經濟物資。

　　除了和食物一樣是人體的能量來源，橄欖油在地中海地區居民

的生活中用途廣泛。它可以作為燈的燃料，照亮每個黑暗角落；希臘和羅馬的女性沐浴後，會塗抹橄欖油來保養皮膚；運動員以橄欖油按摩強化肌肉；摔角選手在身體上抹油後，會再覆上一層細砂，以利搏鬥時互相施力；選手在比賽結束後，會塗抹橄欖油來舒緩比賽過程中的傷害。此外，橄欖油也可防止乾燥與增強韌性，女性用之來滋潤皮膚或保養頭髮。許多植物成分中散發芳香氣味的分子也都是油溶性的，因此取自月桂、芝麻、茴香、薄荷、圓柏、鼠尾草等花朵的葉子，常與橄欖油混合製成香精。古希臘的醫師常常混合橄欖油與各種藥草，以治療噁心、霍亂、潰瘍和失眠等。古埃及的史料中，也常見利用外敷或內服橄欖油的方式，來達到醫療效果的記載。甚至連橄欖葉也可以緩解瘧疾引起的高燒和不適。現在我們已經知道，橄欖葉含有霍夫曼在一八九三年用以製造阿斯匹靈的水楊酸。

橄欖油對於地中海地區的重要性，也反映在他們的文學創作和律法之中。希臘詩人荷馬稱橄欖油為「液體黃金」。希臘哲學家德謨克利特（Democritus）[1]相信，每天攝取蜂蜜和橄欖油就可以活到一百歲；當時平均壽命只有四十歲左右。到了西元前六世紀，偉大的雅典立法家梭倫（Solon）更明定保護橄欖樹的律法，規定一年只能砍伐兩棵橄欖樹，違者可處以死刑。

《聖經》裡至少有上百條關於橄欖樹和橄欖油的敘述。大洪水過後，鴿子將橄欖樹的嫩枝帶回諾亞方舟；摩西以橄欖油和香料調製成聖典中所使用的油膏；善良的撒馬利亞人（Samaritan）[2]將酒和橄欖油調成藥液，敷在遭搶劫的被害人傷口上；未婚少女以橄欖油點燃燈火。此外，耶路撒冷有個名為「橄欖山」（the Mount of Olivers）

1　德謨克利特（460-370 B.C.）是原子唯物論的創立者，他主張物質由某種極小的粒子組成，並將之命名為「原子」。
2　撒馬利亞人出自《聖經》，後來引申為要愛人如己、愛無貴賤之意。

的地方；希伯來的大衛王曾派守衛保護他滿園的橄欖樹與儲放橄欖的倉庫；西元一世紀的羅馬史學家普林尼（Pliny），也曾稱讚義大利擁有最上乘的橄欖油；而古羅馬詩人維吉爾（Virgil）說：「你要種植橄欖樹，它是和平的寄託。」

橄欖逐漸滲入宗教、神話、文學詩作甚至日常生活中，而橄欖樹也已成為許多不同文化的共同象徵。在古希臘時代，人們把橄欖油大量使用於飲食與油燈上，這些繁盛景況在戰時不復存在，因此橄欖便成為和平時代的象徵。到了今天，我們仍然以橄欖枝向人表示友善之意。此外，橄欖也代表勝利，初期奧運比賽優勝者的獎勵，即為橄欖桂冠與橄欖油。橄欖樹林通常也是戰時容易被攻擊的目標，一來能夠斷絕食物能量的來源，二來可以摧毀敵方的精神象徵。橄欖樹也代表著智慧與重生，因為戰火後的橄欖樹會重生新枝，再次結出豐碩的果實。

橄欖樹還有力量與犧牲的意義。相傳橄欖樹幹是赫丘勒斯手杖的化身，而耶穌基督就是被釘死在橄欖枝製成的十字架上。在歷史上，橄欖更是權力、財富、貞潔與生育的象徵。幾個世紀以來，君王或教宗即位時，都會塗抹橄欖油製成的聖油，象徵接受聖職；第一個以色列國王撒羅（Saul）加冕時，也在額上塗以橄欖油。幾百年後的地中海彼岸，被稱為法王路易一世的第一任國王克勞威斯（Clovis）也是如此，而之後三十四位法國君王都沿用這種傳統，直到法國大革命才終止。

橄欖樹相當堅韌；經過短暫寒冬它才會結出果實，在無霜寒的早春才得以綻放花朵，而漫長炎夏與溫和的秋季之後，果實才漸趨成熟。洋流冷卻了地中海的非洲沿岸，溫暖了北岸，因此特別適合橄欖樹的生長。而內陸地區缺乏海水調節，因此幾乎沒有橄欖樹的蹤影。橄欖樹可以存活在雨水稀少的地區，因為它的長根可以深入地底取得

水分，而細長的葉片也可以減少水分蒸散。橄欖樹可以克服乾旱，生
長在硬質土壤或者滿布岩石的不毛之地。嚴寒和風雪也許會摧折它的
枝幹，不過春季來臨時，它又會吐露新芽，冒出綠葉。凡此種種特性，
無怪乎幾千年來，人們會對橄欖樹發出如此崇敬的讚嘆之聲。

橄欖油化學

　　植物油的來源相當多樣化，有胡桃、杏仁、玉米、芝麻子、亞
麻子、葵花子、椰子、大豆、花生等等。不論是動物性或植物性的油
脂，長久以來都被人類作為食物、燃料、保養與醫學之用。然而其中
卻沒有一種能像橄欖樹一樣，深刻地影響人類文化與經濟發展，甚至
茁壯西方文明。

　　在化學上，橄欖油與其他油脂的結構並沒有太大差異；然而，
化學結構的細微差異，足以造成截然不同的分子特性，也會對人類產
生不同影響。如果沒有油酸（特指橄欖油中的油脂），那麼西方文明
的發展很可能完全不同。

　　脂肪和油類都是一種三酸甘油酯，是由一個甘油和三個脂肪酸
結合而成的化合物。

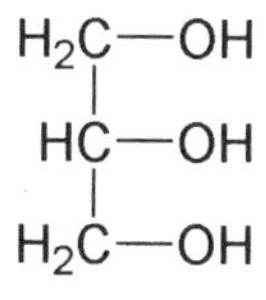

$$H_2C-OH$$
$$HC-OH$$
$$H_2C-OH$$

　　　　　甘油分子

脂肪酸是由碳分子長鏈與一個酸基（—COOH）所組成。

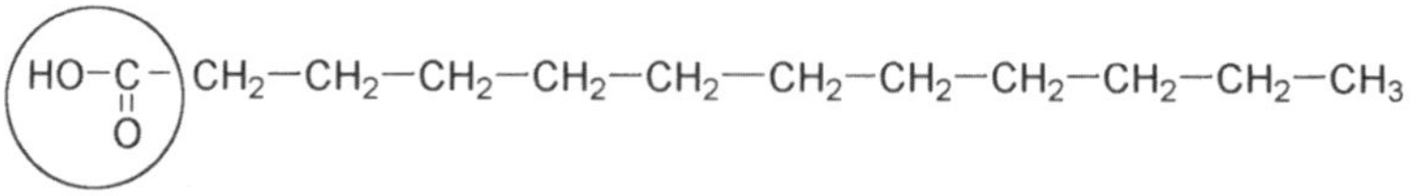

含有十二個碳原子的脂肪酸長鏈。圈起的部分為酸基。

脂肪酸的結構很簡單，通常含有不同數目的碳原子，化學結構可以鋸齒狀的形式呈現，每個轉折點都代表一個碳原子，氫原子則被省略。

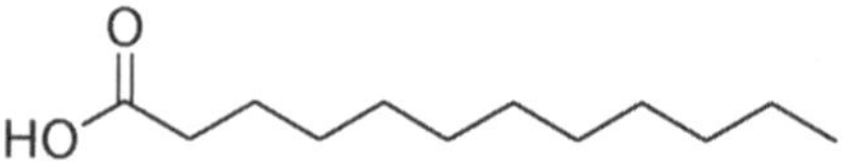

省略十二個碳原子的脂肪酸。

當甘油分子的三個氫原子與脂肪酸的三個羥基結合，釋放出三個水分子時，一個三酸甘油酯便產生了。這種縮合反應也與形成多醣化合物的反應類似。

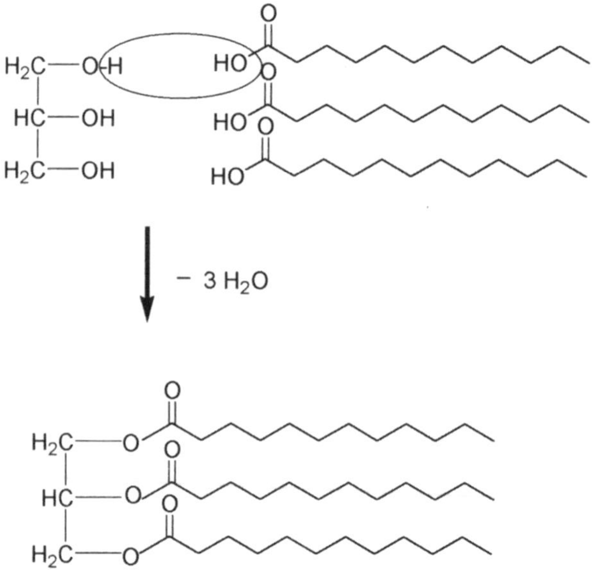

甘油與
三個脂肪酸

脫去三個水分子

產生一個
三酸甘油酯

　　上圖所表示的三酸甘油酯含有三條相同的脂肪酸分子，不過也可能僅有兩條脂肪酸分子相同，甚至三條彼此完全不同。脂肪與油脂分子都含有相同的甘油構造，主要相異之處在於脂肪酸鏈的部分。上圖我們看到的是一種飽和脂肪酸。「飽和」是指所有碳原子間都不含有雙鍵，無法再與氫原子鍵結。如果碳原子之間含有雙鍵，則稱為不飽和脂肪酸。下圖列出一些常見的飽和脂肪酸。

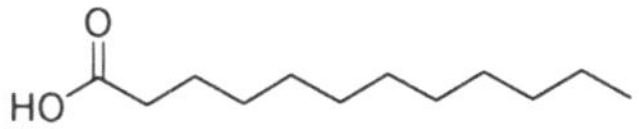

月桂酸—含十二個碳原子

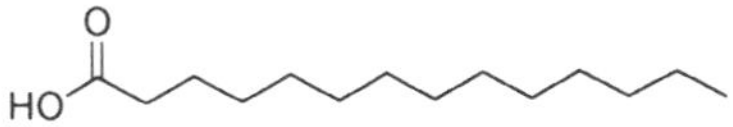

肉荳蔻酸—含十四個碳原子

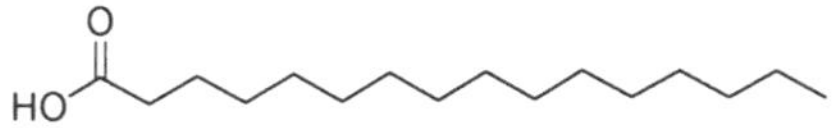

棕櫚酸—含十四個碳原子

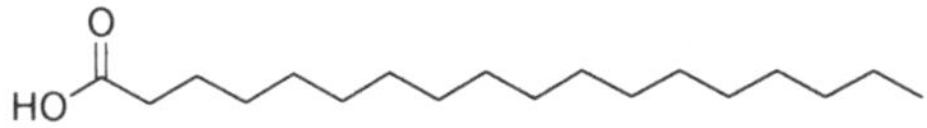

硬脂酸—含有十八個碳原子

　　從這些化合物的名稱中，我們不難猜出，硬脂酸來自牛的脂肪，而棕櫚酸取自棕櫚樹。

　　脂肪酸幾乎都有由偶數碳原子組成的長鏈，上面只是幾個常見的例子。此外，奶油中的丁酸僅含有四個碳原子，而同樣存在於奶油以及羊奶中的己酸則有六個。

　　不飽和脂肪酸至少有一個雙鍵；只含有一個雙鍵的稱為單一不飽和脂肪酸，超過一個以上則為多價不飽和脂肪酸。下圖的三酸甘油酯含有兩個單一不飽和脂肪酸與一個飽和脂肪酸，其中雙鍵為順式（cis），意即雙鍵兩端的兩個碳原子位於雙鍵的同側。

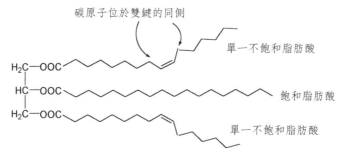

含有兩個單一不飽和脂肪酸與一個飽和脂肪酸的三酸甘油酯

這種組合使得碳鏈排列扭曲,因此三酸甘油酯無法像僅含飽和脂肪酸的化合物一般,不能緊密地排列在一起。

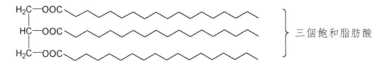

含三個飽和脂肪酸的三酸甘油酯

脂肪酸裡的雙鍵愈多,其結構彎曲得愈厲害,而無法彼此緊密排列。排列比較鬆散的脂肪酸只需要較低的能量,便能破壞分子間的吸引力,因此能在低溫下被分離。含有較多不飽和脂肪酸的三酸甘油酯在室溫下通常為液狀,即我們所謂的「油」(oil),多半來自植物。而含有較多飽和脂肪酸的三酸甘油酯分子排列比較緊密,室溫下為固體,在較高溫的條件下才會融化成液體,通常取自於動物,也就是我們所謂的「油脂」(fat)。

我們常見的不飽和脂肪酸有:

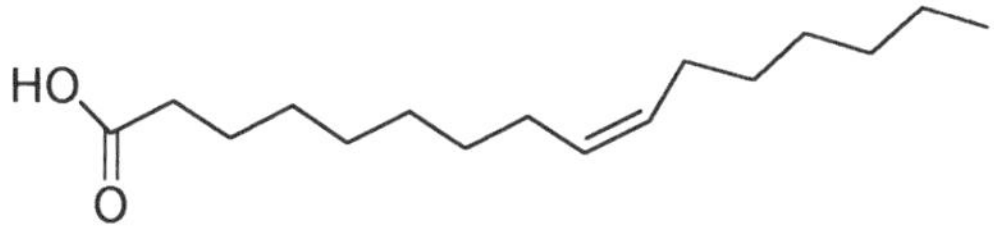

棕櫚油酸——
含有十六個碳的
單一不飽和脂肪酸

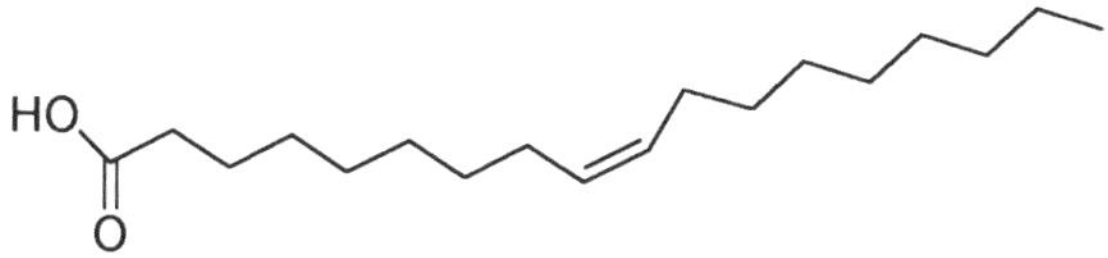

油酸——
含有十八個碳的
單一不飽和脂肪酸

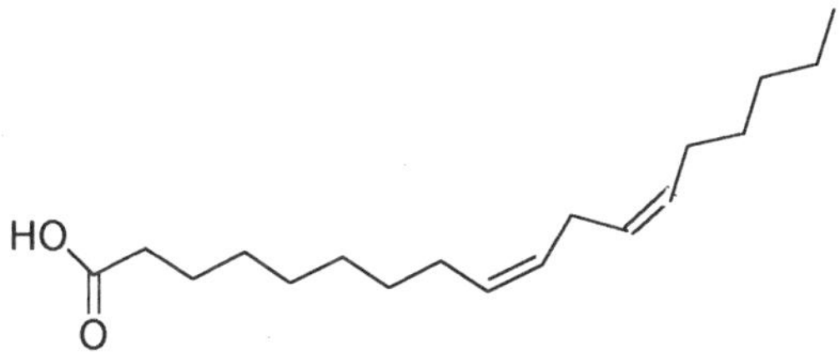

亞油酸——
含有十八個碳的
多價不飽和脂肪酸

亞麻酸——
含有十八個碳的
多價不飽和脂肪酸

　　含有十八個碳的單一不飽和油酸是橄欖油中最主要的脂肪酸，雖然也存在於其他油脂中，但含量最豐的還是橄欖油。橄欖的油酸含量會隨著品種與生長條件而有所不同，範圍在 55 ～ 85%，寒冷地區橄欖樹的脂肪酸較溫暖地區為多。醫學臨床實驗指出，飲食中攝取較多飽和脂肪酸，可能導致心臟血管疾病；這個理論也和地中海沿岸少有心臟病病例的情形不謀而合，或許是因為當地居民多半食用橄欖油。除此之外，飽和脂肪酸也會增加血液中的膽固醇含量，而多價不飽和脂肪酸和油脂則反之，至於像油酸這類單一不飽和脂肪酸，則沒有什麼影響。

　　心臟疾病與脂肪酸之間的關係，也會受到高密度脂蛋白（high-density lipoprotein，簡稱為 HDL）與低密度脂蛋白（low-density lipoprotein，簡稱 LDL）比例的影響。脂蛋白是血液中膽固醇、蛋白質和三酸甘油酯等不溶物的總稱。高密度脂蛋白一般被稱為良性脂蛋白，能將細胞中囤積過多的膽固醇送回肝臟，經由代謝排出體外，避免過多的膽固醇附著於血管壁。而低密度脂蛋白一般稱為惡性脂蛋白，會將膽固醇從肝臟或小腸運送至新生細胞。雖然低密度脂蛋白的功能也是人體不可缺少的，但如果血液中的膽固醇含量過高，則容易形成血管栓塞，發生在冠狀動脈會造成心肌梗塞，使心臟因為缺血而引起心絞痛與心臟病。

　　罹患心臟病的風險取決於高密度脂蛋白、低密度脂蛋白和膽固醇三者的比例。儘管多價不飽和三酸甘油酯有助於減低血膽固醇的含量，不過同時也降低了 HDL 和 LDL 的比例，因而造成反效果。像橄欖油這樣的單一不飽和三酸甘油酯，雖然不能降低血膽固醇的濃度，卻能增加良性脂蛋白與惡性脂蛋白的比例。同屬於飽和脂肪酸的棕櫚酸（含十六個碳）和月桂酸（含十二個碳），它們都能增高血液中 LDL 的含量。而從椰子和棕櫚等熱帶植物中萃取出的植物油，由於含有高比例的飽和脂肪酸，因此被懷疑與心臟病的形成有關，因為它會使血膽固醇與 LDL 的含量增高。

　　橄欖油對於人體健康的助益早為人所知，一般也相信它能使人延年益壽，不過卻鮮少有人了解背後的化學原理。事實上，當古人只重視如何填飽肚子時，根本不知血液中 HDL 和 LDL 含量的關係與膽固醇的濃度。北歐人民食用動物性脂肪，但因預期壽命只有四十年，因此動脈血管硬化似乎也不構成什麼威脅。或許只有當人們希望長壽，卻隨著經濟成長而攝取更多的飽和脂肪酸時，才會注意到心臟冠狀動脈硬化的嚴重性。

橄欖油的另一項化學特性也很早就顯現其重要性。當脂肪酸中雙鍵的數目增加，物質就更容易氧化腐敗。橄欖油中的多價不飽和脂肪酸含量比起其他油脂類化合物低，通常在 10% 左右，它的保存也比其他許多油脂類來得更久。同時，橄欖油含有少量多元酚（polyphenol）與維生素 E 和 K，這些分子都可以抗氧化，也能當作天然防腐劑。以傳統低溫高壓的方式萃取橄欖油，更有助於這些易受高溫破壞的抗氧化分子之保存。

今天用以增加油質穩定性與延長保存期限的製造方式，則是以氫化反應來除去長鏈中的一些雙鍵。這個反應能產生更多固化的三酸甘油酯，也是今日用來把油脂類分子轉化成人造奶油的方法。不過，氫化反應亦能將碳長鏈中剩餘的雙鍵結構，從順式轉化成反式。

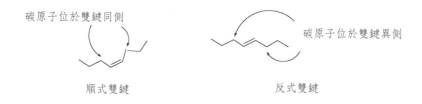

碳原子位於雙鍵同側

碳原子位於雙鍵異側

順式雙鍵　　　　　　　　　　　反式雙鍵

反式脂肪酸也會提高血液中的 LDL 濃度，只是效果不如飽和脂肪酸。

橄欖油的貿易

橄欖具有抗氧化的天然防腐特性，是古希臘油業貿易繁盛的重要因素。古希臘文明由鬆散的城邦組成，共享相同的文化、語言以及農業經濟基礎，包括小麥、大麥、葡萄、無花果樹和橄欖。當時地中海沿岸的土壤肥沃，泉水豐沛，林地景觀比今日更繁盛。隨著人口不斷增加，農耕地從原本的小山谷延伸到沿海的山坡。由於耐旱的橄欖

樹能生長在險峻的岩地，因此愈形重要。而橄欖油更是高價值的貿易商品；西元前六世紀，雅典的立法官梭倫公告禁止任意砍伐橄欖樹，也明定橄欖油為唯一能出口的農產品。因此，沿岸的森林全面被橄欖樹取代，本來栽種穀物之地，也都改種橄欖。

橄欖油的經濟價值是無庸置疑的。當時希臘城邦是貨物集散的樞紐，為了運送橄欖油，於是打造了風力或人力驅動的大型商船，以開往遠方的商港，換取金屬、香料和綢緞等其他物資。隨著貿易風氣鼎盛，移民浪潮也隨之而起，西元前六世紀末，希臘文明已經擴展到愛琴海地區以外的義大利、西西里島、法國，往西直抵西班牙的巴里亞利群島（Balearic Islands），往東遠至黑海，往南延伸到地中海南岸的利比亞。

然而，梭倫為橄欖樹所制定的法規，至今仍深深影響著希臘的生態環境。由於橄欖樹的長根會深入地層吸收水分，對於表土不具保護作用，於是湧泉逐漸乾涸，土壤在雨水的沖刷下也逐漸流失。原本一片金黃穀物的田野，以及滿是葡萄園的山坡，如今貧瘠得寸草不生。希臘的橄欖油產量日益增加，但是糧食卻日益仰賴外地輸入，無法自給自足。雖然城邦之間永不停息的交戰、缺乏有魄力的領袖、宗教傳統的崩壞，以及外來的武力侵犯，都可能是造成古希臘衰落的因素，但或許我們可以再加上一條：為了追求橄欖貿易，而失去了原本肥沃的農地。

橄欖油肥皂

橄欖油或許與古希臘的衰落有關，但是出現在八世紀的一種全新橄欖油產品——肥皂——卻帶給了歐洲社會更顯著的影響。對現代人來說，肥皂只是毫不起眼的產品，根本不會有人注意到它對人類文

明的價值。然而試想，如果生活中沒有了肥皂、洗髮精，或者是洗衣粉，那麼我們的世界會變得如何？我們把肥皂的清潔功能視為理所當然，但如果少了它，髒污和疾病都會使我們的生活變得更糟。或許中古世紀的髒亂環境，不能全部歸咎於肥皂尚未問世，但若沒有這些具有清潔效果的基本化合物，要保持清潔恐怕也是不容易。

　　好幾個世紀以來，人類試圖從植物中萃取出具有清潔作用的成分。這些植物通常含有皂素和醣基化合物，例如馬克萃取皂苷素以作為避孕藥的薯蕷植物，以及地高辛這類強心糖苷，還有藥草學家或所謂女巫所使用的其他分子。

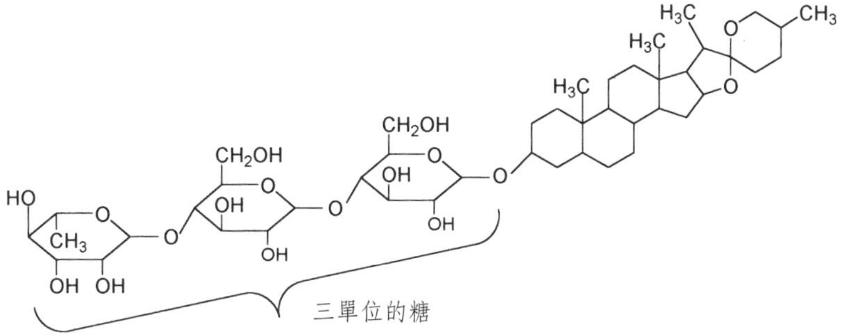

洋菝契皂苷（從洋菝契植物中萃取出來的皂素）

有些植物從名稱就可以知道它們含有皂素，像是肥皂草（soapwort）、無患子（soapberry）、皂百合（soap lily）、皂草（soapweed）、皂根（soaproot）等等，這些植物來自百合科、歐洲蕨、絲蘭花、芸香、金合歡喬木和無患子屬的家族。至今我們仍使用這些植物的皂素成分，它們可以產生很細微的泡沫，清潔效果佳。

　　肥皂可以說是一個意外的發現。過去人們生火煮飯時，食物中的脂肪或油脂滴入柴火堆中與餘燼結合形成的物質，在水中會產生泡

沫。過沒多久，人們就知道這種物質可以作為清潔劑，並利用這種方法來製造肥皂。考古證據也顯示，許多文明都已知道如何使用肥皂。距今約五千年以前的巴比倫文物中，就曾發現裝有肥皂的黏土罐，還有類似使用說明的介紹。西元前一千五百年的埃及史料也記載，結合油脂和木屑灰燼可製成肥皂。幾千年來的織品與染料工業，也有使用肥皂的相關紀錄。高盧人也會利用羊脂肪和碳酸鉀製成的肥皂，來洗亮或染紅毛髮；這種肥皂還可以使頭髮定型，是早期的髮膠。至於肥皂可以用來洗澡與洗衣服，據說是塞爾特人發現的。

羅馬傳說提到，當時在台伯河下游洗衣的婦女發明了肥皂。台伯河流經蓋有神廟的 Sapo 山，神廟祭品中的動物脂肪與灰燼結合，下雨時沖刷入台伯河中，正好被河邊洗衣的婦女利用。由三酸甘油酯和灰燼中的鹼所引起的化學反應，稱為皂化反應，而肥皂（soap）的名稱源自於 Sapo 山，這個字也被多國語言引用。

古羅馬帝國時代，肥皂只用來洗滌衣物。羅馬人保持衛生的方法是先以橄欖油和細沙塗抹身體，然後再刮去，藉此去除身體上的油脂、死皮與灰塵。到了晚期，他們才用肥皂來清潔身體。而肥皂及其製作過程，似乎也與公共澡堂有關。隨著羅馬帝國的衰亡，肥皂的使用與製作也隨之在西歐世界沒落，不過在拜占庭帝國與阿拉伯世界仍保留下來。

西元八世紀，西班牙與法國復興橄欖油製造肥皂的藝術，其中以西班牙卡斯提爾（Castile）地區所製造的最為上乘，質地純、白皙且光澤亮。卡斯提爾肥皂很快地在歐洲傳開，十三世紀的西班牙與法國也因為精緻的肥皂工業而名噪一時。至於北歐通常以動物性脂肪或魚油為原料，肥皂品質低劣，通常只用來洗滌衣物。

製作肥皂的化學過程稱為皂化反應，就是藉由氫氧化鉀或氫氧化鈉等鹼性化合物，將三酸甘油酯裂解成脂肪酸與甘油。

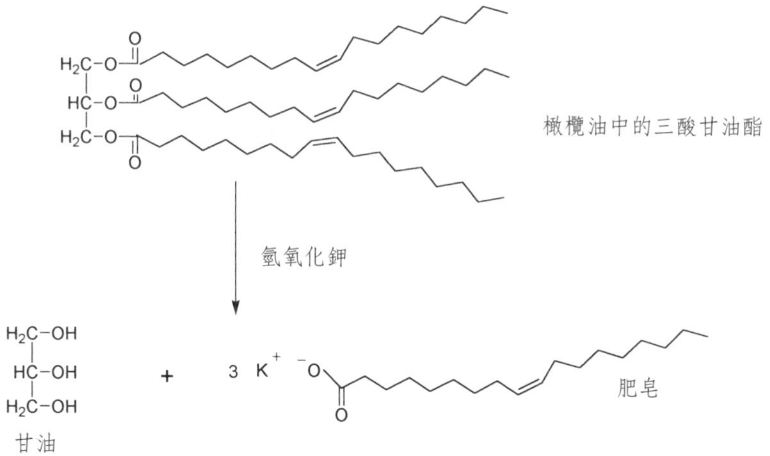

橄欖油中的三酸甘油酯

氫氧化鉀

甘油

＋　3 K⁺

肥皂

皂化反應

鉀肥皂屬於軟性洗滌劑，鈉肥皂則屬於硬性。早期製造的肥皂多半屬於鉀肥皂，因為木材或泥煤燃燒後形成的木屑灰燼，是豐富的鉀鹼來源，這種碳酸鉀（K_2CO_3）在水裡會形成微鹼性溶液。不過，自從蘇打灰（即碳酸鈉）出現之後，硬式洗滌劑也隨之問世。曾經有一段時間，蘇格蘭和愛爾蘭等地的經濟來源，有部分是依賴採集海藻燃燒後製成的蘇打灰。蘇打灰類似鉀鹼，在水裡也能產生微鹼性溶液。

曾經風行歐洲的公共澡堂，隨著羅馬帝國的衰敗而沒落，但在一些小城鎮仍維持到中世紀末期。始於十四世紀的黑死病四處蔓延，許多城市紛紛關閉公共澡堂，以防止疾病的散布。到了十六世紀，沐浴反而被視為危險且不道德的行為，有些人就噴灑香料和香水來掩蓋身體飄散出的臭味。當時一般家庭都沒有沐浴設備，通常一年只洗一次澡，而身體散發出的味道也就可想而知了。然而，在這樣的背景中，肥皂還是很重要；有錢人以肥皂來洗滌衣物與床單，或是清潔鍋碗、餐具、地板、桌檯等。人們可能會拿肥皂來洗澡或洗臉，奇怪的是，卻不會用來洗身體。

　　到了十四世紀,英格蘭開始生產肥皂商品。就像北歐國家一樣,他們以牛或其他動物性脂肪為原料,其中含有大約48％油酸,而人類脂肪約含有46％的油酸;這兩者幾乎是所有動物脂肪中油酸含量最高的。相對來說,奶油的脂肪酸只含27％油酸,鯨魚油則為35％。一六二八年,英王查爾斯一世登基,當時肥皂產業已成為英國最重要的工業之一。由於英國國會否決了增稅計畫,國王只好出售肥皂的專營權來彌補稅收短缺。查爾斯的舉動顯然對其他肥皂業者造成威脅,因此他們紛紛向國會靠攏,與皇室對立。有人說,發生於西元一六四二年至一六五二年英國議會黨與保皇黨的戰爭、英王查爾斯遭到處決,以及英國共和政體的出現,或多或少都與肥皂產業有關。這種說法似乎太過牽強,人們對於稅法、宗教、對外政策的歧見,以及議會和王室之間的不和,應該才是主因。而當時英國的肥皂製造商也沒能從查爾斯政權垮台的事件中得利,因為隨後主政的清教徒政權,把這些衛浴用品視為沒有意義的奢侈品,而後起的軍事強人克倫威爾,更對肥皂課以重稅。

　　十九世紀末的英國,肥皂被認為與嬰兒死亡率的降低有關。當工業革命揭開序幕的同時,人口大量往城市集中,城市環境品質也日益低劣。在鄉間,人們宰殺動物後,收集牠們身上的脂肪並與柴火的灰燼混合來製造肥皂。然而,城市居民缺乏可以作為肥皂原料的脂肪,他們雖然可以向市場購買食用性的牛油,不過用來製造肥皂的話,則顯得成本過高。同樣地,城市居民也不容易取得木頭燃燒過後的殘餘灰屑。通常窮人家才使用木炭,因此城市裡能收集到的少量灰燼,無法使油脂皂化。即使這些材料都備齊了,也沒有足夠的空間可以生產,因此一般家庭很難自行製造肥皂,只能向肥皂工廠購買。本來就不理想的衛生條件變得更糟,加上髒亂不堪的生活環境,都是造成嬰兒死亡率居高不下的原因。

　　十八世紀末，法國化學家盧布朗克研發出利用鹽來製造蘇打灰的方法，自此鹼性化合物的價格逐漸降低。伴隨著脂肪來源普及，以及肥皂產品的稅法在一八五三年廢除，肥皂終於愈來愈普及。嬰兒的高死亡率，也是在同一時期開始逐年下降，或許都要拜肥皂的清潔功能所賜。

　　肥皂之所以具有清潔效果，是因為其帶電的分子端能溶於水，而另一端雖與水不相容，但卻能與油脂結合。肥皂分子的結構如下：

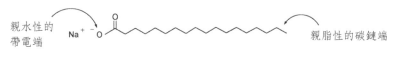

親水性的帶電端　　　　Na⁺　⁻O　　　　　　　　　　　　　　　　親脂性的碳鏈端

以牛油製造而成的硬脂酸鈉

此肥皂分子結構也能以下圖表示：

帶電端　　　　　　帶有碳鏈的一端

下圖顯示出多個肥皂分子以碳鏈穿透包覆油脂而形成微膠粒。這些肥皂微膠粒分子的外圍由帶負電的基團組成，彼此之間互相排斥，並藉由水分子將包含於微膠粒中的油脂去除。

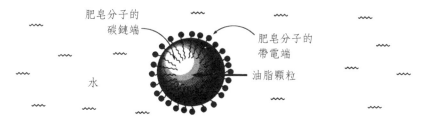

肥皂分子的碳鏈端　　　　　　肥皂分子的帶電端　　　油脂顆粒　　　水

水中的肥皂微膠粒分子。帶負電端的肥皂分子分布於微膠粒的外圍，碳鏈則穿透深入油脂內。

　　人類使用肥皂的歷史已經超過千年，肥皂產業也已經延續超過百年，而人們對於肥皂化學機制的了解也有一段時間。舉凡橄欖油、動物性脂肪、棕櫚油、鯨油或豬油等，都是製造肥皂的原料，不過直到十九世紀初期，人類才發現油脂中都含有類似的三酸甘油酯。當肥皂產業發展鼎盛時，肥皂化學才開始受到重視。由於社會對於「個人衛生」概念的轉變、勞工階級擴張，以及理解到疾病與清潔之間的關係，肥皂逐漸成為生活中的重要物品。以不同脂肪為原料製成的各式精緻肥皂，幾乎取代了橄欖油製成的卡斯提爾肥皂，不過卡斯提爾肥皂以及其橄欖油成分，仍是維持早期衛生環境的功臣。

＊　＊　＊　＊　＊　＊　＊　＊　＊　＊

　　除了增添食物的風味之外，一般人認為橄欖油可保心臟血管健康。而橄欖油能製成肥皂，以清除髒污和防止疾病，這可是中世紀的人所料想不到的。橄欖油為古希臘帶來富足，使之得以發展出優秀文明，這也是橄欖油帶給人類的一大貢獻。今日許多西方文明都是源自於古希臘的政治文化、民主概念、哲學思維、邏輯演算、理性主義、科學精神，以及教育與藝術等等。

　　與其他古文明相比，希臘男人對於生活享有更自由的決策權。橄欖油的貿易不但促成社會繁榮，普及了教育制度，也賦予人民參政的機會。我們幾乎可以說，如果不是油酸中的三酸甘油酯，那麼現今民主體系的基本雛形——希臘文明——或許不會有如此耀眼奪目的發展。

15

鹽

鹽（即氯化鈉，化學式為NaCl），可以說是和人類文明共同演進的。長久以來，鹽不僅對全球貿易很重要，在政治、社會、都市成長，以及戰爭等各方面，也都影響深遠。它雖然是我們維持生命的必需品，但攝取過量又足以致命。現代科技使得產鹽的成本降低，價格也更便宜，我們不但製造大量的鹽，同時也消耗更大量的鹽產品。鹽在以往非常珍貴，現在把鹽灑在地上防止路面結冰的舉動，在十九世紀初的人看來，一定覺得不可思議。

由於化學家的努力，各種化合物產品的價格愈來愈便宜。現在人們可以在實驗室裡合成各種化合物，例如抗壞血酸、橡膠、染料和盤尼西林等，也可以製造出與天然化合物功能

相似的人造替代品，例如紡織品、塑膠和染劑等。今天我們使用各種
新技術來保存食物，香料的價格也因此下跌。而殺蟲劑與肥料有助於
增加農作物的產量，相對地提高了葡萄糖、纖維素、尼古丁、咖啡因
和油酸的供應量。不過在這麼多化合物中，鹽產量的增加和價格的驟
降，大概是變化最大的。

鹽的來源

　　有史以來，人類就想盡辦法收集或生產鹽。鹽的生產方法主要
有三種：蒸發海水、煮沸鹵水、採集岩鹽；這三種方法也一直沿用到
現在。海水蒸發法在熱帶的沿海地區最常被採用，處理過程雖然緩
慢，但成本較低。將海水倒在燒熱的炭火上，等到火熄滅時，就可以
刮取鹽粒。如果要大量生產，就必須在岸邊圍起鹽田，利用海水潮汐
灌入人工淺湖或窪地，以獲得較多的天然鹽。

　　一般來說，以海水為原料的粗鹽品質不如鹵鹽或岩鹽。雖然海
水含有 3.5 ％ 的鹽，但氯化鈉只佔了三分之二，其餘為氯化鎂
（$MgCl_2$）和氯化鈣（$CaCl_2$）。後兩者的溶解度較高，含量遠比氯化
鈉少，因此氯化鈉會先結晶出來，再除去其中的鹽水，便可剔除結晶
鹽中大部分的氯化鎂和氯化鈣，不過殘留的雜質還是會使海鹽夾雜了
些許澀味。氯化鎂和氯化鈣都會潮解，也就是說它們會吸收空氣中的
水氣，使鹽粒黏結成塊。

　　海水製鹽法最適用於炎熱且乾燥的地區，而含有高鹽分的鹵水
（濃度大約是海水的十倍）則適合作為任何天氣型態地區製鹽的原
料。鹵水製鹽法通常以木頭為燃料，也因此使得歐洲部分地區的森林
幾乎被砍伐殆盡。鹵水不僅鹽分高，也沒有氯化鎂和氯化鈣的雜質，
更能有效地保存食物，所以較海鹽更受歡迎，價格也比較高。

　　岩鹽即岩土中所含的氯化鈉礦物質，是海水乾涸後遺留在土壤岩石裡，經過好幾百年而形成的化合物，特別容易沉積於地表。早在鐵器時代，鹽就是一種很有價值的物資，歐洲人因此深入地底採集岩鹽，打造很深的礦井或數英里長的地下礦道，而礦場周圍的村落也隨著採鹽業而逐漸發展為鄉村和城市。鹽業是中世紀歐洲工業很重要的一環，當時甚至有「白金」的稱號。以香料貿易聞名的威尼斯，一開始只是個依賴鹹水湖煉鹽的小鎮。「鹽」的拉丁文為「sal」，希臘文為「hals」，土耳其文則為「Tuz」，可想而知，奧地利的薩爾茨堡（Salzburg）和哈萊恩（Hallein）、法國的拉塞（La Salle）、德國的哈雷（Halle）、哈爾希塔特文化（Hallstatt），以及波士尼亞赫塞可維納（Bosnia-Herzegovina）產鹽的小鎮圖茲拉（Tuzla），都與鹽業有關。

　　對古老的產鹽小鎮來說，觀光業已取代鹽業為重要的經濟來源。奧地利薩爾茨堡的鹽礦坑，就是一個著名的觀光景點；波蘭城市維力奇卡（Wieliczka）一處因開採鹽礦而留下的洞穴中，不但有舞池和禮拜堂，也有鹽雕的宗教雕像和一個地下湖，吸引了無數觀光客前往；位於玻利維亞的大鹽湖（Salar de Uyuni）是世界上最大的鹽湖，還有一間由鹽磚砌成的旅館。

鹽的貿易

　　從很久以前，鹽就是一項貿易商品。古埃及人進行鹽的買賣，並利用鹽來製作木乃伊。希臘歷史學家希羅多德（Herodotus）曾記錄西元前四二五年，造訪利比亞沙漠鹽礦的經驗。衣索比亞的鹽轉賣到羅馬與阿拉伯，最遠可達印度等地。羅馬人在台伯河出海處的奧斯提亞（Ostia）建立一個很大的鹽廠，並在西元前六百年左右開闢一條「鹽之路」（the Via Salaria），以方便鹽的運輸，至今仍然存在。

由於鹽業的興盛，森林被大規模砍伐作為奧斯提亞鹽廠的燃料。失去植被保護的土壤流失沖刷到台伯河裡，淤積的河床使得河口的三角洲不斷擴大。經過了數百年，奧斯提亞漸漸從沿海退居為內陸城市，因此鹽廠必須一再遷移到海邊。這個現象也是歷史上由於人類活動而改變自然環境的先例之一。

　　鹽曾經是世界大三角貿易的基礎，同時隨著伊斯蘭教一起傳入了西非。好幾百年來，乾燥又荒涼的撒哈拉沙漠一直是北非地中海地區國家和其他歐洲國家往南發展的障礙。沙漠含有許多沉積鹽，但是鹽在撒哈拉沙漠以南的地區還是相當缺乏。自十八世紀開始，北非的柏柏爾人（Berber）以穀物、乾果、紡織品、器皿等商品交換撒哈拉地區盛產的岩鹽片。由於鹽產十分豐富，當時許多城市都和「鹽城」（Teghaza）一樣，是由鹽磚打造出來的。而柏柏爾人的商隊通常一次領著好幾千頭背負著鹽塊的駱駝，浩浩蕩蕩地穿越撒哈拉，前往沙漠南邊靠近尼日河的小營地廷巴克圖（Timbuktu）。

　　到了十四世紀，廷巴克圖已經成為交換西非黃金與撒哈拉鹽的重要樞紐，同時也是傳播伊斯蘭教信仰的中心。十六世紀，在廷巴克圖發展鼎盛的時期，極具影響力的可蘭經大學、清真寺、回教建築與皇宮也都座落於此。商旅滿載著象牙、黃金或奴隸等物資，從廷巴克途經地中海沿海的摩洛哥，再輾轉回到歐洲。幾個世紀以來，無數黃金，就是循著這條貿易路線被運往歐洲。

　　隨著鹽需求量的增加，撒哈拉鹽也開始運往歐洲。新鮮漁獲需要盡速保存以防腐壞，但在海上，煙燻和曬乾的方法都有執行上的困難，只有醃製最容易。波羅的海和北海海域盛產鯡魚、鱈魚以及黑線鱈，十四世紀以來，這些魚在海上或附近的港口醃製之後，就被賣到歐洲各地。十四、十五世紀時，漢撒同盟（Hanseatic League）¹則控

1　「漢撒同盟」是十三世紀時，歐洲北部各城市為了控制波羅的海和北海的貿易所組成的組織。

制了波羅的海周邊國家的鹹魚貿易。

　　北海的貿易中心位於荷蘭與英國的東岸。有了以鹽保存漁獲的方法，便能前往更遠的海域捕魚。十五世紀末時，英國、法國、荷蘭、西班牙、葡萄牙和其他歐洲國家的漁船，便經常出海到加拿大紐芬蘭的「大淺灘」（the Grand Banks）捕魚。四百年以來，在北大西洋捕獲的鱈魚通常就地處理，並以鹽醃保存，運回港口的漁獲量超過數百萬噸。不幸的是，大淺灘的鱈魚在一九九〇年代幾乎枯竭，於是加拿大在一九九二年下達捕鱈魚的禁令，大部分的傳統漁業國家也同意遵守。

　　鹽是這麼為人所渴望，無怪乎它被當成戰爭中的戰利品，而不只是一項貿易商品。古時死海周圍珍貴的鹽資源常常受到侵占，中古世紀威尼斯人攻打威脅他們鹽專賣權的鄰近城市，戰時也常以阻斷敵方鹽料補給的路線為戰略。在美國獨立戰爭期間，英國就曾禁止將鹽由歐洲或西印度群島進口到這塊前殖民地上。英國人還摧毀了紐澤西沿海的鹽廠，以高價的進口鹽企圖影響美洲殖民地。一八六四年，美國南北戰爭期間，聯邦軍隊佔領維吉尼亞州的 Saltville，迄今仍被視為打擊南軍士氣的重要手段。

　　也有人說，一八一二年拿破崙在莫斯科潰敗，是因為部隊飲食缺乏鹽分，使得傷兵的傷口難以復原，因而折損失數千兵力所致。從化學的觀點來看，或許拿破崙的失敗，可歸咎於抗壞血酸（和繼之引起的壞血病）、鹽、錫質鈕釦和麥角酸。

鹽的結構

　　岩鹽在水中的溶解度比其他礦物高，100 克的冷水大約可以溶解36 克的岩鹽。海洋是生命的起源，而鹽又是生命的基本元素，如果

鹽在水中沒有這麼高的溶解度，那麼生命可能也不存在。

一八八七年，瑞典化學家阿瑞尼斯（Svante August Arrhenius）提出正負離子的概念，來解釋鹽的結構特性和溶解度。不過在此之前，鹽溶液可以導電的現象，卻使科學家困惑了整整一個世紀。雨水不導電，鹽湖的水和其他鹽溶液則具有很好的導電性。阿瑞尼斯的理論說明了導電性現象，他的實驗顯示，愈多的鹽溶解在水中，可導電的帶電粒子（或離子）濃度就愈高。

阿瑞尼斯所提出的離子概念，也解釋了不同結構的酸何以具有相似的化學特性。當酸溶解在水裡時，會產生造成酸味和酸溶液化學反應的氫離子。雖然阿瑞尼斯的理論在當時不被保守的化學家接受，不過他展現出的堅毅精神與高明的交際手腕，最終折服了所有批評他的人，而他也在一九〇三年，因為電解溶液的理論而獲得諾貝爾化學獎。

許多理論和實驗都說明了離子形成的現象。西元一八九七年，英國物理學家湯姆生（Joseph John Thomson）證明了所有原子中均含有電子。而電子的概念則是一八三三年由法拉第所提出——電子是自然界中最基本的帶負電粒子——當一個原子喪失一個或多個電子時，就會變成帶正電的離子；反之，如果一個原子得到一個或多個電子，就變成帶負電的離子。

固態的氯化鈉是由帶正電的鈉離子和帶負電的氯離子所組成的規則晶體，這兩種離子因為正負電之間的強大吸引力而結合在一起。

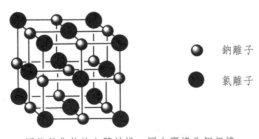

鈉離子

氯離子

固態氯化鈉的立體結構。圖中實線為假想線。

水分子雖然不是離子，但也帶有一點電荷，其氫原子端帶有正電，而氧原子端則帶負電；這也是氯化鈉能溶於水的主要原因。雖然帶正電的鈉離子和水分子負電端之間的吸引力（帶負電的氯離子與水分子正電端之間，也具有相同的吸引力），與鈉離子和氯離子之間的類似，最重要的還是這些離子在水中能任意散開。如果鹽不溶於水，那是因為這些離子間的吸引力比水對離子的吸引力還大。

　　我們將水分子以下圖表示：

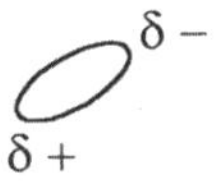

δ — 表示水分子的負電端，δ + 表示水分子的正電端。我們可以圖示帶負電的氯離子在水中被水分子正電端包圍的情形：

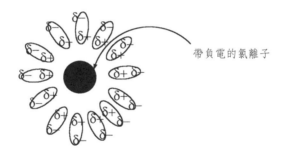

帶負電的氯離子

以及圖示帶正電的鈉離子在水中被水分子負電端包圍的情形：

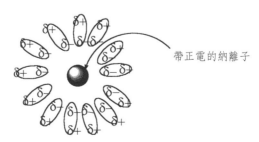

帶正電的鈉離子

正因為氯化鈉可以吸引水分子，因此鹽可以除去食物中的水，使細菌無從生存，是很有效的防腐劑。保存食物而添加的鹽，理論上會比單純調味用的量多出許多。在主要從肉類攝取鹽分的地區，肉品保存是維持生命的基本要素之一。其他傳統的食物保存方法，例如煙燻和乾燥，也必須先將食物醃泡在鹽水中才能進行處理，因此那些沒有產鹽的地區，就必須依賴鹽的貿易來維護生命。

不可或缺的鹽

很早以前，即使不用鹽來保存食物，人們也了解鹽在飲食中的必要性。鹽的離子可以保持細胞和組織液之間的電解質平衡，而神經脈衝的產生也與所謂「鈉鉀幫浦」的作用有關。由於被推出細胞的鈉離子比被送入細胞的鉀離子多，所以細胞膜兩側會有一個淨負電荷差而產生細胞膜電位，也就是神經脈衝的動力。所以，鹽也是神經系統不可缺少的物質，對於肌肉的運動更是至關重要。

毛地黃中的地高辛和洋地黃毒素這類的強心糖，會抑制鈉鉀離子的交換，提高細胞裡鈉離子的含量，因而增強心肌的收縮，刺激心臟。此外，人體也需要鹽所含的氯離子來產生胃酸。

健康的人體裡，鹽濃度變化的範圍相當微小。我們必須補充失去的鹽分，過多的鹽分也必須被排出。缺乏鹽分會導致體重減輕、食慾降低、痙攣、噁心，人也會變得懶洋洋。如果鹽分完全耗盡，則有可能造成血管崩裂和死亡（例如馬拉松賽跑後運動員暴斃的例子）。攝取過多的鈉離子則會導致高血壓，而這是心血管疾病和肝腎功能失調的主因。

人體大約含有四盎司的鹽，流汗和排尿會使我們失去鹽分，因此必須每天補充。以前人類可以從大型草食動物獲得鹽分，因為生肉

是鹽分的極佳來源。隨著農業發展，我們漸漸改以穀類和菜蔬為主食，因而要從別的來源補充鹽分。肉食性動物不需另尋鹽的來源，然而草食性動物必需如此。有些人不怎麼吃肉或完全吃素，都需要補充更多鹽分來維持身體內鈉鉀離子的平衡。在適應了農耕生活的同時，我們必須思考的是，如何透過貿易來獲得這種生活必需品。

鹽稅的故事

從歷史的觀點來看，人對鹽的需要以及它特殊的生產方法，都使這種礦物特別容易受到政治賦稅或壟斷經營。對主政者來說，鹽稅是一筆龐大的收入。鹽具有無可取代的地位，每個人都需要它，因此必須繳錢以獲取這個賴以維生的物質。鹽產很容易被發掘，鹽業也難逃監控，因此鹽的運輸也容易被管理與課稅。西元前兩千年，夏禹就命令山東提供鹽給朝廷，從那個時候開始，政府就開始徵收鹽稅、鹽通行稅與關稅。《聖經》也記載，鹽被視為一種香料來課稅，而且也成為商旅驛站的重要關稅。西元前三二三年，亞歷山大死後，敘利亞和埃及的官員仍繼續徵收鹽稅。

幾個世紀以來，收稅人藉由提高稅率、增加稅項，或是出售免稅資格而變得富有。羅馬接管台伯河出海處的奧斯提亞鹽廠，以期能以合理的價格供應鹽給每個人。不過鹽稅的利益實在太誘人，所以仍避免不了巧立名目的現象。隨著羅馬帝國的擴張，各省總督無所不用其極地徵收鹽稅。對於居住在離鹽產地很遠的人，鹽的高價不只反映運輸成本，還加上了在路途中每一分被強制徵收的稅金。

中古歐洲持續徵收鹽稅，並對運鹽的船和車收取通行稅。當時法國還徵收所謂「gabelle」的高鹽稅而引起民怨。關於「gabelle」的起源，有很多種不同的說法。有人說是一二五九年普羅旺斯的安哲

（Charles of Anjou）首開風氣。另一種說法則認為是始於十三世紀末，為了供應一支永久軍隊而針對小麥、酒和鹽這些日常用品訂定的稅法。無論如何，特指鹽稅的「gabelle」在十五世紀儼然成為法國的主要稅收。

「gabelle」不只徵收稅款，同時還規定，只要年齡超過八歲，每週必須購買一定數量的鹽，價格由國王決定。如此一來，鹽稅的款項以及強制購買的量，可能隨著君王的心意變動，因此很快地就在法國境內產生了不公平的現象。大致上來說，從大西洋鹽廠獲得鹽的地區，比由地中海鹽廠補給的地區，賦稅高上兩倍。有些地區透過政治協調或協定可以免稅，或者只需支付一小部分，例如布列塔尼就沒有所謂的鹽稅，而諾曼第的鹽稅也特別低。在「gabelle」實行極盛時，居住在鹽產區的公民付出的鹽稅，比實際該付的多二十倍以上。

收稅人由於常常從中剽竊大量稅金，被稱為「鹽稅農夫」，他們常常監控人民的用鹽量是否足夠。當時走私鹽的活動充斥各地，被舉發的話將被流放到船上當奴隸。農夫和城市的窮人最容易成為不公平稅制的犧牲者，他們向國王請求減稅卻遭到拒絕，種種因鹽稅而起的抗爭，被認為是造成法國大革命的主要原因之一。鹽稅一度在一七九〇年被廢除，當時有超過三十位收稅官被處死。不過到了一八〇五年，拿破崙又重新實施鹽稅，以提供他攻打義大利的軍費。一直到第二次世界大戰之後，鹽稅才真的廢止。

法國不是唯一在生活必需品上課徵重稅的國家。蘇格蘭沿海地區的產鹽活動早在鹽稅出現前好幾百年就已存在，特別是福斯灣（Firth of Forth）一帶。在蘇格蘭這樣涼爽與潮濕的氣候區，以曬乾法製鹽是行不通的。這些地區採用的是海水煮沸法，最初以木頭為燃料，後來則改用煤炭。十八世紀以前，蘇格蘭有超過一百五十座鹽廠，而蘇格蘭和英格蘭訂定的一七〇七條約第八章裡，也明定免除蘇格蘭

七年的英國鹽稅，七年之後則永久享有較低的稅率。英國的鹽業主要以鹵鹽或岩鹽為原料，產量比蘇格蘭的海鹽更多，獲利也更高，因此蘇格蘭的鹽業必須有享有較低的鹽稅，才有辦法生存。

一八二五年，英國成為世界上第一個廢除鹽稅的國家。不過此舉並不是因為近百年來工人階級的不滿，而是人們開始體認到鹽的角色與以往不同。工業革命也被認為是機械革命，舉凡飛機、蒸氣機、紡織機、水力織布機、動力織布機等，都是在那時出現的。工業革命同時是也是化學革命的開端，因為紡織、漂白、肥皂、玻璃、陶瓷、鋼鐵業、製革業、造紙，以及釀酒工業等，都需要化學技術才得以進行。廠商和工廠老闆強烈地要求廢止鹽稅，因為鹽是製造過程中的必要物質。窮人要求廢除鹽稅的聲浪持續了好幾個世代，然而卻在鹽變成攸關英國繁榮的原料時，這個理想才得以實現。

不過，英國對於徵收鹽稅的寬鬆立場，並未惠及它的殖民地。在印度，英國人強徵鹽稅的行徑，更是一項壓迫殖民地的象徵，而這樣的困境，一直持續到聖雄甘地領導人民群起反抗之後才廢止。許多來自異地的征服者都知道，只要控制了鹽，就等於掌握了該地的政治和經濟命脈。印度當地政府也將私售鹽的行為視為犯罪，即使只是在海邊撿拾天然的鹽，也是非法的行為。由於大部分的印度人都是素食者，加上氣候非常炎熱，因此食用鹽便成為不可或缺的物資。然而鹽必須從英國進口，價格也由英國人決定，殖民規章甚至規定印度人必須購買一種可以天然取得的鹽礦，以增加英國的收入。

一九二三年，在英國本土廢除鹽稅近百年之後，印度的鹽稅反而加倍徵收。一九三〇年三月，甘地為了抗議英國的食鹽政策，領導人民發起一場遊行活動，長途跋涉兩百四十英里，走了二十多天，終於抵達西北部靠海的丹地（Dandi）。參加遊行的人們撿拾海灘上的天然鹽粒，或煮沸海水製鹽，並進行買賣。數千名甘地的支持者因此

被監禁,不過人民並未就此放棄,仍舊繼續從事鹽的交易,也發起罷工、聯合抵制的示威活動。隔年三月,英國修改了食鹽法,印度人民從此可以自由地採集、生產或買賣食鹽。雖然鹽的販賣仍須繳納商業稅,不過英國政府已不再壟斷鹽的貿易。甘地的非暴力反抗顯然奏效了,而印度也逐漸脫離被英國統治的日子。

鹽製品

英國鹽稅的廢除,不只對鹽業很重要,對於以鹽為原料的化學工業更具意義,特別是碳酸鈉(Na_2CO_3)這種原料。隨著人類對於肥皂需求的增加,製造過程所需的純鹼亦然。純鹼通常可從湖的沉積物或燃燒海草與海藻中得到,不過品質並不精純,產量也有限,因此人們開始重視由氯化鈉來提煉碳酸鈉的可能性。一七九〇年代,英國化學革命領導人和鹼化學工業創始人科克倫(Archibald Cochrane),他的家族產業包括了許多鄰接於蘇格蘭的鹽田,同時也擁有第一個將鹽轉成人造鹼的專利;只是這個專利一直未能商業化。一七九一年,法國的盧布朗克開發了一種利用鹽、硫酸、煤和石灰石來製作碳酸鈉的方法。不過由於法國大革命的爆發,延宕了盧布朗克的研發過程,反而讓英國成為第一個因為製造純鹼而獲利的國家。

一八六〇年代初期,比利時的蘇威兄弟(Ernest and Alfred Solvay)改用石灰石和氨氣,將氯化鈉轉化成碳酸鈉,其中的關鍵是將氨氣和二氧化碳灌入濃鹽水中,以產生碳酸氫鈉($NaHCO_3$,或稱小蘇打):

$$NaCl_{(aq)} + NH_{3(g)} + CO_{2(g)} + H_2O_{(l)} \longrightarrow NaHCO_{3(s)} + NH_4Cl_{(aq)}$$

氫氧化鈉　　　　氨氣　　　二氧化碳　　　水　　　　碳酸氫鈉　　　氯化銨

而碳酸氫鈉加熱會產生碳酸鈉：

$$2 \text{ NaHCO}_{3(s)} \longrightarrow \text{Na}_2\text{CO}_{3(s)} + \text{CO}_{2(g)}$$

碳酸氫鈉　　　　　碳酸鈉　　　二氧化碳

　　直到今天，蘇威兄弟的實驗仍然是合成純鹼的主要方法。不過後來人們發現了大量的天然純鹼沉積物，因此以鹽為原料的純鹼製造法也就沒這麼重要了；懷俄明州格林河區的純鹼資源估計超過十億噸重。**燒鹼**（或稱氫氧化鈉，NaOH）也是早期人們趨之若鶩的重要化合物。在工業上，燒鹼是以電流通過鹽溶液的方法來製造，這個過程稱為「**電解**」。燒鹼是美國的十大化學製品之一，可以用來提煉提煉鋁、人造絲、玻璃紙、肥皂、洗滌劑、石油產品，甚至作為紙漿的原料。電解鹽水所產生的氯，最初只被當成副產品，但不久就被發現是一種極好的漂白劑和消毒劑。到了今天，工業上電解鹽水的主要原因，還是為了生產氯和氫氧化鈉。而氯被廣泛地使用在有機產品的製造過程中，例如殺蟲劑和醫學藥品。

＊　＊　＊　＊　＊　＊　＊　＊　＊　＊

　　從童話故事到《聖經》，從瑞典的民間神話到北美的印第安人傳說，世界上各個角落都有屬於自己的鹽的故事。鹽在典禮和儀式中象徵了殷勤款待與好運，同時也能防止邪靈和噩運。從語言中，我們也可發現鹽對人類文明的重要。羅馬時代以鹽作為士兵的酬奉，因此就有了「salary」（薪水）一詞；「salas」（沙拉）早期以鹽作為調味品；「sauce」（醬）、「salsa」（辣茄醬）、「sausage」（香腸）和「salami」（義大利臘腸），也都是來自「salt」（鹽）這個字。

在所有鹽的故事裡最大的諷刺是，許多戰爭因它而起，人們為了鹽稅抗爭暴動，為了尋找鹽的來源四處遷移，更有數十萬人因為走私而遭受監禁。不過由於鹽資源的發現以及製鹽技術的進步，鹽價已不再居高不下。冷藏技術出現之後，鹽的防腐功能也不再受到重視。在歷史上，鹽的地位一直備受尊崇，有時候甚至比黃金更有價值。只是風華過後，鹽在社會中所扮演的角色大不如前，如今只不過被視為便宜且隨手可得的平凡物品。

16

冷凍劑

西元一八七七年，Frigorifique
號裝載著滿船的阿根廷牛肉，從布宜
諾斯艾利斯出發前往法國盧昂
（Rouen）。這條航線在今天只是平
凡的航運路線，但在當時卻意義非
凡。因為船上裝載的冷凍食品，意味
著使用香料和鹽來防腐的年代已經過
去，全新的冷藏時代已然來臨。

低溫保鮮

至少從西元前兩千年開始，人們
就知道冰融化時能吸收周圍的熱能，
因此可以用來降溫。當冰融化水，就
需要更多的冰塊以維持低溫。新一代
的冷藏技術與固、液態的轉變無關，
而是採用液態與氣態的方式來達到使
物體降溫的效果。液體吸熱會蒸發，

而散失的蒸氣經由壓縮可以回復成液態。英文的「refrigeration」（冷藏），「re」即代表蒸氣「重回」液態，或蒸氣「再次」蒸發使物品冷卻的循環過程，而機械動力裝置是這個過程的關鍵。老式的冰桶必須持續添加冰塊以達到冷卻效果，並不算真正的冷藏。現在，「冷藏」泛指「保持低溫」的概念，也無所謂是採用何種方法達成的。

真正的冷藏裝置必須備有冷卻劑，以自行執行蒸發與壓縮的循環過程。早在西元一七四八年，人們已知乙醚具有冷凍劑的特質，但將乙醚應用在冷凍櫃的壓縮裝置，卻是一百年以後的事。一八五一年，一名移民到澳洲有十四年之久的蘇格蘭人哈里遜（James Harrison），為澳洲的釀酒廠建造了一座以乙醚為蒸氣壓縮系統的冷凍庫。他與美國的柴寧（Alexander Twining）並列為史上最先將冷藏技術推廣為商業用途的人。

西元一八五九年，法國人卡黑（Ferdinand Carré）以氨作為冷卻劑，也被視為將冷藏技術商業化的先驅。當時也有人用氯化甲烷和二氧化硫來冷藏物品，而世界上第一座人造溜冰場，即是使用二氧化硫為冷卻劑。這些分子取代了鹽和香料，成為新的保存技術。

C_2H_5—O—C_2H_5　　　　NH_3　　　　CH_3Cl　　　　SO_2

　　　乙醚　　　　　　　　氨　　　　　氯化甲烷　　　　二氧化硫

一八七三年，哈里遜為澳洲肉品公司和釀酒廠建造了陸地上第一座冷櫃之後，他決定嘗試在船上裝設冷凍設備，將肉品從澳洲運往英國故鄉。不過他的海上乙醚冷藏櫃並沒有成功。一八七九年十二月，哈里遜將改良系統應用在 S.S. Strathleven 號貨船上。當這艘滿載四十噸重新鮮肉品的船從澳洲墨爾本出發，歷時兩個月抵達倫敦，船上的肉品絲毫沒有腐壞。有了這次成功經驗，哈里遜的冷藏技術受到

大眾的肯定。一八八二年，S.S. Dunedin 貨船也採用相似的冷藏技術，成功地將一批新鮮羊肉從紐西蘭運往英國。雖然 Frigorifique 號被認為是第一艘設有冷櫃的貨船，但事實上，哈里遜在一八七三年的試驗才是真正的史上第一次，只是那次並未成功。一八七七年，另一艘載滿冷藏牛肉的 S.S. Paraguay 號貨船，從阿根廷開往法國的利哈佛（Le Havre），而這艘船就是以氨氣作為冷卻劑，來使肉品保持低溫保鮮。

Frigorifique 的冷藏設施是把冰塊融化的水引入船上的導管而形成循環系統。不幸的是，這些導管在啟程後就破裂而無法正常運作，以致於所有肉品在抵達法國之前就已腐壞。因此，雖然說 Frigorifique 號比 S.S. Paraguay 號更早開始嘗試冷藏技術，不過它並不是真正的冷凍船，充其量只是一艘保溫船而已。或許 Frigorifique 號真正的意義，在於它是史上第一艘運送冷凍肉品航越遼闊海域的貨船，即便最後任務仍告失敗。

一八八〇年，備有機械化壓縮系統的貨船被研發出來，歐洲與美洲東岸可以享用來自世界各地的新鮮肉類。從阿根廷甚至是更遠的澳洲與紐西蘭出發，裝載滿船肉品的貨船必須航經熱帶暖洋區，歷時兩、三個月才能抵達目的地。Frigorifique 號的隔熱系統無法應付這個難題，只有隨著冷藏技術的發展，農夫和漁民才能將他們的產品銷售至全世界。對於以出口農產品為主要經濟來源的澳洲、紐西蘭、阿根廷、南非等國來說，冷藏技術可以說是國家賴以維生、經濟賴以成長的重要關鍵。

神奇的氟利昂

理想的冷凍劑必須具備以下的化學特性：在適度的溫度範圍內蒸發成氣體、吸收大量的熱、在一定的溫度範圍內再次液化成液體。

氨、乙烯、氯化甲烷、二氧化硫與其他類似的分子都具有以上特性，因此被認為是適合作為冷凍劑的分子。不過這些分子不是不夠穩定，就是易燃、有毒，或者氣味刺激難聞。

　　儘管有上述缺點，人類對於冷藏技術的追求仍相當熱中。為了因應貿易需求，商業用冷藏技術比家庭冷藏設備早了五十年出現。第一個家用冰箱在一九一三年問世，到了一九二〇年，這些新產品已經逐漸取代了冰桶等傳統設備。早期家用冰箱壓縮機的噪音很大聲，因此常常安裝在地下室。

　　為了解決冷凍劑有毒與易燃的問題，科學家積極地進行各項研究與嘗試。機械工程學家米吉萊（Thomas Midgely Jr.）發現抗震的四乙基鉛，當年他與化學家亨萊（Albert Henne）在美國通用汽車公司的冷卻部門工作時，共同目標就是找出一種沸點落在冷凍循環範圍內的物質。他們測試了很多化合物，但都無法實際應用，只有有毒的含氟化合物還有待測試。氟是劇毒且腐蝕性強的氣體，目前只發現極少數含氟的有機化合物。

　　米吉萊和亨萊以氟為研究目標，試圖合成含有一個或兩個碳原子的化合物，並以不同數目的氟或氯原子取代原先的氫原子。這種化合物即為氟氯碳化物（chlorofluorocarbon，或稱 CFC），它具有穩定性高、不可燃、無毒、成本低廉與無臭等優點，也是現在製造冷凍劑的原料。

　　一九三〇年，米吉萊在喬治亞州亞特蘭大的美國化學學會上，以戲劇性的方法展示了這項新產品的安全性。他將液化的氟氯碳化物倒入容器中不停攪拌，然後把自己的臉湊近汽化的蒸氣，張開嘴巴深深吸了一口氣。之後他轉身面向一支點燃的蠟燭，以口中的氟氯碳化物氣體吹熄燭火。米吉萊的創意示範，清楚呈現了氟氯碳化物不會爆炸與無毒的特性。

自此以後，氟氯碳化物便被當成冷凍劑的成分，其中包括二氟二氯甲烷（氟利昂 12 號）、三氟三氯甲烷（氟利昂 11 號），以及 1,2-二氯 -1,1,2,2- 四氯甲烷（氟利昂 114 號）等。

```
      F                    F                 F  F
      |                    |                 |  |
  F — C — Cl          Cl — C — Cl        F — C —C — F
      |                    |                 |  |
      Cl                   Cl                Cl Cl

  氟利昂 12 號            氟利昂 11 號            氟利昂 114 號
```

氟利昂化合物的三位數字命名系統是由米吉萊與亨萊所制定的。第一個數字代表碳原子數目減一，數值為零的話則省略；因此氟利昂 12 號，其實應為氟利昂 012 號。第二個數字表示氫原子數目加一，最後一位則代表氟原子的數目，而氯原子的數目則不予表示。

氟氯碳化物可說是完美的冷凍劑分子，它不但改革了冷凍技術，提升了家庭的冷藏設備，也使得人類從此步入電器時代。一九五○年代，已開發地區的家庭幾乎都有電冰箱，食物可以冷藏保鮮，主婦不必每天上街買菜。冷凍食品工業方興未艾，各種新產品不斷開發上市，即食餐盒更是充斥在超市的冷凍櫃裡。氟氯碳化物改變了我們採買食物的方式，也影響了我們的飲食習慣。有了冷藏技術，遇熱容易變質的抗生素、疫苗與多種藥物，都可運送到世界上各個角落。

人們也開始將這些安全的冷凍劑應用到其他方面，例如冷卻燥熱的環境。幾個世紀來，人類藉由自然風、風扇，以及水分蒸發時的冷卻效果來降溫。氟利昂出現之後，冷氣工業隨即迅速成長。在熱帶地區與炎夏，冷氣使得家庭、醫院、辦公室、工廠、商場甚至汽車等環境變得更加涼爽舒適。

另外，由於氟氯碳化物幾乎不與任何其他化合物起反應，因此

也被應用為噴霧罐的推進劑，例如髮膠、刮鬍膏、家具亮光劑、地毯清潔劑、衛浴清潔劑、殺蟲劑等，都是利用氟氯碳化物蒸發所產生的壓力而噴出。

氟氯碳化物也常被用來製成泡綿產品，比方說包裝郵寄物件的泡綿、建築物內具隔絕效果的海綿、速食食物容器與聚苯乙烯杯子等。至於能當成溶劑使用的氟利昂 113 號，則是清理電路板與其他電器產品的最佳選擇。如果將氟氯碳化物內的氯或氟原子以溴原子取代，則會產生一個沸點較高且具分子量較大的化合物，像氟利昂13B1 號（其中 B 代表溴原子）就是良好的滅火劑。

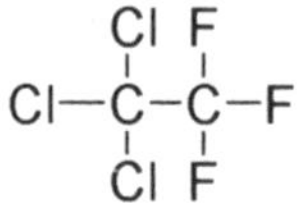

氟利昂 113 號

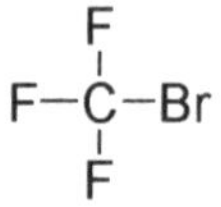

氟利昂 13B1 號

在一九七〇年代早期，含有氟氯碳化物之化合物的年產量約有一百萬噸，它們在現代社會中扮演眾多角色，而且幾乎沒有副作用或缺點，看起來，氟利昂使我們的世界更加美好了。

氟利昂的缺點

氟氯碳化物的光芒只維持到一九七四年，因為科學家羅蘭（Sherwood Rowland）與穆連納（Mario Molina）在一場美國化學學會的會議中揭示了它們的缺點。這兩位科學家發現，氟氯碳化物的高穩定性，可能導致無法預期且極為嚴重的後果。

氟氯碳化物不像普通的化合物，無法進行化學分解，它會飄到大氣中較低層的空氣裡，時間可達數年甚至數十年，如果上升至垂直

高度十五至三十公里之間的平流層，就會因為太陽輻射而瓦解，進而破壞臭氧層。臭氧層並不厚，如果把它移動到海平面，在大氣壓力之下將只剩下幾公厘的的厚度。在壓力比較低的平流層中，臭氧層得以膨脹而使厚度增加。

臭氧是 O_3，氧氣是 O_2，兩者只相差一個氧原子，但化學特性卻完全不同。高空中的氧分子受到太陽輻射後會分解為兩個氧原子。

游離的氧原子下移到臭氧層中，就會與另一個氧分子結合成臭氧。

在臭氧層中，臭氧分子又會因為高能量的紫外線輻射，裂解成一個氧原子與一個氧分子。

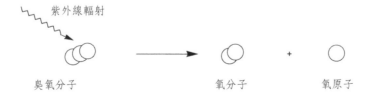

而兩個氧原子又會結合成一個氧分子。

氧原子　　　　　　　　氧原子　　　　　　　　　　　　　氧分子

從這些化學反應式中，我們可以知道，臭氧層中的臭氧不斷地合成與分解，達到動態平衡的狀態，因此地球的氧氣量相當穩定；這對所有生物意義重大，因為臭氧層能吸收對生物有害的紫外線。因此，我們生活在由臭氧層撐起的保護傘下，免於遭受太陽輻射的致命傷害。

　　羅蘭與穆連納的研究結果顯示，氟氯碳化物中的氯原子會加速臭氧分子的裂解，形成氧化氯（ClO）以及一個氧原子。

氯原子　　　　臭氧分子　　　　　　　　　　　氧化氯　　　　氧原子

接下來，氧化氯會再與氧原子進行反應，產生氧分子與氯原子。

氯化氧　　　　　氧原子　　　　　　　　　　氧分子　　　　氯原子

　　羅蘭與穆連納認為，這些過程將破壞臭氧分子與氧分子之間的平衡，而氯原子加速了臭氧的分解，對於臭氧層的形成一點幫助也沒有。參與第一個臭氧分解反應的氯原子，雖然暫時被消耗掉，但會在第二個反應中重新釋出，成為反應的催化劑，加速臭氧的分解，而且氯原子也不會因此減少。根據估計，平均每一個從氟氯碳化物中釋放出來的氯原子，約莫要破壞成千上百的臭氧分子才會失去活性。每1％的臭氧層遭到破壞，便有另外2％的有害紫外線輻射將穿透大氣

層，直抵地球表面。

　　羅蘭與穆連納的理論發表之前，每天有無數的氟氯碳化物被釋放到大氣層中。當可能造成危害的副作用被揭露之後，人們才開始規範氟氯碳化物的使用。經過好幾年的努力以及深入的研究與報告，世界各國才紛紛宣布，禁止氟氯碳化物的流通。

　　一九八五年南極的環境研究報告指出，南極上方的臭氧層已經出現破洞。而臭氧層破洞出現在幾乎無人居住的大陸上空，這個現象說明，氟氯碳化物造成的是全球性的影響，而非地域性的問題。一九八七年，一架研究飛機在南極上空採集到氧化氯，驗證了羅蘭與穆連納的理論。[1]

　　一九八七年，世界各國簽訂了《蒙特婁議定書》（Montreal Protocol），同意禁用氟氯碳化物。而冷凍劑的成分也以氫氟碳化物（hydrofluorocarbon；簡寫為 HFC）與氫氯氟碳化合物（hydrochloro-fluorocarbon，簡寫為 HCFC）取代傳統的氟氯碳化物。HFC 和 HCFC 不含氯原子，或容易氧化，而且不太能達到高空。不過這些替代物的冷凍效果都不如氟氯碳化物，而且需要額外吸收 3％的能量才能運作。

　　至今仍有無數的氟氯碳化物殘存在大氣層中。並非所有國家都簽署了《蒙特婁議定書》，以氟氯碳化物為冷凍劑的冷藏設備仍被繼續使用著，而殘存在淘汰電器中的氟氯碳化物，也慢慢外漏到空氣中，所以臭氧層仍持續遭到破壞。如果抵達地球表面的太陽輻射增加，沒有了臭氧層的保護，人體細胞或 DNA 可能發生突變，罹患癌症的機率也將提高。

1　羅蘭與穆連納由於研究氟氯碳化物對環境與大氣層造成的影響，獲得一九九五年的諾貝爾化學獎。

氯的缺點

　　氟氯碳化物並不是唯一一群早期被視為完美，稍後卻又遭摒棄棄的化合物。不過，含氯的有機化合物所展現出的「黑暗」特性，其他分子幾乎無法匹敵。人們在日常生活中接觸到的氯，經常同時扮演著正反兩面的角色。我們會在飲水中添加氯氣來殺菌，雖然有嗆鼻的氯味，但卻比其他消毒方法便宜許多。

　　上個世紀環境衛生的一大進步，就是世界上各個角落幾乎都有乾淨的飲水可用，至今這也還是人們共同努力的目標。合成氨氣的哈伯知道氯具有毒性（請參見第五章），他發展出第一次世界大戰所使用的有毒黃綠色氯氣，會使人呼吸困難甚至窒息。刺激性的氯氣會引起肺部與氣管組織的腫脹，嚴重的話可致命。芥子氣與光氣也是毒性很強的含氯化合物。雖然芥子氣的致死率不高，卻會使人永久性失明，並損及呼吸系統。

$$CI-CH_2\text{-}CH_2-S-CH_2\text{-}CH_2-CI$$

芥子氣

$$\begin{array}{c}CI\\\diagdown\\CI\diagup\end{array}C=O$$

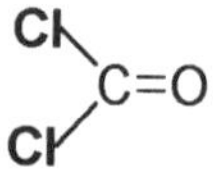

光氣

第一次世界大戰所使用的毒氣。氯原子以粗體表示。

光氣是無色的劇毒氣體，對人體不會產生立即影響，因此查覺時通常已足以致死。光氣中毒者通常會因為肺與呼吸道腫脹而窒息斃命。

麻煩製造者——PCBs

　　當初人們視為奇蹟的含氯化合物，被證明確實會危害人類健康與環境安全。自一九二〇年代後期開始，工業界開始生產一種新的化

合物——多氯聯苯（polychlorinated biphenyls，俗稱 PCBs）。這種化合物是理想的絕緣體、變壓器的冷卻劑、電抗器、電容器和斷路器，在高溫下極為安定，也不可燃。多氯聯苯的用途很多，比方說加強塑化劑的彈性、食品外包裝、奶瓶的襯墊和聚苯乙烯咖啡杯，還有印刷用的油墨、無碳複製紙、油漆、蠟、膠合劑和潤滑劑等。

　　多氯聯苯是聯苯分子上，以氯原子取代氫原子而產生的化合物。

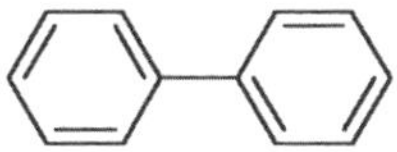

聯苯分子

多氯聯苯的結構有很多種排列方式，通常取決於氯原子的數目和位置。下圖顯示兩種不同結構的三氯聯苯和一個五氯聯苯，其排列方式有超過兩百種以上的可能。

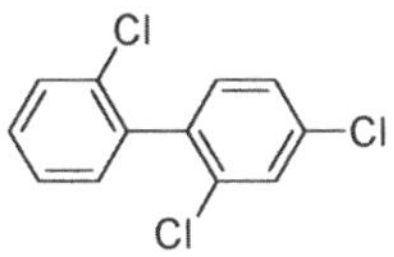

三氯聯苯 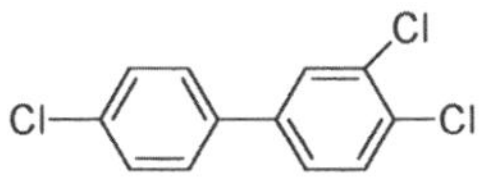　　　　　　　三氯聯苯 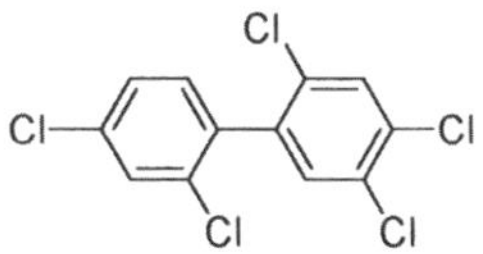　　　　　　　　五氯聯苯

　　多氯聯苯問世之後，相關工廠的工人紛紛出現健康問題。很多人罹患一種稱為「氯痤瘡」（chloracne）的皮膚病，身上和臉上會長出黑頭粉刺和小膿疱。我們已知氯痤瘡是 PCBs 中毒的第一個症狀，隨後還可能伴隨出現免疫系統、神經、內分泌和生殖系統的損害，以及肝功能衰竭和癌症等嚴重後果。從這個觀點來看，多氯聯苯可能是所有合成化合物中，最危險的一個，它不僅直接對人體與其他動物產生毒害，同時也像其他氟氯碳化物一樣，由於具有穩定的特性，使人們在意識到威脅之前，已將之廣泛地應用在各種領域。多氯聯苯在自

然環境中難以分解，也會累積在生物體內，而累積的濃度更會隨著食物鏈的關係增加。在食物鏈頂端的動物，例如北極熊、獅子、鯨魚、老鷹和人類，其脂肪細胞可能就含有濃度極高的多氯聯苯。

一九六八年，一次毀滅性的多氯聯苯中毒事件，更彰顯了它們對人體的直接效應。日本九州島一千三百名居民吃了被多氯聯苯污染的米糠油之後，集體身體不適，最初是氯痤瘡以及呼吸與視力等問題，之後又發生嬰兒的先天缺陷，居民罹患肝癌的機率也比平常人高出十五倍。一九七七年，美國禁止將含有多氯聯苯的廢料排放到水道中。一九七九年，所有關於多氯聯苯的生產與製造，都被視為違法事業。儘管如此，生活中仍存在著許多這樣的有毒分子，不管是仍在使用的，或是等待銷毀的，都有機會滲入我們的生活環境中。

禁用含氯殺蟲劑

其他含氯的分子，不只是自然滲透到環境中，甚至被人類當成殺蟲劑使用。數十年來，許多國家大量使用殺蟲劑，而有效的殺蟲劑通常都含有氯的成分。早期人們渴望穩定性高的殺蟲劑，只要噴灑一次，就能長時間維持藥效。雖然這樣的理想達到了，結果卻有瑕疵。含氯殺蟲劑確實對人類有重大的貢獻，相對地，卻也帶來了極為嚴重的後果。

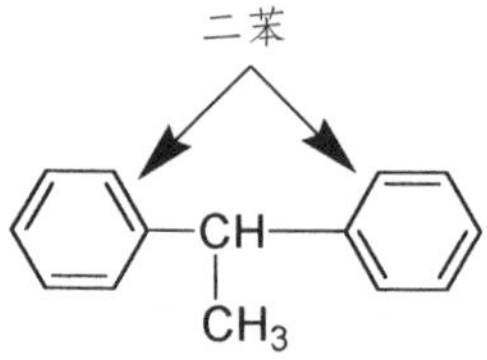

1,1- 二苯乙烷 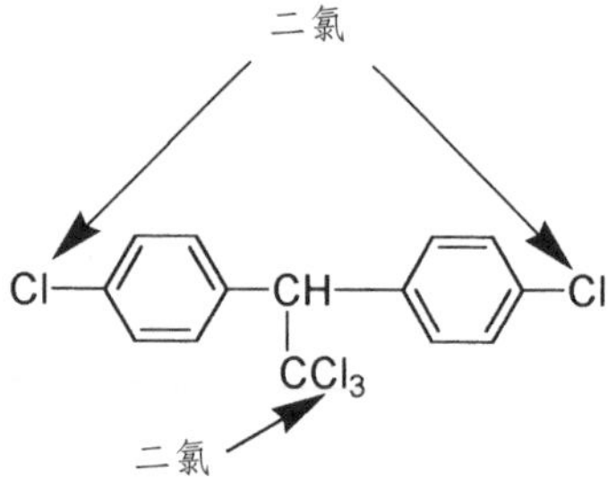　　　　　DDT

　　和其他含氯殺蟲劑相比，DDT 分子更能用來說明這些藥劑的優缺點之衝突。DDT 是一種二苯乙烷衍生物（1,1-diphenylethane），即二氯二苯三氯乙烷（dichloro-diphenyl-trichloroethane）的縮寫。

　　早在一八七四年的時候，DDT 就被合成出來，不過直到一九四二年，人們才發現它可作為強效殺蟲劑的特性。當時正值世界大戰期間，DDT 是防止班疹傷寒散播的除虱粉成分，能有效地殺死病蚊幼蟲。美國軍隊在南太平洋使用一種裝滿 DDT 的 「蟲炸彈」（bug bombs），這種蟲炸彈對生態環境造成嚴重的影響，因為除了 DDT 之外，它還釋放出大量的氯碳化合物。

　　一九七〇年代以前，人類生產使用的 DDT 已有三百萬公噸，而它可能對環境造成的負面影響，以及昆蟲的抗藥性等議題，也逐漸浮上檯面。DDT 雖然不會直接對野生動物造成影響，不過食物鏈上層的獵食性鳥類，如老鷹、獵鷹和鷹隼，還是會被 DDT 的代謝產物影響。這些脂溶性產物會累積在動物組織裡，對鳥類來說，可能會因此抑制了蛋殼鈣質形成酵素的活性，因而產下蛋殼非常脆弱的蛋，在孵化之前就已經破裂。一九四〇年代後期開始，人們注意到老鷹、獵鷹和鷹隼等鳥類的數量銳減。一九六二年，知名作家卡森（Rachel Carson）在著作《寂靜的春天》（*Silent Spring*）裡描寫道，益蟲和害蟲之間的平衡，將隨著 DDT 的氾濫，被破壞得愈來愈嚴重。

　　一九六二年到一九七〇年的越戰期間，東南亞地區被大量噴灑了含氯的除草劑「橙劑」（Agent Orange，即 2,4-D 與 2,4,5-T 的混合物），好讓游擊隊員無所遁形。

2,4-D

2,4,5-T

橙劑的毒性雖然不強，但是來自 2,4,5-T 的微量副產物，會引起先天
性缺陷、癌症、皮膚病、免疫系統缺陷等等。而且戰爭所造成的後遺
症，至今都還深深地影響著越南人民。最著名的其中是俗稱的戴奧辛
（dioxin）的 2,3,7,8-tetrachlorodibenzodioxin。事實上，戴奧辛只是通
稱一種有機化合物，而且並不一定具有像 2,3,7,8 － tetrachlorodiben-
zodioxin 的劇毒。

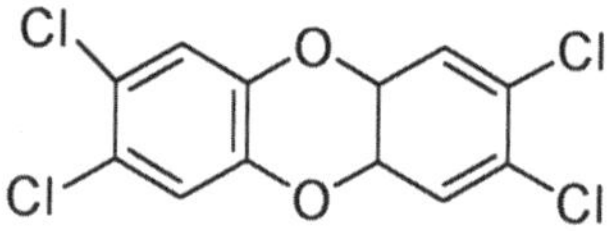

戴奧辛

戴奧辛是目前毒性最強的一種人造化合物，雖然自然界中的 A 型肉
毒桿菌（botulinum toxin A），毒性更比戴奧辛強上一百萬倍。一九
七六年義大利薩維梭（Seveso）的工廠爆炸意外，造成戴奧辛大量外
洩，受到污染的當地居民和動物，陸續出現氯痤瘡、先天缺陷和癌症
等狀況。此後，人們便認為含有戴奧辛的化合物都是毒物。

　　正如除草劑一樣，人們在使用六氯酚後，也出現非預期性的健
康問題。六氯酚是一九五○年代到六○年代間，被廣泛使用的強效殺
菌劑，也常應用在肥皂、洗髮水、除臭劑、漱口水等產品中。

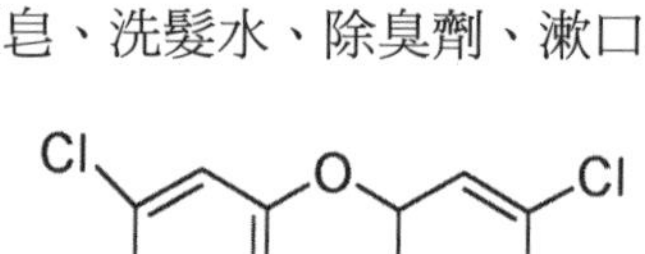

六氯酚

早期人們常將六氯酚化合物使用在嬰兒身上，添加於尿布、滑石粉與
其他嬰兒用品。不過，一九七二年之後，許多測試結果顯示，六氯酚

化合物會導致實驗動物的大腦和神經系統損壞。自此之後，六氯酚就被禁用於任何非處方藥物以及嬰兒產品中。不過由於它能有效抑制某些細菌生長，因此即使具有毒性，人們仍將之運用在特定用途上，例如外科消毒洗滌劑。

安眠分子

當然，並不是所有氯化碳氫化合物都對人體有害。除了六氯酚的抗菌效果之外，另外一些含氯的化合物也具有醫療價值。十九世紀時，許多外科手術都是在沒有麻醉的情況下執行，醫生通常會使用大量酒精來麻痺或減輕病人的痛苦，有些外科醫生甚至也會在手術前喝酒，以增強勇氣。一八四六年十月，波士頓牙醫摩爾頓（William Morton）使用乙醚來麻醉病人。以乙醚作為手術麻醉劑的消息迅速傳開，也掀起了醫學界對於具有麻醉效果的化合物之研究熱潮。

蘇格蘭的辛普森（James Young Simposon）醫生是愛丁堡醫學院助產學和藥理學的教授，他研發出一套可以測試麻醉物質的方法。他在晚宴中邀請客人一起吸入各式各樣的物質，而第一個因此被發現具有麻醉效果的，是一八三一年被合成出來的三氯甲烷（$CHCl_3$）。當時吸入這種物質之後，眾人紛紛失去知覺，當辛普森醒來時，發現其他人仍然昏迷恍惚。因此，辛普森立即將三氯甲烷應用在病人身上。

$$H-\overset{\displaystyle Cl}{\underset{\displaystyle Cl}{C}}-Cl \qquad\qquad H_3C-CH_2-O-CH_2-CH_3$$

三氯甲烷 乙醚

三氯甲烷比乙醚更適合當麻醉劑，因為它能更快發揮效果，而且氣味較佳，用量較少，恢復時間較短，也比較不會造成病患不適。

而乙醚的潛在危險在於它的可燃性，當它和氧氣混合時就成了不定時炸彈，只要有一點小小的火花，就可能引爆。

三氯甲烷很快就被外科醫師作為手術麻醉劑使用。雖然有病患因三氯甲烷中毒死亡的案例，但是相較之下，它的危險性還是比較小。手術是最極端的醫療行為，通常非必要不會進行，而且如果沒有使用麻醉，病患也可能休克死亡，因此，手術中因三氯甲烷麻醉致死的例子，尚可被接受。在麻醉劑尚未普及的時代，外科手術都必須在短時間內完成，因此減低病患暴露在三氯甲烷中而中毒的疑慮。美國內戰期間，使用三氯甲烷的手術有近七千起，而因麻醉致死的病患低於四十人。

麻醉技術被公認是醫學上的重大進步，然而是否適用於分娩過程，仍極具爭議，因為三氯甲烷和乙醚都可能對未出生嬰兒的健康造成嚴重影響，使用麻醉劑，確實也會降低子宮收縮和嬰兒呼吸的頻率。此外，道德和宗教的觀點則支持，分娩的痛苦是婦女必經的過程。《聖經》的〈創世記〉篇描述道：作為夏娃後裔的婦女，被詛咒要遭受分娩必經的痛苦，以作為她們在伊甸園中不守規矩的懲罰。根據《聖經》的解釋，任何企圖減輕生產痛苦的方法都是違背上帝旨意的惡行。更極端的宗教觀點甚至認為，陣痛是一種贖罪行為，特別是違反了「性交」這種原罪。

一八五三年，英國維多利亞女王在生產第八個皇子利奧波德王子（Prince Leopod）時，曾使用三氯甲烷來麻醉。而她的第九次和最後一次分娩（即一八五七年生下碧翠斯公主〔Princess Beatrice〕時），也都有賴這些麻醉劑的幫助。儘管當時負責幫女王接生的醫師受到英國醫學期刊《刺胳針》（The Lancet）的嚴厲批評，不過有了女王的先例，無疑提升了大眾對於生產過程使用麻醉劑的接受度。此後，三氯甲烷便成為英國與大部分歐洲地區分娩時使用的麻醉劑；而

乙醚則在北美地區較受歡迎。

二十世紀早期，另一種能減輕分娩痛苦的方法，在德國迅速獲得大眾認同，並很快流傳到歐洲其他地區。這種方法就是使用第十二章和十三章曾經介紹過的莨菪鹼和嗎啡，使人產生所謂「微光中的睡眠」（Twilight Sleep）的無痛分娩麻醉法。單單施打嗎啡並不足以消除孕婦分娩的痛苦，如果同時使用能引起睡眠效果的莨菪鹼，將可以有效解決分娩的痛苦。一九一四年，美國曾公開提倡並出版宣導手冊，宣傳此法的優點。

有些醫學界人士對這個方法表示疑慮，卻被冠上不體恤病患的標籤。半麻醉法隨即成為政治議題，還延伸為爭取婦女投票權的運動。現在看來，當時有一種奇怪的說法：半麻醉療法能完全消除分娩的劇痛，母親清醒時能精神煥發地迎接新生兒的到來。事實上，婦女分娩時的痛苦一點也沒有減少，只是莨菪鹼引起的失憶症封鎖了她們的痛苦記憶而已。半麻醉療法其實只是提供了一種近似平靜的假象而已。

三氯甲烷雖然有手術與醫學上的優點，但也有危險的黑暗面。現在我們已知，三氯甲烷會損害肝和腎，暴露在高濃度的三氯甲烷中也會增加罹患癌症的機率。除了神奇的麻醉效果之外，三氯甲烷也會損壞眼角膜、引起皮膚破裂、導致疲勞、噁心和心跳不規則等症狀。在高溫環境中或與空氣和光接觸時，它會形成氯、一氧化碳、光氣或氫氯化物等有毒或腐蝕性的物質。現代人如果要使用三氯甲烷，必須穿上防護衣和設備，再也不能像過去一樣無所顧忌。即使早在一個世紀以前，人們就略知三氯甲烷的副作用，但在手術前，人們還是無悔地吸取一口它芳香的氣體，認為它是無害的仙丹！

＊　＊　＊　＊　＊　＊　＊　＊　＊　＊

　　毫無疑問地，許多氯化碳氫化合物是有害的。然而，那些任意將 PCBs 倒入河裡的人，或者知道它對臭氧層的不良影響卻不禁止使用，又或者隨意使用殺蟲劑而罔顧生態安全的人，才應該擔負這樣的惡名。

　　人們已經體認到，多種合成的含氯有機化合物不但不具毒性、不會破壞臭氧層、對環境沒有危害、不會致癌，而且也從未被當成生化武器使用。它們以各種形式存在於我們的家居生活、工廠、學校、醫院，甚至是汽車、船或飛機等交通工具裡。

　　諷刺的是，造成許多危害的氯化碳氫化合物，似乎也是促進社會進步的有力推手。麻醉劑對醫學手術的發展具有重要意義；船、火車和卡車使用的冷凍劑開啟了新的貿易機會，繼而帶動了未開發世界的繁榮；家用電冰箱讓食品得以安全且便利地保存；冷氣機為我們創造舒適的環境。此外，飲水的安全、變壓器不會突然著火、藉由昆蟲傳染的疾病絕跡或減少……這些都是含氯化合物為人類帶來的正面影響，怎麼也不容被忽視。

17

奎寧、ＤＤＴ、血紅素

瘧疾（malaria）源於義大利文的
「mal aria」（壞空氣），因為過去
認為瘧疾是低漥沼澤地區的有毒氣體
與瘴癘之氣所造成的。這種藉由極微
小的寄生蟲所散播的疾病，堪稱史上
最駭人聽聞的死亡疾病！即使是現
在，保守估計每年全世界仍有約三十
至五十億個瘧疾病例，其中二至三百
萬人最後難逃一死，而受害者主要都
是非洲兒童。一九九五年在薩伊爆發
的伊波拉病毒[1]，六個月內奪走了二
百五十條人命；相較之下，非洲每天

1 伊波拉病毒為一嚴重的急性病毒性疾病，一
九七六年首次在赤道附近的蘇丹及鄰近的薩
伊出現。患者會出現突發性的高燒、不適、
肌肉痛與頭痛，接著出現咽頭炎、嘔吐、腹
瀉與斑點狀丘疹，並常伴隨因肝受損、腎衰
竭與中樞神經損傷而引起的異常出血現象，
最後常因多重器官衰竭而引起休克，致死率
極高。

死於瘧疾的人數就高達這個數字的二十多倍！瘧疾的傳染速度比愛滋病還快；每個愛滋病帶原者約可傳染給二至十個人，而瘧疾病人則可以傳染給上百人。

瘧疾的病原是瘧原蟲，主要有四種：間日瘧原蟲、惡性瘧原蟲、三日瘧原蟲與卵狀瘧原蟲。這四種瘧原蟲都會造成典型的瘧疾症狀，包括高燒、寒顫、劇烈頭痛和肌肉疼痛等等，而且多年之後仍可能復發。這四種病原蟲中致死率最高的是惡性瘧原蟲，其他三種有時則被稱為「良性」瘧疾；然而它們對社會的影響絕非「良性」。一般瘧疾病人通常會出現間歇性的發燒現象，大概每兩、三天會發一次高燒，而被惡性瘧原蟲感染的患者則會出現黃疸、嗜睡、錯亂的現象，直到陷入昏迷而死亡。

瘧疾是經由瘧蚊的叮咬來傳染人類。雌蚊在產卵前需要飽餐一頓，如果它叮咬的是瘧疾病人，那麼瘧原蟲便得以進入瘧蚊的腸道裡繼續生命週期，再傳給下一個遭到這隻蚊子叮咬的人。接下來，這些瘧原蟲就會在新受害者的肝臟裡發育，一個禮拜之後就會侵入病人血液裡的紅血球，進而傳遞給下一隻吸血的瘧蚊。

我們普遍認為，瘧疾主要存在於熱帶或亞熱帶地區，不過最近溫帶地區也曾發生瘧疾肆虐的例子。關於瘧疾這種熱病，幾千年前中國、印度與埃及的文獻就有記載。瘧疾曾經盛行於英國與荷蘭的沿海低地，那裡有適合蚊子滋生的沼澤地與死水灘。瘧疾甚至也出現在更北的斯堪地納維亞、美國北方與加拿大。目前已知瘧疾曾出現過的最北位置在瑞典、芬蘭，與非常靠近北極圈的波斯尼亞灣（Gulf of Bothnia）。此外，瘧疾也曾是許多地中海與黑海地區國家的地方傳染病。

瘧蚊猖獗的地方，難免就會發生瘧疾疫情。在羅馬，它是惡名昭彰的致命「沼澤熱」，每次舉行教宗遴選的會議時，總有幾個與會

的樞機主教死於瘧疾。在克里特島和希臘的伯羅奔尼撒半島，以及其他乾濕季明顯的地方，人們在夏天將畜牲趕到高地，有可能是為了逃離在沿海肆虐的瘧疾。

有人說，亞歷山大大帝死於瘧疾，而著名的非洲拓荒者李文斯頓（David Livingstone）似乎也是相同的命運。軍隊很容易感染瘧疾；士兵睡在帳棚、臨時營帳或曠野間，很容易被蚊蟲叮咬。美國南北戰爭時，估計有超過一半的部隊就經歷了當年流行的瘧疾。我們或許也可以把瘧疾納入拿破崙戰敗的原因之一，因為它有可能發生在一八一二年，當拿破崙大軍往莫斯科前進的晚夏與初秋交替之際。

一直到二十世紀，瘧疾仍然是個全球性問題。一九一四年，美國有超過五十萬件瘧疾病例。一九四五年，全世界更有將近二十億人口住在瘧疾疫區，某些國家有高達 10％的人口遭到感染。在這些地方，因為生病而造成的曠工率為 35％，學童的曠課率更高達 50％。

瘧疾解藥

從上面驚人的統計數字，我們似乎也能理解，為什麼人們一直嘗試不同的方法來控制瘧疾的傳播。人們曾經使用過三種不同的分子來對抗瘧疾，而這三者與前面章節許多已介紹過的分子，也存著令人訝異的關聯性。第一個要介紹的便是奎寧。

在南美安地斯山大約海拔三千到九千英尺的高山上，有一種樹皮含有生物鹼的樹木。這種金雞納屬的樹木有四十種不同的種類，一般生長在安地斯山的東面，遍及哥倫比亞南部與玻利維亞之間，當地的原住民很早就知道這種樹皮具有退燒效果。

關於歐洲拓荒者如何發現金雞納樹皮可以抗瘧的傳說很多。其中一種是，有名感染瘧疾的西班牙士兵在長滿了金雞納樹的池塘邊喝

水，身染的熱病竟神奇地不藥而癒。另一個則是一六二九年到一六三九年間，隨著丈夫從西班牙前往祕魯任職的總督夫人金瓊（Chinchon）的故事。當時總督夫人身染瘧疾重病，所有傳統的歐洲療法都毫無成效，最後醫師利用當地一種樹的樹皮，成功治癒了總督夫人的瘧疾；這種救命的樹，就以總督夫人的名「Chinchón」，命名為「the cinchona tree」（金雞納樹）（雖然拼法有誤）。

這些故事都被用來解釋，瘧疾在歐洲人到達之前就已存在於新大陸。然而，就算印地安人知道用「kina」（祕魯文的金雞納樹）來治療熱病，也無法證明瘧疾源於美洲。而金瓊夫人使用金雞納樹皮的奎寧成分治病的時間，也是哥倫布抵達新大陸之後一個多世紀的事；這段時間也足以使瘧疾從早期拓荒者身上，經由土生瘧蚊傳染給美洲的原住民。因此，現在的醫學史和人類學研究者普遍認為，瘧疾是由歐洲與非洲傳入新大陸的。十六世紀中葉，瘧疾在西非地區相當盛行，而美洲的黑奴貿易幾乎也是同時間建立的。到了一六三○年代，當金瓊夫人在祕魯感染瘧疾時，好幾代的西非人與歐洲人，早就在新大陸散播病原。

金雞納樹的樹皮可以治療瘧疾的消息很快地傳到歐洲。西元一六三三年，祕魯神父德拉卡拉查（Antonio de la Calaucha）記錄了「熱病樹」樹皮的神奇療效，耶穌會信徒開始使用這種樹皮來治療與預防瘧疾。一六四○年代，神父塔法（Bartolomé Tafur）將這些樹皮帶回羅馬，消息於是在神職人員之間傳開。一六五五年，羅馬再度舉行教宗遴選會議，而這是史上頭一次，所有樞機主教都沒有因瘧疾而喪命。耶穌會馬上大量進口這些樹皮，並以「耶穌的藥粉」（Jesuit's powder）為名賣到全歐洲，反應十分熱烈；除了新教盛行的英國以外。克倫威爾 2 就是因為拒絕採用這種天主教藥方治療，才會於一六五八

2 克倫威爾（1599-1658）是英國的軍事強人，在內戰期間率領國會的軍隊擊敗擁護王室的保守派，並處死英王查理一世，自任「護國公」。他死後，英國又恢復了君主政體。

年死於瘧疾。

　　一六七〇年，倫敦的藥劑師兼醫生泰博（Robert Talbor）警告大眾，「耶穌的藥粉」並不安全，並開始推銷自己的瘧疾藥方。英王查理斯二世，以及法王路易十四之子，都曾因此逃過瘧疾的威脅。直到泰博過世，大家才知道他所謂的祕方，其實跟「耶穌的藥粉」一樣，都是金雞納樹的樹皮。泰博的騙局無疑為他帶來大筆財富，但有人推測，他的用意是為了拯救那些拒絕天主教藥方的新教徒。而樹皮中的奎寧也間接證實，幾世紀以來在歐洲地區流行的瘟疫，其實就是瘧疾。

　　之後三個世紀，這種樹皮被用來治療瘧疾、消化不良、高燒、掉髮、癌症與其他病症，不過直到一七三五年，人們才知道這種樹皮是從何而來。法國植物學家德朱西厄（Joseph de Jussieu）在南美洲的高海拔雨林探險時，發現這種苦樹皮是來自於幾種可以高達六十五英尺的寬葉樹，和咖啡樹同屬茜草科（*Rubiaceae*）。人們對於這種樹皮的需求很大，剝取樹皮變成一項重要工業。雖然只取樹皮不會弄死樹木，但如果整棵砍下剝皮的話，獲利將會更多。因此，到了十八世紀末，每年被砍下的金雞納樹估計約有兩萬五千棵。

　　由於金雞納樹皮的價格高昂，無節制的砍伐也使之數量愈來愈少，因此從樹皮中分離、鑑定、製造抗瘧疾分子來作為新藥物，遂成為刻不容緩的課題。奎寧最早在一七九二年被分離出來，但是品質並不純。從一八一〇年開始，科學家紛紛開始研究樹皮的成分。十年之後，法國科學家帕利提亞（Joseph Pelletier）與卡文托（Joseph Caventou），終於從樹皮中萃取純化出奎寧分子，而巴黎科學學院（Paris Institute of Science）也因此頒發一萬法郎以感謝他們的貢獻。

　　在金雞納樹皮所含接近三十種的生物鹼中，科學家很快地就鑑定出，奎寧是造成療效的活性成分，但是它的結構直到二十世紀才被

完全確定，所以早期嘗試合成奎寧的實驗都沒有成功。例如年輕的英國化學家波金（請參見第九章），曾試圖結合兩個丙烯代甲苯胺與三個氧原子，以形成奎寧與水。

$$2C_{10}H_{13}N \quad + \quad 3O \longrightarrow C_{20}H_{24}N_2O_2 \quad + \quad H_2O$$

丙烯代甲苯胺　　　　氧　　　　　奎寧　　　　　水

一八五六年，他誤用「丙烯代甲苯胺的化學式（$C_{10}H_{13}N$）幾乎是奎寧（$C_{20}H_{24}N_2O_2$）一半」的想法去進行實驗，結果註定失敗。現在我們知道，丙烯代甲苯胺與奎寧的關係如下：

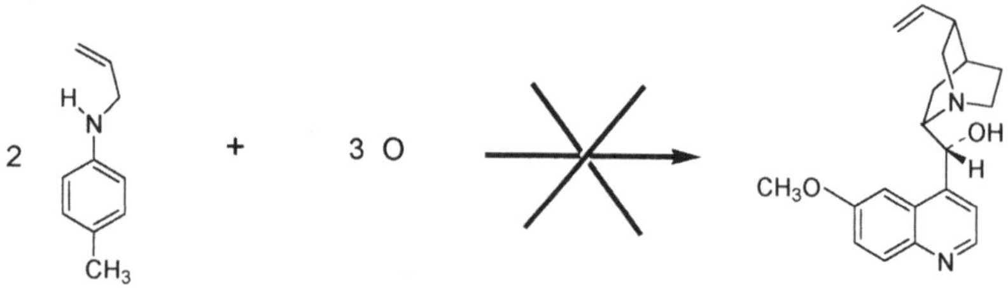

兩個丙烯代甲苯胺　　　　氧　　　　不會得到　　　　奎寧

雖然波金沒有得到奎寧，卻製造出淡紫色染料而賺了不少錢。而這件事也對染料工業以及有機化學的發展起了關鍵作用。

在十九世紀，工業革命為英國與歐洲帶來了繁榮的氣象，人們有充裕的資金可以解決貧瘠的沼澤農地問題。大規模的灌溉系統將泥塘與沼地變成肥沃的農地，蚊蟲滋長的死水灘也不復見。然而，對於奎寧的需求卻不減反增，特別是在歐洲人位於非洲和亞洲的殖民地。而英國人習慣飲用奎寧來預防瘧疾的習慣，漸漸發展為「琴湯尼」（gin and tonic）這種調酒，其中杜松子（gin）是用來調和奎寧的苦味，使之更可口容易入喉。大英帝國十分需要奎寧，因為它的許多殖民地都是瘧疾盛行的地區，包括印度、馬來亞、非洲和加勒比海一帶。而

相同的情形也發生在荷蘭人、法國人、西班牙人、葡萄牙人、德國人與比利時人身上，因此奎寧的世界需求量相當龐大。

　　既然無法合成奎寧，只好在別的地方栽種金雞納樹。由於金雞納樹的樹皮十分昂貴，因此玻利維亞、厄瓜多、祕魯跟哥倫比亞等政府為了維持獨占性，禁止輸出金雞納樹的種子或活株。一八五三年，荷屬東印度爪哇島上的植物園主管海斯卡爾（Justus Hasskarl），走私運出一袋白金雞納樹（*Cinchona calisaya*）的種子，並成功地在爪哇島上種植。不幸的是，這種金雞納樹的奎寧含量偏低。英國也有類似經驗，曾把走私來的大葉金雞納（*Cinchona pubescens*）種子種植在印度與錫蘭，結果樹皮的奎寧含量低於3％，根本不符合成本效益。

　　一八六一年，從事多年奎寧貿易的澳洲人烈嘉（Charles Ledger），設法說服玻利維亞印地安人將含有大量奎寧的金雞納樹種子賣給他。英國政府對於烈嘉的種子不感興趣，大概是因為之前種植奎寧失敗的經驗。而荷蘭政府以二十元一磅的價格，買下了這種名為小葉金雞納（*Cinchona ledgeriana*）的種子。兩百年前，英國將肉荳蔻中的異丁香酚貿易讓給荷蘭，以換取曼哈頓島，那是一個聰明的決定；而這次決策正確的換成荷蘭。這項二十元的買賣堪稱歷史上最划算的投資，因為這種樹木的樹皮中，奎寧含量高達13％。

　　荷蘭將小葉金雞納樹種植在爪哇，並細心地栽培，當他們剝下富含奎寧的樹皮時，南美洲的奎寧貿易也逐漸衰落。十五年後，同樣的故事情節也發生在原產於南美洲的橡膠上；當橡膠樹的種子被走私到外地時，曾經盛及一時的南美橡膠貿易葉因此沒落。（請參見第八章）。

　　到了一九三〇年，世界上超過95％的奎寧來自爪哇，荷蘭因此獲利不少。奎寧，或是更準確地說是奎寧的獨佔事業，深深影響了第二次世界大戰的規模。一九四〇年，德國入侵荷蘭，並接管阿姆斯特

丹的「金雞納局」，沒收了全歐洲的奎寧庫存。一九四二年，日本佔領爪哇，使得抗瘧疾用的奎寧補給出現危機。由美國史密松學院（Smithsonian Institute）的佛斯伯格（Raymond Fosberg）領軍的植物學家，因而被派到安地斯山脈東面去保護天然金雞納樹的生長，以確保奎寧樹皮的補給。雖然他們在當地採集了數噸的樹皮，卻沒有發現和荷蘭購自南美的一樣，富含奎寧的小葉金雞納樹。奎寧對於在熱帶地區作戰的盟軍健康很重要，因此合成奎寧或類似的抗瘧疾分子也勢在必行。

　　奎寧是喹啉（quinoline）的衍生物。在一九三〇年代，某些喹啉的合成衍生物被成功地製造出來，並治癒了病人的急性瘧疾。二次世界大戰期間，抗瘧疾藥物的研究十分普遍，結果發現，在戰前就被德國化學家製造出來的四氨基喹啉（4-aminoquinoline）衍生物——**氯奎**（chloroquine）——效果最佳。

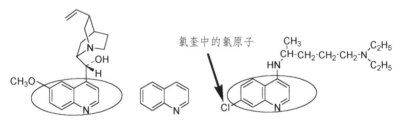

奎寧（左）與氯奎（右）都是喹啉（中）的衍生物。
圈起的部分即為喹啉的結構。

氯奎含有一個氯原子，由此再一次證明，氯碳化物對人類非常重要。四十多年以來，氯奎被當成一種安全且有效的抗瘧藥，因為它幾乎沒有其他合成喹啉的毒性，所以大部分人都能服用。可惜的是，抗氯奎的瘧原蟲在過去幾十年來，繁衍十分快速，使得氯奎的抗瘧效果不再那麼顯著，而漸漸被毒性較強且帶有副作用的汎西達（fansidar）及美服奎（mefloquine）取代。

奎寧的合成

　　合成奎寧的理想大約是在一九四四年實現，當時哈佛大學的伍德華（Robert Woodward）及多倫（William Doering），把喹啉衍生物轉化成一個在一九一八年被宣稱可以重組的奎寧分子。但早先研究的報告內容模糊，無法確定得到的到底是什麼產物，因此其真實性仍有待商榷。

　　天然物化學家說：「合成法是確定分子結構的最終」。換句話說，無論從多少證據來推論分子的結構，還是必須經由合成的過程來做最後的確定。二○○一年，也就是波金試圖合成奎寧之後的一百四十五年，紐約哥倫比亞大學名譽教授斯托克（Gilbert Stork）與學生完成了這項實驗。他們利用不同的程序和不同的喹啉衍生物，獨自完成了合成奎寧的每一個步驟。

　　奎寧的結構相當複雜，而且就像許多天然分子一樣，其特定碳原子周圍的鍵結向性是合成過程中的最大挑戰。例如其結構中一個連接於喹啉環的碳原子上，有一個氫原子從頁面突出（以實線表示），而羥基（—OH）則背向頁面突出（以虛線表示）。

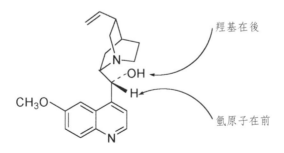

奎寧分子

有的分子與奎寧結構相似，但碳原子鍵結的向性恰恰相反。如下圖所示。

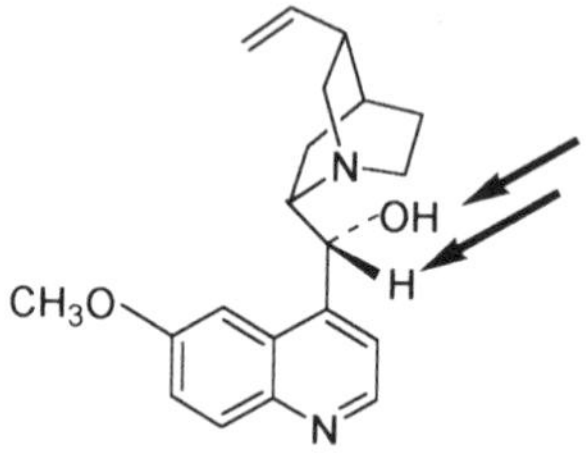

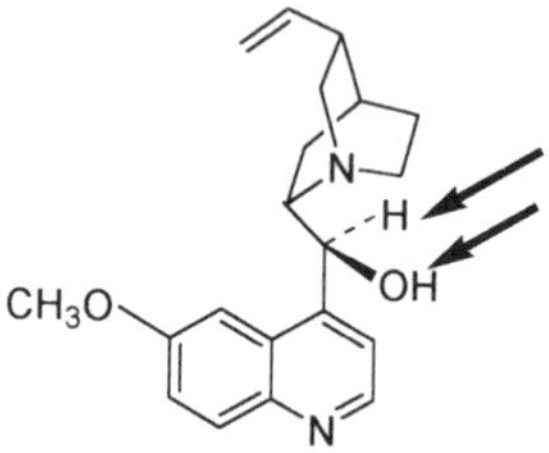

奎寧（左）與結構相似的分子（右），兩者被合成的時間相同。箭頭所指為兩者之間，鍵結向性相反的氫原子與羥基。

自然界不會造出鍵結向性相反的一對化合物，通常只會出現其中一種。但是當化學家試著合成某種分子時，難免製造出這兩種相似分子的混合物，分離的過程不僅困難，也相當費時。在合成奎寧的實驗中，會有三處的碳原子出現這種情形，因此繁複的分離程序必須重複四次，才能得到理想的奎寧分子。這個科學界在一九一八年無法克服的技術問題，被斯托克及他的團隊成功化解。

印尼、印度、薩伊與其他非洲國家，仍是今日天然奎寧的主要產地，少部分則來自祕魯、玻利維亞與厄瓜多。奎寧在今日的主要用途為奎寧水、通寧汽水、帶有苦味的飲料和心臟病藥物奎尼丁（quinidine），並為那些抗氯奎性瘧疾肆虐的地區提供保護。

對抗瘧疾的方法

當科學家企圖合成或採集更多奎寧時，醫學界正著手了解瘧疾的成因。一八八〇年，法國派駐阿爾及利亞的軍醫拉韋朗（Charles-Louis Alphonse Laveran）的研究，開啟了對抗瘧疾的新方法。拉韋朗

在顯微鏡下發現：瘧疾病人的血液樣本中，有一些血球受到瘧原蟲（*Plasmodium*）影響而產生變化。他的發現起初並不被醫學界所承認，但接下來幾年，間日瘧原蟲、三日瘧原蟲與後來的惡性瘧原蟲也陸續被確認。到了一八九一年，人們已經可使用不同染料試劑來鑑定特定的瘧原蟲。

　　雖然曾經有人假設，蚊子與瘧疾的傳播有關，但是直到一八九七年，出生於印度的年輕英國醫師羅斯（Ronald Ross），才確認了瘧蚊腸組織中另一種瘧原蟲生命週期。至此，病原、病媒，以及人類宿主之間的複雜關係，終於得到確認，我們也才了解到瘧原蟲在生命週期中的弱點。

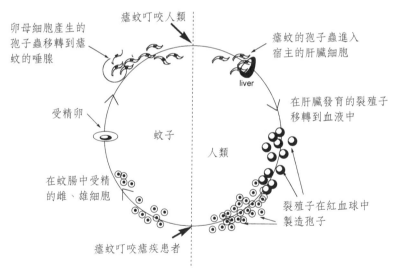

瘧原蟲的生命週期。裂殖子每四十八或七十二小時在紅血球中分裂，造成人類宿主出現週期性高燒。

　　有好幾種方法可以破壞瘧原蟲的生命週期，例如殺死在肝臟與血液中的裂殖子。另一種方法就是撲滅病媒蚊，包括避免被蚊子叮咬、滅蚊或是預防蚊蟲孳生。我們很難防止被蚊子叮咬，紗窗無法確實隔離蚊蟲，積存的死水也很難徹底清除。比較可行的方法是撒一層薄油在水上，使得水中的蚊子幼蟲因得不到氧氣而死亡。然而，對付瘧蚊最有效的方法，就是使用殺蟲劑。

　　最重要的殺蟲劑是含氯的 DDT，它會干擾昆蟲的神經系統，因此對其他動物來說不具有毒性，唯獨是昆蟲的致命剋星。若要使人類喪命，DDT 的量必須達到 30 克；這個量相當大，迄今也沒有發生人類死於 DDT 的案例。

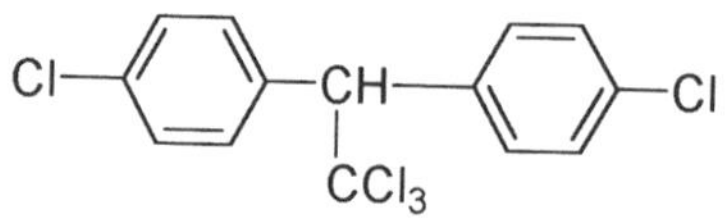

DDT 分子

　　由於公共衛生的進步、居住環境的整潔、鄉村人口愈來愈少，以及抗瘧藥物的普及，到了二十世紀早期，西歐和北美的瘧疾病例大量減少。DDT 曾是已開發國家消滅病源的必要手段。一九五五年的時候，世界衛生組織（WHO）就曾在世界各地推行以 DDT 消滅瘧疾的行動。

　　DDT 開始大量噴灑時，當時瘧疾疫區約有十八億人口；到了一九六九年，其中已有 40％ 免於遭到瘧疾感染的威脅。有些國家撲滅瘧疾的成效相當顯著。希臘在一九四七年約有兩百萬件瘧疾病例，到了一九七二年只剩七件；而希臘在二十世紀末的經濟表現如此亮眼，想必都該歸功於 DDT 這個分子。印度在一九五三年開始噴灑 DDT 之前，每年約有七千五百萬人感染瘧疾，到一九六八年已減少為三十

萬人。在一九七五年的時候，世界衛生組織宣布，瘧疾已在歐洲絕跡。

DDT 是一種長效殺蟲劑，瘧疾是一種季節性傳染病，因此每半年或一年噴灑就足以預防疫情爆發。雌蚊通常會依附在房屋內牆，以等待夜晚來臨時吸取人類的血液，因此我們把 DDT 噴灑在這些地方，也不會有污染食物鏈的疑慮。然而，DDT 生物累積（bioaccumulation）的毀滅性效果逐漸浮現，我們也才警覺到，過度使用化學殺蟲劑不但會擾亂生態平衡，可能還會帶來更嚴重的蟲害。

雖然 WTO 撲滅瘧疾的行動一開始大有斬獲，然而，隨著病媒蚊和瘧原蟲逐漸對 DDT 和抗瘧疾藥物產生抗藥性、生態改變造成蚊蟲的天敵減少、人禍、天災、世界人口增加，以及公共醫療衛生的衰退，使得這項任務比預期更為困難。到了七〇年代初期，WTO 已放棄完全根除瘧疾的夢想與努力。

在已發展國家中，DDT 的角色不再討好，甚至被視為非法產品。但這種「有害」的化合物曾經拯救了五千萬人的性命，也使大部分已開發國家免受瘧疾的威脅。然而，對於仍居住在疫區的數百萬人來說，瘧疾還是一種讓人聞之喪膽的可怕傳染病。

血紅素的自然保護

世界上有很多地方的人買不起殺蟲劑，也負擔不起西方旅客常用來預防瘧疾的奎寧，然而，大自然卻賦予這些人一種特別的防禦機制。非洲的亞撒哈拉地區（sub-Saharan）有 25％的人罹患遺傳性鐮形貧血（sickle-cell anemia）。如果父母都有此基因，則小孩罹病的機率為四分之一，帶有隱性基因的機率為二分之一，完全不帶基因也沒有顯現任何症狀的機率則為四分之一。

正常的紅血球為圓形且具有彈性，但是鐮形貧血患者有一半的

紅血球呈現僵硬的弦月形或鐮刀形。這些較硬的不規則紅血球很難進入細微的血管中，也可能阻塞微血管，造成肌肉組織跟重要器官缺血與缺氧，患者會感到劇痛，甚至造成細胞組織的永久性傷害。而人體摧毀這些不正常紅血球的速度，也比摧毀正常血球快，因此使得患者體內紅血球不足，形成所謂的貧血。

由於患者很早就會出現心、腎、肝衰竭，以及感染與中風的問題，因此通常活不過兒童期。今日醫學雖仍無法治癒這種疾病，但可使患者活得更久、更健康。而這種疾病的隱性患者，雖然仍會受到血球鐮刀化的影響，但不至於阻礙血液循環。

然而，對於居住在瘧疾疫區的隱性鐮形貧血患者來說，這種疾病卻使他們對瘧疾免疫。從父母雙方遺傳到鐮形血球基因者，通常來不及長大就死去，而完全正常的兒童，多半也因瘧疾喪命，只有那些從父母單方遺傳到鐮形血球基因者，得以倖存至生殖年齡。因此這種遺傳性疾病不只繼續存在，罹病的人口還隨著世代增加。在非瘧疾疫區的地方，這些隱性疾病不具任何生存優勢，所以不會一直存在。而美洲印地安人缺乏這種對瘧疾免疫的能力，或許可證明，在哥倫布抵達之前，瘧疾並不存在於美洲大陸。

紅血球的顏色來自血紅素，其主要功能是運輸氧氣到全身。然而，血紅素結構的微小改變，造就了致命的鐮形貧血。血紅素是一種蛋白質，也和絲一樣，是一種聚合胺基酸，其結構為兩組具有兩條分子鏈的胺基酸，這四鏈會捲在一起並圍繞在四個攜氧的含鐵體上。鐮形貧血患者只有一鏈胺基酸與正常人有異；β 鏈的第六個胺基酸為纈胺酸（valine），而正常血紅素的則為麩胺酸（glutamic acid）。

麩胺酸　　　　　　　　纈胺酸

圈起的部分為兩者之間相異的側鏈結構

β 鏈含有一百四十六個胺基酸，α 鏈有一百四十一個，所以在這裡，胺基酸的變化程度為兩百八十七分之一，大約是千分之三；從父母雙方遺傳到鐮形血球的機率實在很小，我們只能為那些患者感到可悲。其實，胺基酸的變化只佔整條側鏈的三分之一，因此結構改變的比例實際上又更小，大概只有千分之一。

　　結構的改變能解釋鐮形血球貧血的病徵。麩胺酸的側鏈含有羧基（—COOH），但是纈胺酸的沒有。缺乏羧基使得去氧形式的血紅素很難溶解，容易沉澱在紅血球內，使之變形且失去彈性；氧化形式血紅素的可溶性則幾乎沒有影響。因此，去氧形式的血紅素愈多，鐮形化的紅血球也愈多。

　　鐮形血球會阻塞微血管，使局部組織缺氧，而氧化血紅素轉換成去氧化形式，又造成更多的鐮形血球發生，這樣的惡性循環加速了危機的產生。這也是為何隱性基因者易受鐮形化影響：處於鐮形化狀態的紅血球只有 1％，而可能鐮形化的有 50％。因此，處在未加壓的低氧壓機艙或是高海拔地區，都會造成去氧化形式的血紅素增多。

　　人類的血紅素結構有超過一百五十種變化，有些是致命的，有些是危險的，但很多都明顯是有益的。對於瘧疾免疫的鐮形血球會造成其他形式的貧血，像是常見於東南亞人的甲型地中海型貧血（alpha thalassemia），以及在希臘與義大利普遍的乙型地中海貧血（beta thalassemia），通常也見於中東、印度、巴基斯坦，以及部分非洲人

身上。其實，每一千人中，約有五人的血紅素正在發生變化，只是我們都不知道而已。

鐮形血球貧血不只與麩胺酸與纈胺酸在側鏈上的差異有關，它在 β 鏈上發生的位置也很重要。是否發生在不同位置的相同變化，也會對血紅素溶解度與紅血球形狀造成相同效果？這點我們並不知道，而我們也不清楚，為什麼這樣的改變會使得患者對瘧疾免疫。但是很顯然地，含有纈胺酸的血紅素妨礙了瘧原蟲的生長。

* * * * * * * * * *

我們用來對抗瘧疾的三個分子非常不同，在過去，每一個都帶來了重要的影響。安地斯山脈東面的原住民，沒有因為金雞納樹皮的生物鹼而獲利，反而是外來者藉著奎寧而大發利市，剝削了未開發國家的特有自然資源。歐洲的殖民主義有賴於抗瘧疾的奎寧才得以實現，而化學家也藉由複製或改造奎寧的分子結構，進而改進了它的效果。

十九世紀的大英帝國與其他歐洲國家得以擴張殖民版圖，都是奎寧的功勞，而 DDT 分子也在二十世紀成功地把瘧疾逐出歐洲與北美。自然界中沒有一種分子和 DDT 相似，因此我們無從得知製造這種化合物可能帶來的風險。然而，我們該因此放棄創造出改善生活的新分子嗎？如此一來，抗生素與防腐劑、塑膠與聚合物、纖維與調味料、麻醉劑與添加劑、染料與冷媒，也就不存在了。

血紅素結構上的小改變造成了鐮形血球貧血，對歐、美、非三個大陸也產生了間接影響。非洲奴隸貿易得以在十七世紀快速成長，瘧疾的免疫能力是其中的關鍵因素。人口販子不知道非洲人對瘧疾免疫的化學原因，只知道他們能在熱病盛行的糖與棉花產地存活，而新

大陸的原住民卻嚴重遭受瘧疾的侵害，因此大部分輸入新大陸的奴隸，都來自鐮形血球貧血相當普遍的瘧疾疫區，也註定好幾世代的非洲人淪為奴隸的悲慘命運。

如果非洲人容易感染瘧疾，奴隸貿易就不會如此興盛，新大陸的糖產業也無法為歐洲殖民者帶來豐厚的利潤，棉花大概也不會發展為美國南方的主要作物，英國的工業革命也許會延遲出現，或是朝完全不同的方向發展，美國南北戰爭可能也不會發生。過去半個千禧年的歷史可能有完全不同的發展，只因為血紅素結構上的小小改變。

因為世界上最可怕的殺手——瘧疾，使得結構完全不同的奎寧、DDT 與血紅素，在歷史上被連結在一起。奎寧來自天然的植物，血紅素是自然界中動物體內的聚合物，而 DDT 的故事說明了人類對於人造化合物的矛盾。不管是好是壞，沒有這些合成物質的出現，我們的世界又會是怎樣的面貌呢？

後記

構成歷史上重大轉變的原因，通常不只一個，因此要將某些事件完全歸咎於書中介紹的分子結構，未免過於簡化。但是說這些分子在人類文明事件中扮演重要的角色，卻一點也不為過。當化學家決定自然物質的結構或者合成新的化合物時，有時移除一些雙鍵、將一個氧原子取代另一個原子，或者改變整個支鏈或基團，似乎沒有太大意義。但事後發現這些微細改變所造成深遠的影響時，才能體驗化合物結構上的「失之毫釐，差之千里」。

讀者開始接觸本書時，可能會對書中所列舉的化合物結構感到困惑與不解。希望經由我們的解說，以比較精簡的方式呈現之後，讀者能依循較有條理的法則，更簡易地洞察原子之

間化學鍵的排列方式。不過，即便有這些條例規範，化合物分子之間的排列，也還不能完全排除其他可能的組成方式。

在本書中，我們納入具有重要影響以及可以引起讀者興趣的分子，主要可以分成兩大類：第一大類來自大自然的化合物，這些分子之所以珍貴，是由於其經常滿足人們生活上的需求；人類追尋重要物資而引發的歷史事件，更深刻地左右著文明發展。第二大類的分子，直到一個半世紀之前，才開始顯現它們的重要性；這些分子一般是以合成的方式，在工廠或實驗室中製造，其中有一些化合物和自然界的產物沒有任何區別，合成的靛青染料就和自然界中的化合物完全相同。另一些分子的化學結構則和天然物有些微不同，阿斯匹靈即是一例。還有一些分子是自然中所沒有的，像是氟氯碳化物就是人們從實驗室中合成出來的。

或許除了這兩大類化合物之外，還能再加上第三大類的分子，那便是取自天然再加以改造後得到的新種類。基因遺傳工程（或者稱為生物科技，用來描述人們將新基因注入生物體內的技術）的研發，創造出一類從未存在於世上的化合物。黃金稻米就是將能生產 β 胡蘿蔔素的基因植入稻米植株中，因此這些稻米便能顯現原本富含在胡蘿蔔和其他黃色植物水果中，或是一些綠葉蔬菜中才有的橘黃色澤。

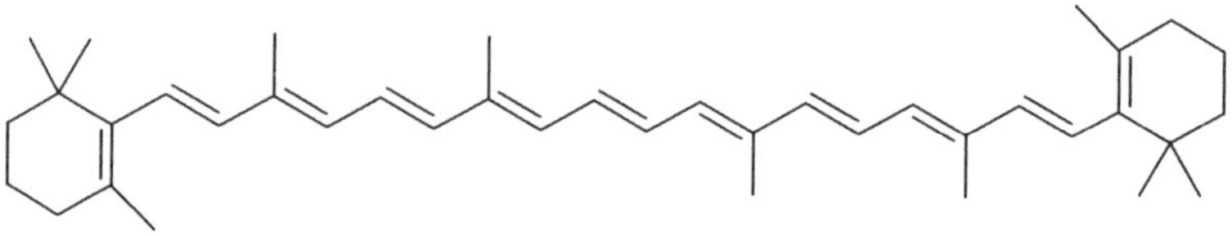

β 胡蘿蔔素

人體需要 β 胡蘿蔔素來合成維生素A。缺乏維生素A會引起夜盲症，

嚴重的話可能致人於死。全世界有上億亞洲人以稻米為主食，而這些穀物原本沒有 β 胡蘿蔔素，黃金稻米的研發可以促進這些地區人們的健康。

但基因遺傳工程也有負面效應。儘管 β 胡蘿蔔素存在於天然植物中，但它植入非天然物質後的安全性，卻遭到反生物科技者的質疑。外來基因會不會因此與原本存在於植物體內的其他基因產生不良的互動效應？這些新興稻米的研發，是否會引起過敏？而這些基因改造技術對自然界的長期影響，又會有什麼無法預期的後果？除了可能引起許多生物和化學的問題，這個新興工業的潮流也引發許多其他議題，諸如驅使遺傳工程研究背後的動機、稻米種類多樣性的銳減，以及它對全球農業所產生的影響等。儘管這些科技讓我們可享受天然資源改造後的產品，不過享樂的同時，我們似乎更應該謹慎思索背後的潛在疑慮，與可能對未來產生的影響。就像 DDT 和 PCBs 這樣褒貶參半的分子，一開始被研發出來的時候，我們並不知道它們可能具有的優缺點。以稻米來說，或許人們可以將生命必須的元素，融合到新的稻米品種之中，以減少使用殺蟲劑與杜絕疾病。相反地，具有這些特點的新產品，也可能引起令人意外的結果，甚至可能威脅到人類的生命安全。

往後如果人們回頭看待人類的文明演進史，哪一個分子對二十一世紀影響最大？是那些經過遺傳改良而具有抑制雜草功能的植物嗎？這些科技真能帶給我們提升心智與健康的新藥物嗎？或是新科技開發出的非法藥品，可能淪為恐怖組織的犯罪工具？這些創新分子潛在的毒性，是否也將危害我們的生活環境？會不會有更新、更具威力的分子，提供人類最有效的能量？而濫用抗生素的下場，是否將促成具有超級抗藥性的新生物誕生？

哥倫布萬萬沒有想到，他為了找尋胡椒鹼而造成的深遠影響，

麥哲倫也沒料到，他追求異丁香酚的過程所帶給世界的長程效應[1]，申拜恩如果知道，他的圍裙實驗之後被廣泛應用於製造爆裂物與紡織材質時，一定也會大感吃驚。波金當然也沒有料到，他的實驗產物竟成為合成染劑，甚至是抗生素和藥物經常使用的基礎化合物。書中提及的馬克、諾貝爾、夏爾多內、卡羅瑟斯、李斯特、貝克蘭、固特異、霍夫曼、盧布朗克、蘇威兄弟、哈里遜等人的故事，無一不提醒我們，因為他們的發現，致使歷史產生重大的變化。因此，今天看似尋常的分子，或許在未來的某一天，也可能被後人冠上「它改變了我們的世界」這樣的封號吧！

1　審註：哥倫布沒有找尋胡椒鹼的意圖，麥哲倫當時也不知異丁香酚為何物。

國家圖書館出版品預行編目資料

拿破崙的鈕釦：17個改變歷史的化學分子 / 潘妮·拉古德(Penny Le Couteur),
杰·布勒森(Jay Burreson)著；洪乃容 譯. -- 二版. -- 臺北市：商周出版 ,
英屬蓋曼群島商家庭傳媒股份有限公司城邦分公司發行, 民111.02
　面：　公分
譯自：Napoleon's Buttons: How 17 Molecules Changed History
ISBN 978-626-318-154-0（平裝）

1. CST: 化學　2.CST: 通俗作品
340　　　　　　　　　　　　　　　　　　　　　　　　　111000601

拿破崙的鈕釦：17個改變歷史的化學分子

作　　　　者／潘妮·拉古德、杰·布勒森（Penny Le Couteur, Jay Burreson）
譯　　　　者／洪乃容
審　　　　定／何子樂
責 任 編 輯／陳伊寧、梁燕樵

版　　　　權／黃淑敏、林易萱
行 銷 業 務／周佑潔、周丹蘋、賴正祐
總　　編　　輯／楊如玉
總　　經　　理／彭之琬
事業群總經理／黃淑貞
發　　行　　人／何飛鵬
法 律 顧 問／元禾法律事務所　王子文律師
出　　　　版／商周出版
　　　　　　　城邦文化事業股份有限公司
　　　　　　　臺北市中山區民生東路二段141號9樓
　　　　　　　電話：(02) 2500-7008 傳真：(02) 2500-7759
　　　　　　　E-mail：bwp.service@cite.com.tw
發　　　　行／英屬蓋曼群島商家庭傳媒股份有限公司城邦分公司
　　　　　　　臺北市中山區民生東路二段141號2樓
　　　　　　　書虫客服務專線：(02) 2500-7718・(02) 2500-7719
　　　　　　　24小時傳真服務：(02) 2500-1990・(02) 2500-1991
　　　　　　　服務時間：週一至週五09:30-12:00・13:30-17:00
　　　　　　　郵撥帳號：19863813　戶名：書虫股份有限公司
　　　　　　　E-mail：service@readingclub.com.tw
　　　　　　　歡迎光臨城邦讀書花園　網址：www.cite.com.tw
香港發行所／城邦（香港）出版集團有限公司
　　　　　　　香港灣仔駱克道193號東超商業中心1樓
　　　　　　　電話：(852) 2508-6231　傳真：(852) 2578-9337
　　　　　　　E-mail：hkcite@biznetvigator.com
馬新發行所／城邦（馬新）出版集團 Cité (M) Sdn. Bhd.
　　　　　　　41, Jalan Radin Anum, Bandar Baru Sri Petaling,
　　　　　　　57000 Kuala Lumpur, Malaysia
　　　　　　　電話：(603) 9057-8822　傳真：(603) 9057-6622
　　　　　　　E-mail：cite@cite.com.my

封 面 設 計／FE
排　　　　版／新鑫電腦排版工作室
印　　　　刷／韋懋印刷有限公司
經　　銷　　商／聯合發行股份有限公司
　　　　　　　電話：(02) 2917-8022　傳真：(02) 2911-0053
　　　　　　　地址：新北市231新店區寶橋路235巷6弄6號2樓

■2022年（民111）2月二版1刷　　　　　　　Printed in Taiwan
■2022年（民111）11月二版1.4刷　　　　　　城邦讀書花園
定價 380 元　　　　　　　　　　　　　　　www.cite.com.tw